La ville durable,
du politique au scientifique

ISBN–978-2-7592-0920-0   ISSN : 1772-4120

La ville durable, du politique au scientifique

Nicole Mathieu et Yves Guermond
Éditeurs scientifiques

Préface Jean-Marie Legay

La collection « Indisciplines », dirigée par Jean-Marie Legay
sous l'autorité de l'Association Natures Sciences Sociétés-Dialogues,
a la même orientation thématique que la revue du même nom
déjà éditée par celle-ci.

Elle se donne pour vocation d'accueillir des textes traitant des rapports
que l'homme entretient avec la nature, y compris la sienne propre,
que ce soit à travers des relations directes, ou les représentations qu'il en a,
ou les usages qu'il en a fait, ou encore les transformations qu'il provoque,
consciemment ou non. Bien entendu, les conséquences que l'homme
subit en retour et la façon dont il y répond, soit en tant qu'individu,
soit socialement, soit même globalement en tant qu'espèce,
intéressent vivement la collection.

Ce sont des questions, on le comprend aisément, qui en appellent
à toutes les sciences de la terre, de la vie, de la société, des ingénieurs
et à toutes les démarches de recherche, éthique comprise. Ces ouvrages
s'attachent à traiter de façon plus profonde, plus générale,
plus documentée aussi, de sujets qui ne peuvent être abordés
que de manière brève et limitée dans un article de périodique.

La rédaction de ces livres peut être le fait d'un ou plusieurs auteurs,
d'un collectif de collègues réunis pour la circonstance ou à l'occasion
d'un colloque. Un comité éditorial évaluera la qualité scientifique
du manuscrit.

Sommaire

Jean-Marie Legay

Préface

Six milliards d'hommes, de femmes et d'enfants peuplent en 2003, notre Terre. Leur répartition est cependant très inégale ; d'ailleurs un tiers des terres émergées est inhabité ! L'Europe atteint en moyenne 69 habitants par kilomètres carrés, mais avec de grands écarts : les Pays-Bas avec 464 hab/km², la Belgique avec 333, et a contrario l'Islande avec 3 hab/km², la Russie avec 9, la Norvège avec 14. Les petites surfaces posent toujours des problèmes particuliers pour des raisons historiques et politiques : l'Île Maurice avec 397 hab/km² et Monaco avec 16 798, le Vatican avec 1 194 et Malte avec 1 230. Dans l'agglomération parisienne, on atteint 832 hab/km², pour une population d'environ 10 millions d'habitants (16 % de la population de la France) sur une surface qui n'est que 3,6 % de ce pays.

Les inégalités proviennent aussi du pourcentage relatif des différentes catégories citées (hommes, femmes, enfants). Il y a des pays comme l'Algérie où c'est 35 % de la population qui a moins de 15 ans (et 4 % de plus de 65 ans), d'autres comme le Malawi où c'est plus de 46 % (avec en même temps 3 % de plus de 65 ans), d'autres encore comme l'Allemagne avec 15 % de moins de 15 ans et 16,4 de plus de 65 ans.

De telles inégalités ont toujours existé dans l'histoire démographique des pays de notre Terre ; mais elles sont renforcées aujourd'hui par la diminution de la population rurale, et l'augmentation de la population totale ; c'est parfois les 9/10ᵉ de la population qui, souvent pour des raisons très différentes, sont urbanisés (Monaco, 100 % ; Belgique, 97,3 % ; Islande, 92,5 %). En outre le pourcentage d'habitants rassemblés dans la capitale est également très variable : de 1,4 % dans l'agglomération de Washington, à 62 % à Reykjavik ou 59 % à Beyrouth.

Il y a cependant quelques régularités. Deux tiers des hommes vivent à moins de 500 km des côtes, quatre cinquième de la population vit à moins de 500 mètres d'altitude. Mais le phénomène le plus évident, le plus persistant, est le processus d'urbanisation, qui se compose avec la croissance de la population totale. Cette urbanisation se réalise soit par la densification des villes existantes, le développement vertical des centres-villes, soit par l'extension horizontale d'interminables banlieues. La création de villes nouvelles est maintenant plutôt rare et problématique (par exemple en France, l'Isle d'Albeau, Marne la Vallée, etc.).

Ce n'était pas la situation il y a 2000 ans, où il n'était pas exceptionnel que la création ou l'enrichissement d'un village conduise à une nouvelle agglomération. Avant d'étudier ce que pourrait être une ville durable, on peut s'interroger sur ce qu'est une ville ; et les auteurs n'y ont pas manqué bien que la ville soit encore bien mal connue. En France, il faut au moins 2 000 habitants pour être candidat au statut de ville ; mais il en faut 5 000 en Autriche et seulement 300 en Islande. Ce n'est peut-être pas le plus important. Les auteurs anciens insistaient sur le fait qu'il fallait une situation salubre, une bonne position stratégique, et une adaptation correcte aux nécessités de la vie publique. Et, nous dit C. Gaudineau (dans l'ouvrage de Georges Duby sur l'Histoire de la France urbaine, 1980) : « Ce qui domine dans les textes c'est la conviction que la vie urbaine est le seul mode de vie civilisé ; l'absence de villes correspond à l'état de sauvagerie marqué par le brigandage et par la guerre ». En est-il resté quelque chose ?

Périodiquement, au cours de l'histoire, on peut se poser la question de la définition d'une ville, et l'on constate que cette définition évolue, qu'elle était relativement simple et en tout cas qualitative, il y a quelques millénaires, et qu'aujourd'hui non seulement elle s'accompagne de caractéristiques quantitatives, mais qu'elle s'enrichit de nombreux paramètres, pour aboutir à une description où la complexité se révèle complètement présente, et à propos de laquelle les recherches techniques sont à coup sûr pluridisciplinaires, et où la réflexion d'ensemble est en conséquence interdisciplinaire.

L'augmentation de la population mondiale est de l'ordre de 100 millions par an, soit 250 000 nouveaux être humains par jour ! D'ici 2025, si nos paramètres gardent la même valeur, c'est deux milliards d'individus qui verront le jour et s'inscriront dans le contexte urbain. La ville, dans ses caractéristiques actuelles, pourra-t-elle accueillir tous ces nouveaux habitants, sans rien changer à ses principes, simplement par grandissement homothétique ?

C'est en tout cas dans ce paysage numérique et évolutif qu'il faut placer nos débats, pour bien comprendre l'urgence et l'ampleur des problèmes posés. C'est dans ce cadre aussi, qu'il faut lire, apprécier, discuter les interventions des dix-sept auteurs de cet ouvrage. C'est pourquoi Yves Guermond et Nicole Mathieu ont eu bien raison d'inciter et d'encourager un groupe d'auteurs compétents dans un travail d'exploration très large et souvent sans a priori technique.

En effet d'innombrables questions se posent. Le développement durable est-il réellement en rupture avec le productivisme, contradiction que soulignait déjà Jean-Claude Levy il y a près de quinze ans et que discute aujourd'hui Frank Dominique Vivien (dans le livre de Marcel Jollivet, Le développement durable, de l'utopie au concept, 2001). Ou au moins apporte-t-il systématiquement des contraintes à l'action publique ? Peut-on calculer, même approximativement, le coût à payer par le consommateur d'une ville durable ? On dit que le système de transport commande la morphologie urbaine. Est-ce toujours vrai ? L'inverse n'est-il pas possible ?

Il n'est pas certain qu'on soit allé jusqu'au bout de la définition d'une cité idéale. Peu d'auteurs se sont lancés dans cet exercice difficile ; encore moins peut-être dans la mise en pratique de l'idée, pourtant souvent admise, de rendre la ville socialement équitable. La proximité des lieux de résidence, de travail, de consommation, de services, est souvent déclarée comme nécessaire, mais est-ce techniquement possible ?

À défaut de ville durable, on a aussi avancé le concept minoré de ville viable, dont le premier objectif serait d'assurer la qualité de l'environnement ; on serait alors très proche d'une définition écologique de la ville. La ville est-elle un écosystème ? Quelle signification donner à des inventaires de flore ou de faune urbaines ?

Existe-t-il ou a-t-il existé des villes non durables, ou des fractions de ville non durables, ou des aspects non durables d'agglomérations urbaines ? Après tout, y aura-t-il encore des villes, au sens habituel où nous l'entendons, dans l'avenir ?

Sans doute l'anthropisation des villes est-elle extrême, et pourtant l'habitabilité de certains milieux urbains est en question ; et les modes d'habiter, très discutés, ne sont certes pas définis une fois pour toutes.

La très grande disparité entre les situations des différents pays dans le monde, quels que soient leurs contextes politique, économique, géographique, et bien entendu météorologique, explique que la manière dont les gens rêvent de développement durable et de ville durable est extrêmement variée. Cela se reflète dans les interventions des auteurs de ce livre, puisque, de façon directe ou indirecte, sont représentés les différents continents, le contexte rural ou proprement urbain aussi bien que les différents thèmes issus des diverses composantes de l'environnement.

À la lecture des contributions annoncées, vous serez sans nul doute intéressés, mais plus encore vous vous poserez beaucoup de questions, dont à coup sûr celle-là : les villes vont-elles continuer d'exister selon les normes actuelles ? Les quartiers vont-ils s'exprimer ou se fondre dans l'ensemble de la ville, les espaces verts vont-ils se développer intra muros *ou être rejetés en périphérie ? Et, à plus longue échéance, la ville, quelles qu'en soient les variantes, continuera-t-elle tout simplement d'exister ou sera-t-elle remplacée par des zones urbaines plus ou moins continues. En quoi la diminution de la part du temps de vie consacrée au travail social et l'évolution du contenu de ce travail pourront-elles modifier la manière d'habiter et la liste des exigences qu'on serait en droit de présenter aux institutions ?*

Qu'est-ce qui est mineur dans l'évolution actuelle, qu'est ce qu'il est important d'explorer dans la ville d'aujourd'hui, pour mettre à jour les prémices de nouveautés acceptables et peut-être durables ?

C'est tout cela qu'en lisant cet ouvrage vous serez amenés à découvrir et sans doute parfois à imaginer. Nous avons besoin à très court terme d'une réflexion originale et multiple sur le statut des gens au milieu de leurs préoccupations quotidiennes, mais aussi sur leurs souhaits quant à leur mode d'habiter, de travailler, de se transporter, de se distraire, étant entendu que la plus grande part de ces projets s'inscriront en milieu urbain.

La ville durable : un enjeu scientifique

Nicole Mathieu, Yves Guermond

« Si l'on établissait un hit parade du vocabulaire sociopolitique contemporain, nul doute que l'expression 'développement durable' arriverait très bien placée, si ce n'est en tête du classement, dans ces deux dernières décennies » écrivait Marcel Jollivet dans son introduction à l'ouvrage *Le développement durable, de l'utopie au concept*[1] (M. Jollivet, 2001). On pouvait déjà alors en dire autant du terme « ville durable » ou, autre manière de dire, de celui de « développement urbain durable ». Mais depuis, en cette première décennie du nouveau siècle dont une moitié est déjà passée, l'usage de ces deux expressions n'a fait que s'amplifier. « La Ville durable » est (avec l'agriculture) l'une des déclinaisons territoriales les plus répandues de la nouvelle utopie, devançant pour le moment celles de « Ruralité durable », de « Région durable » et *a fortiori* celle de « Paysage durable » dont l'émergence est à la fois plus récente et plus discrète.

L'envahissement est d'abord celui de la sphère politique car la question de la responsabilité des Villes, en tant que collectivités locales dotées d'une capacité d'action et d'un devoir de gestion de leur territoire face au développement durable, se pose dès la préparation du sommet de Rio. Sur la scène européenne, parallèlement aux déclarations d'intention que la question de la durabilité des villes ouvre, les conférences, « lieu d'approches nouvelles, d'une effervescence d'idées et d'expériences » (C. Emelianoff, 2003) se sont multipliées. La « campagne d'Ålborg » lancée officiellement en 1994 a joué un rôle central pour développer l'idée de la nouvelle responsabilité des pouvoirs urbains dans la mise en place du développement durable et pour inciter à élaborer des stratégies et les formes de contractualisation à la base de la nouvelle « gouvernance ». Les Agendas 21 locaux et plus largement les démarches locales de développement durable (« quartiers dits durables », « habitat soutenable »…) se sont aussi multipliés… Et logiquement ce bouillonnement se double

---

1. Qui est issu des Journées 1997 de l'association « Natures Sciences Sociétés-Dialogues » intitulées : « La notion de durabilité : quelles pistes pour la recherche ? » comme ce livre est le prolongement des Journées des 6 et 7 décembre 2000 de cette même association : « De l'écologie urbaine à la ville durable : quels besoins de recherche pour quelles pratiques interdisciplinaires ? » (Association NSS-Dialogues, 2000).

d'une littérature abondante mise à la disposition des acteurs politiques pour les engager dans cette revitalisation de leurs responsabilités et de leurs pouvoirs urbains.

Mais, comme on le constate presque toujours, le discours politique foisonnant qui, dès la fin des années quatre-vingt, accompagne l'utopie du développement durable, a gagné inéluctablement la sphère scientifique. Dans cette première décennie du XXIe siècle la Ville durable triomphe dans ce champ que l'on appelle les « sciences de la ville ». Avec une antériorité sur les autres disciplines qui touchent à la gestion du territoire (mises à part peut-être les recherches liées à la forêt, à l'agriculture et à l'hydrologie continentale…), avec une avance dans certains pays (les pays nordiques en Europe, l'Amérique du nord et le Canada en particulier, G. Sénécal, 1996), les recherches urbaines sont aujourd'hui à ce point marquées par la question de la durabilité que l'on peut se demander si celle-ci n'est pas en train de réorganiser la production de ce champ scientifique. Comme le montre la bibliographie non exhaustive de cette introduction, mais aussi les bibliographies des auteurs qui ont collaboré à ce livre, ouvrages et numéros de revues ne cessent de titrer sur la gouvernance urbaine, le renouvellement urbain, l'urbanisme durable, accélérant la popularisation de ces termes dans la littérature scientifique, avec une ampleur qui nous renvoie à la période qui vit le triomphe de « l'aménagement du territoire » comme catégorie à la fois de pensée et d'action. Rien que pour l'année 2004, on peut relever un ouvrage des Presses de l'Université du Québec (A. Boisvert) et deux revues (*Écologie et politique*, n° 29 et *Historiens et Géographes*, n° 347), renvoyant à diverses disciplines, qui se consacrent au développement durable en faisant de la « Ville durable », de « l'Urbanisme durable », de « L'enjeu environnemental urbain » le nœud d'un nouveau paradigme scientifique et de l'émergence de nouvelles relations aux savoirs. L'invasion du politique dans la sphère scientifique s'est traduite aussitôt par une influence sur les organismes de recherche en institutionnalisant la question de la Ville durable au travers des appels d'offres nationaux (le programme interdisciplinaire « Développement urbain durable » du CNRS piloté par Jean-Pierre Gaudin)[2] ou européens (« Governance for sustainable development » dans le programme de recherche européen 2005 FP 6 priorité 7)… Il en est de même pour de nombreux laboratoires qui se doivent d'inscrire dans leurs intitulés et axes de recherche le « développement urbain durable », « la gestion des ressources et de la biodiversité en ville », « la gouvernance urbaine » (*cf.* entre autres, la chaire du développement durable à Sciences Po et l'Observatoire de la Ville et du Développement durable de l'université de Lausanne).

Cet envahissement peut faire penser qu'il n'y a pas besoin d'un ouvrage de plus, ce qui nous conduit à formuler précisément l'objectif et les enjeux de celui-ci.

---

2. Programme interdisciplinaire DUD, dir. J.-P. Gaudin, Appel d'offres 2003, 6 p.,
site : www.cnrs.fr/DEP/prg/Devlpmt-urbain-durable.html

Même s'il a fallu pour le construire tenir compte de l'ample bibliographie nationale et internationale, il ne s'agit pas ici ni de faire un nouvel historique d'une notion popularisée par le rapport Brundtland de 1987, ni de dresser un catalogue, éventuellement comparatif, des mesures diverses prises, de par le monde, au nom de la « Ville durable » (viable, *sustainable* ou *liveable*), ni même d'en faire un état des lieux académiques. Ceci ne servirait pas vraiment à clarifier une question qui reste en définitive encore obscure : mais Qu'est-ce que la ville durable ? Plus exactement, l'ambition de cet ouvrage est de tenter de construire la ville durable comme un objet scientifique à analyser objectivement en relation avec sa portée politique.

Il nous faut d'ailleurs rappeler la double origine de notre dessein qui, tout compte fait, s'inscrit dans la même orientation scientifique. Ce livre, en premier lieu, provient et prolonge la réflexion de fond engagée par l'association « Natures Sciences Sociétés-Dialogues » et la revue qu'elle anime[3] sur la notion même de développement durable, ceci pour tenter le passage « de l'utopie au concept » (M. Jollivet, 2001). Catégorie à la fois de pensée et d'action, sa polysémie, la pluralité des dimensions qu'elle prétend concilier (l'écologique, le social, l'économique et l'éthique), son caractère complexe, contradictoire et temporel en font une question où se mêlent le scientifique et le politique, qui mérite donc une attention continue des disciplines qu'elle concerne. Parce qu'elle implique la complexité, elle devrait conduire à la construction d'objets hybrides et appeler l'interdisciplinarité. Des chantiers nouveaux s'offrent donc à la recherche où le(s) « territoire(s) » est un des passages obligés.

En deuxième lieu, parce qu'il porte sur la Ville et le développement urbain, l'ouvrage s'inscrit, dans le prolongement du colloque national d'écologie urbaine de Mions (Rhône) dont les actes ont été publiés par Jean-Marie Legay (1992). Tandis qu'Alain Ruellan alors directeur du programme Environnement du CNRS y déplorait que celui-ci soit jusqu'alors « peu porté vers l'urbain » et préconisait de « faire des choix de priorités scientifiques dans ce domaine de l'environnement urbain » (*idem* p. 5), Jean-Marie Legay appelait aux croisements de tous les points de vue disciplinaires : « Ce qui paraît faire la complexité de la ville, c'est qu'elle est tout à la fois un paysage, un milieu, une socialité, trois systèmes qui s'entrecroisent » (*idem* p. 9). Il s'agit d'un tournant, du moins pour la recherche en France, car, depuis lors, les ministères de l'Environnement et de l'Équipement s'engagent dans un programme « Écologie urbaine »[4] pour « aider à clarifier l'interpellation du milieu

---

3. Et d'ailleurs, bien en amont, depuis l'ouvrage *Du rural à l'environnement : la question de la nature aujourd'hui* (N. Mathieu, M. Jollivet, 1989) et surtout par *Les passeurs de frontières* (M. Jollivet, 1992).

4. *Cf.* Programme « Écologie urbaine », 1997, ministère de l'Équipement, des Transports et du Logement, ministère de l'Aménagement du Territoire et de l'Environnement/Plan urbain. Il reprend la terminologie du « Manifeste pour l'écologie urbaine » qui proposait la notion d'« éco-socio-système urbain » pour désigner les relations entre les systèmes écologiques et les systèmes sociaux, *in* C. Garnier, P. Mirenowicz, 1984.

urbain par la sensibilité écologique » (1997 p. 5). C'est ainsi qu'au bilan du premier appel d'offres « La ville au risque de l'écologie, question à l'environnement urbain » (*idem* 1997), se remarquent les premières recherches « urbaines » interdisciplinaires, associant écologie et sciences sociales qui ont logiquement donné lieu à publications dans *Natures Sciences Sociétés* (P. Clergeau *et al.* 1996 ; C. Nicourt, J. M. Girault, 1997 ; N. Mathieu *et al.* 1997). Tournant pour certains, car tandis que la plupart des chercheurs poursuivent leurs analyses sur la densité, la concentration et la polarisation et les légitiment en les incluant dans le champ du développement urbain durable, tandis que d'autres s'interrogent sur l'identité, la pertinence scientifique et la portée épistémologique de la notion toujours ambiguë d'écologie urbaine (F. Beaucire, 1993), seul un petit nombre s'engage délibérément dans la « question de la nature en ville ». Leur hypothèse est la suivante : c'est en instruisant la dimension écologique de l'urbain (« Penser l'effacement de la nature dans la ville », N. Blanc *et al.* 1996 ; « Repenser la nature dans la ville », M. Mathieu, 2000) et en l'articulant aux dimensions socio-économiques et éthiques par la pratique interdisciplinaire, que l'on passera « De l'écologie urbaine à la ville durable » (V. Barnier, C. Tucoulet, 1999)[5]. Car, en l'associant à une catégorie spatiale, l'urbain, en l'appliquant à un objet précis : le territoire d'une ville, le développement durable pourrait devenir une question concrète : quelle durabilité des territoires et milieux de la ville ? Avec pour problème à résoudre d'un point de vue scientifique comme du point de vue politique : quelle est la meilleure conciliation possible des trois piliers du développement durable, ici et là, maintenant et pour demain ?

Mais ce rappel des sources de l'ouvrage ne signifie surtout pas un enfermement des éditeurs dans le courant de recherche qui l'a initié. Sans espérer être exhaustif et sans vouloir couvrir la diversité des villes, des espaces urbains et des civilisations urbaines, l'objectif est, au contraire, de s'adresser à l'ensemble des sensibilités scientifiques qui composent le champ des Études urbaines (des Sciences de la ville) et dont le capital de connaissances sur la ville est indispensable (V. Berdoulay et O. Soubeyran, 1996, 2002 ; F. Choay, 1965 ; M. Castells, 1972 ; M. Dear *et al.* 2002 ; P.H. Dericke *et al.* 1996 ; G. Dubois-Taine *et al.* 1997 ; G. Dupuy, 1991, 1995 ; J.-P. Gaudin, 1991 ; C. Ghora-Gobin, 1995 ; L. Mumford, 1961 ; M. Sauvez, 2001 ; T. Paquot *et al.*, 2000, entre autres). Notre propos est d'ouvrir aussi largement que possible et à tous ceux que le « développement urbain » concerne, le débat de fond posé par l'ambivalence même de la notion de ville durable – tout à la fois catégorie de pensée et d'action. Catégorie d'action d'abord qui tient pourtant sa légitimité de la Pensée, le développement urbain a-t-il besoin des sciences pour être durable ? Puisque, à l'instar de la monade de Leibniz la ville durable est avant tout

---

5. Titre en partie repris par les Journées de décembre 2000 organisées par NSS-Dialogues (*cf.* note 1).

une construction de la Pensée, comment et par quels cheminements peut-on passer « Du politique au scientifique » ? C'est autour de ces questions, justifiant d'ailleurs le titre de l'ouvrage, que se trouve son véritable enjeu.

Reformulons d'abord la question du politique. Puisque la pensée de « ville durable » prétend renouveler l'action, puisque, comme toute utopie, elle se présente comme l'instrument idéel d'une régénération des pratiques sur le réel, le développement durable dans son application à l'idée de ville apporte-t-il un nouveau « souffle » au politique, de nouvelles représentations et pratiques, voire des discontinuités (révolutions) dans les politiques urbaines ? Au-delà du jugement sur son caractère « nouveau », et parce que, dans l'idéologie dominante, le développement durable est précisément associé à l'idée du progrès politique, ne faut-il pas se demander s'il ne s'agit que d'un énième avatar du discours politique sur le changement des politiques publiques (J. P. Gaudin, 1998) incluant tous les problèmes qui n'ont toujours pas trouvé de solutions (la gestion de l'eau, des déchets ménagers, de l'accroissement des mobilités spatiales et de l'automobile, la politique énergétique, les espaces verts….) ? Ne s'agit-il donc pas d'un habillage des politiques non résolues sous les pseudo habits neufs d'une prise de conscience mondiale, d'un recyclage des anciens objectifs et des pratiques politiques donnant l'illusion de la conciliation entre pauvreté, développement du libéralisme économique et préservation des ressources renouvelables et de la biodiversité ?

Poser cette question de « science politique » à tous ceux que le développement urbain durable concerne ne doit cependant pas se limiter à développer une controverse classique entre ceux (Y. Guermond, 2005, J.-M. Holz, 2004) qui se demandent si cette utopie est vraiment nouvelle, arguant que plusieurs des objectifs de l'urbanisme durable sont fort peu différents des idéaux de ville qui l'ont précédé[6] (Ebenez Howard, Gropius, voire Thomas More et Fourier), et ceux qui s'emploient à démontrer, dans une discussion strictement formelle, l'inversion des perspectives entre les chartes d'Athènes et celle d'Ålborg, et donc le caractère nouveau de cette utopie qui permet la « sortie de l'hygiénisme » (C. Emelianoff, 2003). Derrière cette controverse – nouveau ou pas nouveau ? –, qui peut sembler dérisoire par rapport au défi même de cette utopie politique, se cache en fait une même position *a priori* recourrant à peu d'arguments « réalistes » qui se distinguent en deux points de vue : celui de la dénonciation systématique de ce qui ne serait qu'une nouvelle idéologie et, en retour, une défense inconditionnelle des politiques qui se font en son nom.

L'objectif est plutôt de repérer les moyens – existants ou à construire – d'une distanciation critique vis-à-vis de toutes les actions et politiques urbaines qui s'énoncent « durables » ou qui visent la durabilité. Cette mise à distance peut prendre

---

6. D'où la référence à Ebenez Howard (1902) et à sa cité-jardin « une ville conçue pour assurer dans de bonnes conditions la vie et le travail de ses habitants » (cité par Holz, 2004) ou à Gropius, 1943.

plusieurs voies. Celle d'abord qui consiste à réévaluer la capacité que les mots clés associés à la notion de ville durable ont d'intégrer ou plutôt de concilier les trois dimensions du développement durable. C'est ainsi que les thèmes de l'Agenda 21 de la conférence de Rio de 1992 (compacité, mixité, citoyenneté) font partie d'une panoplie qui peut former écran pour la conceptualisation des problèmes à résoudre. L'idéologie qu'ils véhiculent se décline en effet trop souvent de façon fragmentée : les transports (durables), les économies d'énergie, la lutte contre l'étalement urbain, la ressource en eau, les friches, la pollution. Les questions sociales, ou socio-économiques, y sont mal raccordées. Penser que le développement durable d'une ville peut provenir de la juxtaposition d'actions sectorielles « durables » est un contresens. C'est en effet la complexité qui caractérise cette notion, et on ne peut pas passer outre au caractère contradictoire de ses différentes dimensions, qui sont supposées mêler le progrès social, le développement économique et la préservation des ressources. « La perfection d'un organisme complexe suppose la perfection simultanée de ses différentes parties, ce qui, compte tenu de l'interdépendance entre ces parties, est quasiment impossible » écrivent (après Leibniz) C. Beaumont et J. M. Huriot (1997).

La mise à distance peut aussi prendre une autre forme qui consiste à ne pas s'engouffrer sans précaution réflexive dans l'analyse des premiers « succès » des politiques de développement urbain durable qui sont ainsi, peu à peu, érigés en « exemples à suivre » et font norme pour légitimer le sens général de toute politique de développement durable (C. Calenge, 1997). Ce procédé politique a été caractéristique des périodes d'émergence de la politique d'aménagement du territoire et de celle de la protection de la nature et de la création des parcs naturels et des espaces protégés. Ne faut-il pas, aujourd'hui, poser la question de l'effectivité des politiques de ville durable « en tous lieux », et se défier de l'idée que l'utopie politique se généralisera par diffusion et extension des territoires exemplaires comme ceux que l'on nomme déjà les « quartiers durables » ? Plutôt que de mettre en exergue pour preuve de la « conversion naissante de l'urbanisme au développement durable » ces « morceaux de ville » des tissus urbains existants, modèles de performances écologiques « qui fleurissent surtout dans les villes nord-européennes et en particulier scandinaves » (C. Emelianoff, 2004), ne faut-il pas prendre la précaution d'une mise à l'épreuve de tout territoire « ordinaire » et de tout « projet de territoire » au principe de conciliation des trois piliers du développement durable et des conditions proprement dites de son effectivité ?

On en vient donc à la deuxième question : quelle est la portée scientifique de l'utopie politique de la ville durable ? Ou, autrement dit, comment passer du champ politique à celui des sciences et, réciproquement ou en retour, comment introduire à bon escient les sciences dans le politique ? La mise à distance critique de ce qui se fait « au nom du développement durable » ne suffit pas à dire quelles sont les implications – au sens fort – qui sont induites, pour les chercheurs et les disciplines de la ville, par la prise en compte de sa « durabilité ». Elle ne suffit pas non plus à rendre clairs les postures théoriques à construire et les chantiers de recherche à ouvrir, ce qui se veut l'enjeu central de cet ouvrage.

Nous faisons en effet l'hypothèse que la juste implication de la recherche scientifique dans la question politique de la ville durable ne peut être déterminée sans qu'il y ait discussion préalable du dilemme : le développement durable constitue-t-il ou non une rupture dans la pensée scientifique elle-même ? Comme tout concept politique « fort » l'a toujours fait et le fait encore si l'on se réfère à celui de « fin du développement » (F. Partant, 1982, 1988) ou de « décroissance » (S. Latouche, 2003), la notion de développement urbain durable produit-elle un « évènement » scientifique, entraînant des déplacements, des passages de frontières, de nouvelles postures et pratiques de recherche ? Plus encore que la première interrogation qui s'adresse plutôt aux sciences politiques, sociales et de l'ingénieur dans leur rapport aux acteurs politiques, celle-ci vise tous les chercheurs et les disciplines de l'urbain en les engageant à prendre la mesure de la force de ce choc sur les positions de recherche proprement dites.

C'est pourquoi l'ouvrage laisse peu de place à une première attitude, au demeurant assez répandue dans le champ des études urbaines, qui consiste à refuser le caractère nouveau et la discontinuité de la notion de ville durable. Les arguments scientifiques alors avancés se déclinent en deux registres. Le premier met l'accent sur l'idéologisation voire la mystification sociale que le développement durable recouvre à chaque fois qu'il s'applique à un objet scientifique (R. Brunet, 1997) alors même que le capitalisme mondialisé s'étend avec son cortège d'inégalités aggravées. Comment dès lors adopter une terminologie qui n'a de raison d'être que d'obscurcir les évolutions réelles et les faits ! La déontologie du scientifique est au contraire de dénoncer les discours moralisateurs, voire de légitimer par ses écrits le contre slogan « À bas le développement durable » (S. Latouche, 2003). Quant au second, assez largement majoritaire, il se contente de souligner les points de continuité entre la notion de « ville durable » et les concepts antérieurs forgés pour faire progresser les savoirs de l'urbanisme et l'amélioration des modes de vie citadins. Mesurer la « qualité de vie des villes françaises » (C. Tobelem-Zanin, 1995), mettre en relation la croissance des flux automobiles et des consommations énergétiques avec des indicateurs de densité et surtout de « compacité » des villes européennes, montrer les conséquences sur les paysages et l'environnement de l'étalement urbain et de la périurbanisation, suivre l'évolution des migrations alternantes et intercensales et l'allongement des distances parcourues, montrer l'inégal accès aux espaces verts selon les couches sociales dominant tel ou tel quartier…., toutes ces thématiques et ces outils préexistaient à l'engouement pour la ville durable et, de toutes façons, s'inscrivent pleinement dans ce qui n'est qu'un nouveau souffle pour des problématiques bien établies qu'il faut adapter au fil du temps et du changement social. Nous l'avons vu précédemment, les études urbaines ont été moins sensibles que les études rurales à « La question de la nature aujourd'hui » (N. Mathieu, M. Jollivet, 1989) ainsi qu'à la controverse « développement-environnement », qui conduira à la construction du contre concept « Éco-développement » (I. Sachs, 1993, 1994) lui-même précurseur de celui de *sustainable development*. Ce recyclage scientifique de problématiques dans le droit fil de l'aménagement du territoire peut d'ailleurs s'accommoder d'une appropriation, sans remise en cause théorique, du mot de durabilité, et produire de nouvelles classifications et identification de territoires plus ou moins conformes à une idéalité par nature impossible à atteindre (quartiers écologiques, villes « vertes »…).

Aussi, l'ouvrage privilégie-t-il plutôt les analyses de chercheurs pour qui l'utopie de la ville durable introduit, du fait même de la difficulté de sa mise en œuvre, une discontinuité dans les systèmes de connaissance. La question devient alors : concevoir la ville durable comme un objet de recherche peut-il engendrer, et à quelles conditions, des questions scientifiques nouvelles et de nouveaux concepts ? Oser affronter la question « Qu'est-ce que la ville durable ? » comme une question scientifique à instruire a-t-il des conséquences épistémologiques ? S'agit-il d'un nouveau paradigme et, si la réponse est positive, entraîne-t-il une rupture épistémologique ou un aménagement des connaissances antérieures ?

Là encore, on peut distinguer deux sortes de postures théoriques et de pratiques de recherche. La première consiste à réfléchir dans le cadre de sa discipline « urbaine » – la sociologie, l'économie, la géographie, l'architecture et l'urbanisme sont alors particulièrement concernées – les déplacements et changements cognitifs que la prise en considération du développement durable comme un concept induit. Peut-on instruire la question en mobilisant les outils propres à chaque discipline (concepts, hypothèses, dispositifs de mesures, observation, expérience et modélisation…) ? Lesquels sont performants, lesquels sont à abandonner, lesquels sont à créer ? Cette mise à l'épreuve des disciplines nous semble essentielle pour passer « du politique au scientifique ».

La seconde, qui n'est d'ailleurs pas contradictoire avec la précédente, part du point de vue que la rupture conceptuelle est telle qu'elle appelle le croisement des points de vue disciplinaires, la mise en œuvre de pratiques interdisciplinaires, voire la transgression disciplinaire et l'émergence d'un nouveau mode de connaissance (H. Nowotny *et al.* 2001), ceci pour avancer dans la résolution des problèmes posés par la quasi aporie de sa mise en application ? L'hypothèse est alors qu'aucune discipline ne peut à elle seule : ni instruire les différentes dimensions qui sont à la base de la notion de ville durable, celle naturaliste ou environnementale qui prend appui sur les concepts de ressources renouvelables, de biodiversité et de milieu, celle économique qui revisite les concepts de croissance, de capitalisme, de modernisation[7],

---

7. D'où les contre propositions de « *ecological modernization* » (Buttel, 2000) ou de « décroissance soutenable » (Latouche, *op. cit.*).

celle sociale qui se doit de mobiliser les concepts de pauvreté/inégalité, d'exclusion sociale et territoriale, de capabilité… ; ni surtout concevoir et « prédire » les articulations, dans le temps et dans l'espace, entre toutes ces dimensions aux logiques contradictoires (J. Theys, 2000, J. Theys & C. Emelianoff, 2001) jusqu'à définir une combinaison « éthiquement » viable. Ils ont choisi et prennent le risque de penser la ville non seulement comme un système, mais comme un objet complexe, ainsi que le soulignait J.-M. Legay en 1992. Mais le chemin à parcourir est encore long et les avancées sont encore partielles et exploratoires (l'introduction de la matérialité et de la naturalité dans la lecture des tissus urbains, la durabilité du point de vue de l'habitant par exemple).

On en vient donc à l'organisation même de l'ouvrage conçu comme un itinéraire – le voyage d'Ulysse en quelque sorte – qui tente de mettre des jalons sur le difficile cheminement du politique au scientifique et de convaincre le lecteur de la valeur heuristique de la question : Qu'est-ce que la ville durable ? Face à un évident déficit de connaissances, les auteurs rassemblés ici, chercheurs et praticiens, tentent, à partir de leurs expériences, une exploration du concept de ville durable ordonnée en quatre séquences censées conduire la progression d'une question à l'autre.

Puisque le concept a pris naissance dans la sphère politique, les deux premières parties mêlent la parole des responsables politiques et des chercheurs. En envisageant « La durabilité du côté du politique », les analyses d'un premier groupe d'auteurs tendent vers une évaluation critique du rapport entre pratiques et conceptions de la durabilité urbaine.

Pour ouvrir le débat, la parole est d'abord à l'élue « vert » d'une capitale régionale (Rennes) qui discute la réalité de l'opposition, soit disant évidente, entre croissance et développement durable. Pour elle, le « principe de précaution » peut nous entraîner « vers une société uniformisée, lisse, qui déresponsabilise les personnes pour leur sécurité » (Pascale Loget) et le développement durable à ne rien modifier – si ce n'est dans les discours – dans les politiques des villes. À l'inverse, et c'est un autre écran, le terme de durabilité parce que repris du langage de l'écologie politique, est pour certains un mot « totem » qu'on hésite à employer, ainsi que le montre Anne Mévellec en s'appuyant aussi sur le cas de Rennes ; ceci d'autant plus que « développement durable » semble remettre en cause le traditionnel « modèle breton » du développement endogène et productiviste. Le discours incantatoire sur la démocratie participative et la « bonne gouvernance » qui correspond, comme l'écrivent Dominique Couret, Anne Ouallet et Bezunesh Tamru, à un « consensus descendant », parti des instances internationales, touche aussi les grandes métropoles du Sud. L'entrée en scène de la « ville durable » n'y est pas sans effets pervers en « l'excluant de l'économie traditionnelle, du problème de l'insertion, de la vieillesse en détresse » et en engendrant des « politiques de déguerpissement » pour les populations les plus pauvres.

Plus profondément, le risque est grand du développement d'une vision économique libérale qui tente « de plier la ville durable à la ville économe » (Dominique Couret *et al.*). Certains responsables politiques voient là une justification possible à la réduction des dépenses publiques, notamment, bien sûr, dans le domaine social, comme dans celui de l'aide au développement, où les donneurs de conseils d'économies aux pays pauvres sont légion. Le domaine de l'environnement n'a pas échappé aux investisseurs, car il peut être un terrain favorable pour le *business*, et le « profit durable », écrit Pascale Loget : « La Bretagne, son eau, son agriculture… son avance indéniable dans le secteur des industries de la dépollution ». Ce qui rejoint la remarque de Cyria Emelianoff : « Plus les destructions et les réparations augmentent, plus le PIB s'accroît », dans le chapitre suivant.

Finalement le fond du problème, que souligne Emmanuel Torrès[8], est que les échelles de temps et les échelles spatiales de l'environnement et du développement durable sont différentes : « La durabilité de la ville peut être considérée à la limite comme un non-sens, dans la mesure où elle est par nature une concentration extrême d'activités et de populations sur une portion de territoire dont les capacités de charge écologique sont largement dépassées ». Les considérations écologiques au niveau planétaire ou la viabilité sociale perçue au niveau mondial (Dominique Couret *et al.*) ne peuvent être des modèles applicables en l'état au local.

Quant au sort du domaine strictement « écologique », les résultats sont tout aussi flous. L'objectif est certes de favoriser l'émergence de formes métropolitaines polycentriques, comportant une attention particulière aux transports en commun, or Gilles Sénécal *et al.* observent, à Montréal, par exemple, et le cas est bien général, une diminution constante de la part de marché des transports en commun pour les déplacements quotidiens, malgré les efforts d'accroissement des densités résidentielles. Ceux-ci ne sont d'ailleurs pas sans effets pervers : l'accroissement des valeurs foncières, la congestion du centre, l'habitat collectif de grande taille. Lorsqu'on prend ces questions isolément, elles sont généralement sans solution.

C'est dans le passage « Du politique à la mise en œuvre technique » que le second ensemble d'auteurs rassemblés ici tente d'envisager, par un effort réflexif sur la fabrique de la ville, une nouvelle façon de penser le technique.

C'est à nouveau un élu, mais cette fois d'une petite commune, qui l'introduit. Richard Tomassone, chercheur biométricien, analyse ses problèmes de maire à la lumière de sa culture scientifique : les conduites d'eau sont en amiante ou en plomb, les eaux d'écoulement des autoroutes ne sont pas décantées, le coût d'un système d'assainissement collectif est dix fois plus élevé que le budget communal, les boues d'épandage sont polluées au point que les agriculteurs n'osent plus les uti-

---

8. Nous rappelons ici la disparition fin 2002 de ce jeune chercheur dont les analyses étaient à ce point pertinentes que plusieurs auteurs de ce livre citent son texte – présenté aux Journées 2000 – que nous publions sans qu'il ait pu l'améliorer. Que sa pensée reste vivante et continue à stimuler nos efforts de recherche.

liser, et les discussions avec l'administration sont strictement limitées à l'aspect réglementaire. Il est impossible de faire évoluer la réglementation par la discussion et l'apport des connaissances.

La mise en œuvre technique de la « durabilité » est plus « un principe d'action politique et de hiérarchisation de l'action publique qu'un principe normatif ». Mario Gauthier et Laurent Lepage distinguent trois visions de cette mise en œuvre. La vision « réglementaire-bureaucratique » est l'attitude dominante dans la plupart des administrations. La vision « écosystémique » est marquée par une tendance à mésestimer les intérêts divergents des acteurs, au profit d'une confiance exagérée dans les « connaissances scientifiques ». La vision d'une « gestion intégrée » enfin, aurait pour objectif de viser simultanément la rationalité écologique et le compromis démocratique. Un exemple de cette évolution est donné par le cas du Saint-Laurent : alors que le « programme d'assainissement des eaux du Québec » de 1978 était purement technique, le programme « Saint-Laurent Vision 2000 » s'attache à l'identification des principales sources de pression sur les écosystèmes, et aboutit à la création de comités de « Zones d'Intervention Prioritaires », qui sont des lieux de délibération, à l'interface de la communauté des riverains et du groupe des décideurs.

Le maintien d'une gestion locale des services de l'eau est un gage de « durabilité », par l'apprentissage collectif d'une gestion solidaire, mais, remarque Bernard Barraqué, elle est menacée d'une concession à de grands groupes privés, dans le contexte d'une augmentation générale du prix de l'eau, qui sera peut-être elle-même insuffisante pour maintenir le patrimoine technique en bon état. De même on peut regretter l'arrosage du maïs, mais les services publics sont-ils prêts, demande-t-il, à passer des contrats avec les agriculteurs pour leur payer le manque à gagner d'un abandon de l'arrosage ?

Dans ce domaine technique, c'est la sectorisation de l'action publique qui est l'une des principales limites à l'impact des plans d'aménagement et de développement durable. Chaque service cherche à garder jalousement son autonomie, ses prérogatives et sa documentation. Cyria Emelianoff montre très clairement que « les porteurs d'une politique transversale viennent d'abord empiéter sur des domaines d'intervention qui ne sont pas les leurs, avant de remettre en question des savoir-faire ou des compétences établies, dont la perpétuation engendrait aussi une économie de travail. Autant dire que l'intervention des missions 'développement durable' est d'abord perçue comme une ingérence dans les politiques sectorielles ».

La prise de conscience de l'exclusion des processus de décision s'est ainsi développée dans le contexte de la fin de siècle, alors même qu'assez curieusement le discours sur la ville durable est un discours de consensus, adopté à la quasi unanimité par des conférences internationales, et dont les réalisations concrètes ont théoriquement une diffusion mondiale, mais selon un processus qui serait plutôt *top down* que *bottom up* – ce qui l'empêche pas de nourrir le souhait de « partir de la base ».

L'objectif des utopies urbanistiques du XXe siècle (W. Gropius 1943, F. L. Wright 1958) avait constamment été d'assortir l'architecture et l'organisation du bâti à une société égalitaire en harmonie avec son environnement, de favoriser le logement social porteur de bien-être, de sociabilité, voire de civisme. La violence urbaine a toujours été prise en compte par les urbanistes comme significative d'une crise sociale qu'il fallait essayer de dénouer, mais, outre qu'elle a elle-même changé de nature, l'impératif de la durabilité sociale est un objectif difficile à concevoir du point de vue des modèles matériels. Le sentiment d'exclusion des processus de décision se répandant dans toutes les couches de la société, en entraînant un désintérêt pour la gestion urbaine, la création de structures de décision « plus proches de la base » est souvent proposée, sous forme, par exemple, de comités de quartier ou d'encouragement des mouvements associatifs.

Les services techniques urbains continuent malgré tout, le plus souvent, de confondre la « participation démocratique aux décisions » avec la « politique de communication » : des réunions et expositions sont organisées pour que la population « comprenne » bien les projets qu'ils ont l'intention de réaliser. Les populations ne sont pas dupes, et, de ce fait, seuls participent effectivement à ces discussions les habitants directement concernés dans leurs intérêts immédiats, ce qui provoque des mouvements *Nimby*, qui s'éteignent comme un feu de paille dès le « danger » passé. Ces mouvements ne font que renforcer la crainte des administrations devant tout dialogue, puisque leur seul effet apparent est de retarder les travaux d'intérêt public : on sait par exemple que la mise en route des travaux du métro ou du tramway ont provoqué des mouvements de protestation dans la plupart des villes françaises, ce qui est l'indication d'un déficit certain de la discussion démocratique.

Malgré tant d'incertitudes, ou de scepticisme, le rêve de « durabilité » ne peut-il avoir aussi une valeur heuristique ? Les deux dernières parties sont explicitement du côté du scientifique même si certains textes des deux parties précédentes en sont les prémisses[9]. La première fait appel aux disciplines : des chercheurs de géographie et sociologie urbaine (avec parfois des outils de l'économie) mettent à l'épreuve, face au concept de ville durable, leurs terrains d'analyse. La deuxième présente quelques recherches interdisciplinaires croisant approches naturalistes et sociales de milieux urbains, tentatives méthodologiques qui explorent la faisabilité d'articuler des processus contradictoires et de construire le socle d'une nouvelle connaissance permettant d'éviter les schématisations.

La première réaction scientifique est de bien cerner le problème et les chantiers de recherche ouverts aux disciplines par la question de la ville durable, ce qui

---

9. Comme ceux qui appellent à l'implication des scientifiques (Richard Tomassone) ou mettent le doigt sur les raisons « scientifiques » de la défiance des acteurs politiques qui craignent de s'engager dans la transversalité, le long terme, voire la complexité et l'interdisciplinarité (Cyria Emelianoff).

impose, de façon très basique, de « Confronter l'utopie aux villes réelles, pour une évaluation locale de la durabilité ».

Les géographes autour d'Alain Vaguet et le sociologue urbain Bohdan Jalowiecki ont travaillé dans deux contextes bien différents, l'Union indienne et la Pologne, et leurs expériences de recherche sur des terrains qu'ils observent dans la longue durée, aboutissent aux mêmes conclusions désabusées. En Inde, à Mumbai, des décennies de développement et d'aide au développement n'ont guère modifié la donne : les espaces fortement pathogènes sont restés les mêmes depuis plus d'un siècle. À Chennai, on peut se demander si la plus grosse erreur n'a pas été justement d'avoir privilégié le temps long au détriment des exigences sanitaires, environnementales et sociales immédiates. Peut-on parler de développement durable si une grande partie de la population demeure en deçà du niveau de pauvreté ? À Varsovie, après la chute du régime communiste, le « nouveau modèle de développement » pourrait bien être défini par les termes « d'urbanisme sauvage ». En l'absence de plans d'occupation des sols, des enclaves de modernité se développent dans un environnement dégradé : des immeubles de bureaux se multiplient dans le centre, et de vastes centres commerciaux en périphérie. Les carences en matière d'infrastructures s'ajoutent à une production d'espaces pour l'habitat qui est centrée sur les appartements de haut standing et les ensembles résidentiels fermés. En dépit des différences de disciplines et d'objets de recherche, ces deux auteurs ont en commun de mobiliser leurs savoirs scientifiques pour démontrer les contradictions, dans les objectifs et dans les faits, qui sont au cœur de l'idée même de ville durable. Leur connaissance de la complexité des systèmes (social, économique et environnemental) qui interagissent dans les villes étudiées les conduit à une théorisation du changement urbain confirmant l'hégémonie de l'économique et du mondial sur toutes les autres dimensions contenues dans l'idée de développement durable, en particulier celle de l'équité sociale.

Après ces constats qui rejoignent, sur fond d'analyse locale approfondie, « L'introuvable ville durable » de la première partie, les deux textes suivants procèdent d'une posture plus exploratoire et plus prospective. Appuyés également sur des analyses de territoires urbains précis mis en face des principes de la durabilité urbaine, ils prennent le parti, au-delà de la nécessaire mise à distance qui accompagne toute évaluation territoriale, de mettre à l'épreuve leurs savoirs disciplinaires au filtre des questions inédites que l'idée de développement durable – et en particulier du bien-être des populations urbaines – pose. Les auteurs, géographes et sociologues comme les précédents, ont le souci de rechercher les méthodes et les outils qui permettraient de construire les connaissances disciplinaires ayant une utilité du point de vue du concept de durabilité. Des chantiers de recherche sont ouverts qui conduisent à des renouvellements disciplinaires, mais aussi à un élargissement à d'autres disciplines comme l'économie ou la géographie physique. Devant la situation des riverains des aéroports parisiens face aux nuisances sonores, Bernard Barraqué et Guillaume Faburel ont par exemple cherché à opposer aux classiques mesures – de et contre – les nuisances sonores, une évaluation scientifique du coût social d'une dégradation environnementale, en effectuant une analyse factorielle des correspondances sur la gêne, et une étude économétrique sur les « consentements à payer ». Mais apparaît vite la nécessité de prendre en compte la dimension spatiale du problème et la question de l'attachement territorial inégal des habitants. La validation des résultats supposerait un resserrement des liens scientifiques entre disciplines, en même temps que des débats avec des commissions locales des riverains concernés. Autour d'Yves Guermond à Rouen, la géographie urbaine a entrepris d'introduire dans l'analyse spatiale des villes étudiées la dimension environnementale jusqu'alors effacée au détriment de l'écologie sociale. Les Systèmes d'information géographique (SIG) ont été un outil technique efficace pour connaître avec plus de précision des questions telles que la pollution de l'air et des sols en relation avec la répartition dans l'espace urbain des classes aisées et des pauvres. Au-delà de ces croisements de processus ramenés au temps présent, la modélisation associée au SIG rend possible quelques anticipations, par exemple les risques industriels. Mais, cette connaissance reste fragmentaire et sans suite si elle ne se conjugue pas avec des approches intégrées entre les pouvoirs publics et les chercheurs sans lesquelles les études mono ou bi-disciplinaires actuelles n'obtiennent que des résultats limités.

Il apparaît bien alors que « L'interdisciplinarité est une nécessité ». Le dernier ensemble de textes rassemble des auteurs qui ont fait le choix théorique que J.-M. Legay nomme « la décision de la complexité » qui appelle l'interdisciplinarité, pas seulement « de proximité » mais entre sciences sociales et sciences de la nature. Ces premières pratiques en milieu urbain ont en effet toutes en commun de poser la question « Qu'est-ce que la nature en ville ? », ce qui les conduit à modifier leurs conceptualisations et leurs pratiques de recherche antérieures en explorant les démarches qui permettraient d'articuler systèmes sociaux, systèmes technico-politiques et systèmes naturels.

Stéphanie Pincetl après avoir mis à distance les deux stéréotypes de l'idéologie de la nature aux États-Unis, la *wilderness* qui est la vraie nature et les parcs urbains aux fonctions différentes « pour les quartiers ouvriers et pour les quartiers plus aisés », cherche à construire une position scientifique qui permette de surmonter tous les cloisonnements. La dissociation des réponses des services techniques, responsables séparément de l'architecture, des espaces verts, de la voierie, ou du traitement des eaux, le cloisonnement des disciplines à l'université, tout cela combiné avec un manque de suivi de la part de la sphère politique locale, conduit à des actions sporadiques sans lendemain. Une expérience de recherche action sur la question de la nature dans la ville a été tentée sur un quartier de Los Angeles avec pour un objectif de réunir des chercheurs de disciplines différentes, des responsables politiques sans oublier de prendre en compte « les valeurs que les gens sur le terrain accordent à la nature ». Ce mode de fonctionnement transdisciplinaire éviterait aussi bien le maintien des inégalités entre les populations que les pièges d'une écologie autoritaire.

André Sauvage et Philippe Clergeau ont réuni des chercheurs venus de la biologie, de la géographie et de la sociologie, pour une interrogation sur le concept de « nature ». L'étude des oiseaux dans la ville (parcs urbains et péri-urbains) montre que certains milieux nouveaux peuvent conduire à la modification des systèmes naturels. Comme l'urbanisation de la Terre progresse, ces milieux seront de plus en plus modifiés, sans que les hommes en soient toujours pleinement conscients. L'action humaine va devoir s'inscrire dans une éthique du développement, et donc s'éclairer de nouveaux savoirs : l'objet de recherche ne peut plus être « construit » *a priori* par chaque discipline particulière, il ne peut être que co-produit par plusieurs points de vue à visée scientifique. Cela impose de nouvelles manières de penser les problèmes, au prix d'un ré-interrogation de nos disciplines et du déplacement de certaines « colonisations conceptuelles »…

On entrevoit donc que le besoin d'interdisciplinarité naît de la prise en compte par les scientifiques non seulement de ce qu'implique en termes de complexité la gestion publique du vivant – animal et végétal – dans une ville et ses quartiers, mais aussi de l'impérieuse nécessité d'évaluer la durabilité de cette gestion du point de vue des urbains. Avec les deux textes suivants, la justification théorique des pratiques interdisciplinaires s'approfondit, se fondant sur une problématisation jusqu'à présent peu développée autour de la question de l'habitabilité des milieux urbains. « La durabilité des milieux urbains passe par l'interrogation sur la naturalité/matérialité de l'espace urbain et doit être évaluée à l'aune du bien-être de l'habitant, dans tous ses lieux de vie » (Wandrille Hucy, Nicole Mathieu, Thierry Mazelier et Henri Raynaud). « Notre définition de la ville comme mi-(lieu) de vie suppose de se pencher sur son fonctionnement écologique et la place qu'y occupent les habitants » (Nathalie Blanc, Marianne Cohen, Sandrine Glatron et Lucile Grésillon). Pour traiter cet objet complexe, la relation des habitants à leur milieu de vie et la valeur de « bien-être » qu'ils leur accordent, l'interdisciplinarité entre sciences de la nature, sciences sociales et de l'ingénieur est de rigueur de même qu'une très forte importance accordée au dispositif de recherche permettant de croiser les points de vue et les savoirs.

Le micro-site (le micro-quartier) est l'instrument de ce croisement des approches scientifiques. À Rouen, il est limité à une interdisciplinarité entre géographes et architectes (Wandrille Hucy *et al.*) ; à Paris il est plus sophistiqué pour appréhender les deux modes du rapport des citadins à la nature, positif illustré par la relation au végétal, négatif repéré par la perception de la pollution de l'air – « géographes, biogéographes, physiciens et climatologues, mais aussi spécialistes de télédétection, d'horticulture, d'architecture » (Nathalie Blanc *et al.*). Dans les deux équipes la démarche méthodologique, essentielle, est décrite pas à pas. La modélisation et l'enquête (entretiens et « récits de lieux de vie ») tiennent une place déterminante. De telle sorte que, même si les résultats, dont certains sont très nouveaux (« méthode d'étude de la végétation de proximité » et « proposition pour un indice de proximité de l'air » de Nathalie Blanc *et al.* par exemple) sont difficiles à généraliser, ils ont la valeur d'une méthode au sens propre qui pourrait être expérimentée dans d'autres milieux urbains. L'utopie de la « ville durable » débouche sur la proposition de concepts hybrides définis pour penser les interactions entre les citadins et les lieux qu'ils habitent, comme par exemple celui de mode d'habiter.

Ces pratiques interdisciplinaires instaurent de nouveaux rapports entre les disciplines comme entre géographie et architecture dans l'étude de Rouen au point de modifier non seulement leurs points de vue mais aussi leurs pratiques (Wandrille Hucy *et al.*). Ainsi se dessine peu à peu une nouvelle relation du scientifique au politique qui conduit à « des pistes d'action pour une ville durable et participative » (Nathalie Blanc *et al.*) à « des propositions concrètes de gestion prenant en compte les habitants en tant que fabriquants de ville » (Nathalie Blanc *et al.*). Renversement d'attitude qui fait dire à Wandrille Hucy *et al.* : « La ville durable est avant tout construite par ses habitants qui en sont les premiers acteurs. »

En conclusion quelques modestes remarques pour laisser le lecteur libre de construire son propre point de vue et sa synthèse :

Malgré le bel ordonnancement « du politique au scientifique » et une apparente progression du moins complexe au plus complexe, on est frappé des résonances qui traversent tous les textes : chez tous les auteurs, qu'ils soient chercheurs ou élus politiques, quelles que soient leurs disciplines et leurs fonctions, un appel est fait à la réflexion sur les mots employés, à plus de connaissances et de dialogie.

Se dessine aussi une certaine convergence, implicite le plus souvent, pour choisir la complexité comme moyen de construire une position « éthique », indépendante par rapport à l'idéologie de la ville durable, marquée par conscience et responsabilité de la recherche. Sans rejeter le secret espoir de déboucher sur « des politiques » qui feraient du chercheur le mentor d'un changement sociétal, ils mettent à distance l'attitude normative qui a entraîné, dans de nombreux travaux « d'aménagement du territoire », vers une conception du chercheur comme assistant du pouvoir politique. Ici, une démarche inverse est proposée : partir d'un terme développé d'abord dans les instances politiques internationales, puis repris par les différents courants politiques, par les médias et répandu ainsi dans l'opinion, le soumettre à une analyse critique susceptible d'orienter vers un approfondissement et une réorientation de nouvelles pistes de recherche scientifique non directement liées à la réalisation d'objectifs politiques immédiats.

Alors que pour le courant scientifico-politique dominant, le développement durable se conjugue uniquement par la prise en compte d'indicateurs globaux, en négligeant « les problèmes immédiats, locaux et visibles » (C. Brodhag, N. Gondran et K. Delchet, 2004), tous les auteurs se rejoignent ici sur la nécessité de prendre en compte la singularité et la complexité des villes et des espaces urbains à évaluer du point de vue du développement durable : la durabilité ne peut se décliner de la même façon en tous les lieux et territoires.

Finalement à travers ces fils tissés par les auteurs qui osent présenter les difficultés d'une pensée encore incertaine, voire les contradictions entre leurs points de vue, nous espérons avoir convaincu le lecteur de l'enjeu scientifique qu'ouvre la Ville durable.

RÉFÉRENCES BIBLIOGRAPHIQUES

Association NSS-Dialogues, 2000, « De l'écologie urbaine à la ville durable : quels besoins de recherche pour quelles pratiques interdisciplinaires ? » Journées 2000 les 6-7 décembre 2000, Paris.

BAILLY A., BRUN P., LAWRENCE R. J., REY M. C. (dir.), 2000, *Développement social durable des villes. Principes et pratiques*, Paris, éd Anthropos, 170 p.

BARNIER V., TUCOULET C. (dir.), 1999, « Ville et environnement. De l'écologie urbaine à la ville durable », *Problèmes politiques et sociaux,* n° 829, Paris, La Documentation Française, 88 p.

BARTON H., TSOUROU C., 2000, *Healthy urban planning*, Londres, ed. SPON Press.

BEAUCIRE F., 1993, « Écologie urbaine : l'éternel retour ? » *Natures Sciences Sociétés*, 1, 1, p. 83-84.

BEAUMONT C., HURIOT J. M., 1997, « La ville, la raison et le rêve, entre théorie et utopie », *L'Espace géographique*, numéro spécial en hommage à H. Bégin, 2, p. 99-117.

BERDOULAY V., SOUBEYRAN O., 1996, *Débat public et développement durable. Expériences nord-américaine*, Pau, éd. Villes et Territoires, Paris-La Défense, 149 p.

BERDOULAY V., SOUBEYRAN O., 2002, *L'écologie urbaine et l'urbanisme, aux fondements des enjeux actuels*, Paris, La Découverte, 268 p.

BLANC N., MATHIEU N., 1996, « Repenser l'effacement de la nature dans la ville », Villes, Cities, Ciudades, *Le courrier du CNRS*, 82, p. 105-107.

BOISVERT M. A. (dir.), 2004, *L'urbain. Un enjeu environnemental*, Presses de l'Université du Québec, 223 p.

BRODHAG C., GONDRAN N., DELCHET K., 2004, « Du concept à la mise en œuvre du développement durable », *VertigO*, la revue électronique des sciences de l'environnement, vol. 5, n° 2.

BRUNET R., 1997, « Le développement durable en haut de l'échelle. Pouvoirs locaux » *Les cahiers de la décentralisation*, 34, III, Privat.

BUTTEL F., 2000, « Reflections on the potentials of ecological modernization as a social theory », *Natures Sciences Sociétés*, 8, 1, p. 5-13.

CALENGE C., 1997, « De la nature de la ville » *Annales de la recherche urbaine,* 74, p. 12-19.

CASTELLS M., 1972, *La question urbaine*, Paris, François Maspéro, 451 p.

CHOAY F. 1965, *L'urbanisme, utopies et réalités*, Paris, Seuil. 448 p.

CLERGEAU, PH., ESTERLINGOT D., CHAPERON J., LERAT C., 1996. « Difficultés de cohabitation entre l'homme et l'animal : le cas des concentrations d'oiseaux en site urbain », *Natures Sciences Sociétés*, 4, 2, p. 102-115.

DEAR M., FLUSTY S., 2002, *The Spaces of Postmodernity: A Reader in Human Geography*, Blackwell.

DERYCKE P. H., HURIOT J. M., PUMAIN D. (dir.), 1996, *Penser la ville. Théories et modèles*, Paris, éd. Anthropos, coll. « Villes ».

DUBOIS-TAINE G., CHALAS Y., 1997, *La ville émergente*, Paris, éd. De l'Aube, 281 p.

DUPUY G., 1991, *L'urbanisme des réseaux*, Paris, Armand Colin, 200 p.

DUPUY G., 1995, *Les territoires de l'automobile*, Paris, Anthropos, 216 p.

EMELIANOFF C., 2000, « Ville globale, ville durable : deux représentations antinomiques de l'espace-temps urbain ? » *Les temps de l'environnement*, Toulouse, éd. PU du Mirail, p. 275-284.

EMELIANOFF C., 2003, « La démarche européenne », *Risques, vulnérabilités et politiques de développement durable en milieu urbain*, Contrat État-Région, Rapport du Groupe de recherche en Géographie sociale de l'université du Maine, p. 31-62.

EMELIANOFF C. (dir.), 2004, Dossier : Urbanisme durable ? *Écologie et Politique*, 29, p. 13-110.

GARNIER C., MIRENOWICZ P., 1984, « Manifeste pour l'écologie urbaine », *Métropolis*, n° 64-65, 1984, p. 6-18.

GAUDIN J.-P. (dir.), 1991, *Desseins de ville « art urbain »*, Paris, éd. L'Harmattan, 516 p.

GAUDIN J.-P. 1998, « La gouvernance moderne hier et aujourd'hui : quelques éclairages à partir des politiques publiques françaises », *Revue internationale des sciences sociales*, n° 55, p. 51-60.

GHORRA-GOBIN C., 1995, *Penser la ville de demain. Qu'est-ce qui institue la ville de demain ?*, éd. L'Harmattan, coll. Géographie culture.

GODARD O. (dir.), 1997, *Le principe de précaution dans la conduite des affaires humaines*, Paris, éd. de la MSH et INRA-Éditions, 351 p.

GROPIUS W., 1943, *A Program for City Reconstruction*. Architectural Forum (cité par F. CHOAY).

GUERMOND Y., 2005, « Repenser l'urbanisme par le développement durable », *Natures Sciences Sociétés*, 4, à paraître.

HOWARD E., 1969, *Les cités-jardins de demain*, Paris, Dunod, 364 p., (éd. 1902).

HOLZ J. M., 2004, « La ville durable, une nouvelle utopie. Vers une géographie du développement durable », *Historiens et Géographes*, 387, p. 109-113.

JOLLIVET M. (dir.) 1992, *Sciences de la nature, sciences de la société : les passeurs de frontières*, Paris, CNRS Éditions, 589 p.

JOLLIVET M. (dir.), 2001, *Le développement durable, de l'utopie au concept : de nouveaux chantiers pour la recherche*, Paris, éd. Elsevier, coll. NSS, 288 p.

LATOUCHE S., 2003, « À bas le développement durable ! Vive la décroissance conviviale ! » *in* M. BERNARD *et al.* (dir.), *Objectif décroissance*, Paris, Parangon, p. 19-26.

LEGAY J.-.M. (dir.), 1992, Colloque National d'écologie urbaine : *Actes du colloque*. Mions (Rhône)27-28 septembre 1991, Université Claude Bernard Lyon I/Institut d'Analyse des Systèmes Biologiques et Socio-Economiques, Lyon, 238 p.

MATHIEU N., JOLLIVET M. (dir.), 1989, *Du rural à l'environnement : la question de la nature aujourd'hui*, Paris, éd. ARF/L'Harmattan, 354 p.

MATHIEU N., RIVAULT C., BLANC N., CLOAREC A., 1997, « Le dialogue interdisciplinaire mis à l'épreuve : réflexions à partir d'une recherché sur les blattes urbaines » *Natures Sciences Sociétés*, 8,3, p. 74-82.

MATHIEU N., 2000, « Des représentations et pratiques de la nature aux cultures de la nature chez les citadins : question générale et étude de cas » *Bulletin de l'Association des Géographes Français*, 2, p. 162-174.

MATHIEU N., 2000, « Repenser la nature dans la ville : un enjeu pour la géographie » *Natures Sciences Sociétés*, 8, 3, p. 74-82.

MUMFORD L., 1961, *The City in History*, London, Secker & Warburg.

NICOURT C., GIRAULT J. M., 1997, « Environnement et relégation sociale, l'exemple de la ville Saint-Denis au début du XIXe siècle à nos jours » *Natures Sciences Sociétés*, 5, 4, p. 23-33.

NOWOTNY H, SCOTT P, GIBBONS M, 2001, « Rethinking science; Knowledge and the Public » *An Age of Uncertainty*, Cambridge, Polity Press.

PAQUOT T., LUSSAULT M., BODY-GENDROT S. Eds, 2000, *La ville et l'urbain l'état des savoirs*, Paris, éd. La Découverte, 444 p.

PARTANT F., 1982, *La fin du développement, naissance d'une alternative ?*, Paris, Maspéro.

PARTANT F., 1988, *La ligne d'horizon. Essai sur l'après-développement*, La Découverte Programme « Écologie urbaine ». Bilan d'un premier appel d'offres et état des lieux du programme, 1997, Paris, ministère de l'Équipement, des Transports et du Logement et ministère de l'Aménagement du Territoire et de l'Environnement, 89 p.

SACHS I., 1993, *L'écodéveloppement. Stratégies de transition vers le XXIe siècle*, Paris, Syros, 120 p.

SACHS I., 1994, « Environnement, développement, marché : pour une économie anthropologique » Entretien avec Ignacy Sachs, propos recueillis par Jacques Weber, *Natures Sciences Sociétés*, vol. 2, n° 3.

SAUVEZ M., 2001, *La ville et l'enjeu du « développement durable »*, Paris, La Documentation Française, Collection des rapports officiels, 436 p.

SENECAL G., 1996, « Champs urbains et développement durable : les approches canadiennes de la ville écologique » *Natures Sciences Sociétés*, 4, 1.

THEYS J., 2000, « Développement durable, villes et territoires. Innover et décloisonner pour anticiper les ruptures » *Notes du centre de prospective et de veille scientifique*, n° 13, 132 p.

THEYS J., EMELIANOFF S., 2001, « Les contradictions de la ville durable » *Le débat*, Gallimard, janvier, n° 113.

TOBELEM-ZANIN C., 1995, *La qualité de vie dans les villes françaises*, Rouen, éd. P.U. de Rouen, 287 p.

U.N. *Conference on Environment and Development*, 1992.

Ville, densités urbaines et développement durable, 1999, Paris, Ministère de l'aménagement du territoire et de l'environnement, Actes du séminaire du 14-15 octobre 1999, 78 p.

Villes durables européennes. Rencontres professionnelles, 1996, Agence d'urbanisme de la communauté urbaine de Lyon, Ministère de l'environnement (France), Groupe d'experts environnement urbain Commission Européenne (DG XI), Lyon (Actes de colloque).

World Commission on Environment and Development, 1987, Our Common Future (Rapport Brundtland), Oxford University Press.

WRIGHT F. L., 1958, *The Living City*, New York, Horizon Press.

Partie I

La durabilité du côté du politique

Chapitre 1

Croissance contre développement durable. Les politiques des villes seront-elles modifiées par le développement durable ?*

« Villes durables », « agriculture durable », « développement durable des pays », « consommation durable »… le durable est à la mode dans beaucoup de domaines : politiques, techniques et même dans les entreprises. Les différents contrats entre les collectivités et l'État (contrat de plan, schémas de secteurs, chartes…) citent le développement durable et s'en réclament. Depuis 1987, le concept de Mme Bruntland a tellement séduit qu'il est devenu un lieu commun.

Au minimum, on retient de ce lieu commun : « durable, fait pour durer ». Mieux, il fait progresser l'idée généreuse d'une solidarité élargie à la planète (équilibre Nord/Sud) et au temps (« les générations futures »). L'idée d'une harmonie entre économie, environnement et social est généralement retenue.

Mais le « durable » peut être mis à toutes les sauces et déjà des glissements conceptuels étonnants s'opèrent. Pour certains, du développement durable à la croissance durable, il n'y aurait qu'un pas. Ce pas franchi avec des bottes de sept lieues, on s'autoriserait à parler de profit durable[1].

Pourtant, le développement durable comme grille conceptuelle importante de l'écologie politique, repose sur de nouveaux rapports entre les hommes et leur environnement[2] et doit entraîner des modifications souvent radicales dans les prises de décisions. Si le concept peut éventuellement s'intégrer dans un parcours de la pensée progressiste, il n'est pas élastique et n'a rien à voir avec une sorte de label à la mode très consensuel. Dans ce cadre, il faut dire très clairement qu'il n'est pas conciliable avec le retour du discours sur la croissance et ses « fruits ». Notamment parce que cette idée de la croissance s'inscrit dans une démarche productiviste et techniciste qui ne relève pas de la même approche des relations entre la nature et les hommes[3].

---

* *Chapitre rédigé par Pascale LOGET*

1. Terme utilisé dans l'argumentation d'une grande banque pour vendre de l'épargne « éthique ».

2. Plus précisément leur « écoumène » au sens d'A. Berque (1996).

3. *Cf.* W. Sachs (2003). Dans le contexte de la croissance, la relation entre hommes et nature se traduit par une économie de « survie » qui consiste à gérer le pillage des ressources sans franchir les limites qui mettent les hommes en péril.

Ce qui amène à poser la question : les politiques des villes seront-elles modifiées par le développement durable dans ce contexte, c'est-à-dire celui d'un courant de pensée en rupture avec la pensée productiviste et techniciste ?

D'abord, dans les villes, l'élu(e) dans l'exécutif peut prendre des décisions qui influenceront l'écologie communale (urbanisme, déplacements, espaces publics…). Même s'il n'a pas d'étiquette politique, comme souvent dans les petites communes rurales, l'élu a un certain nombre de références pour décider[4]. Un élu, une élue, n'est ni un technicien, ni simplement un gestionnaire, ni un régulateur, il (elle) doit anticiper. Il n'est pas du tout démodé d'appuyer ses choix sur une éthique. En l'occurrence, les principes de précaution, de responsabilité, de débat peuvent orienter les décisions relatives à l'écologie urbaine.

PRÉCAUTION

Le principe de précaution est la plus connue des trouvailles de l'écologie politique. Il est indissociable d'une démarche préventive et globale dans de nombreux domaines : précaution sociale (maîtrise du foncier et politique d'habitat social, mixité sociale dans tous les quartiers, transports en commun de qualité…) ; précaution environnementale (programmes Haute Qualité Environnementale, utilisation d'énergies renouvelables, politique vélo, non-utilisation de pesticides dans les espaces verts publics…)

Mais attention, si le principe de précaution peut, éventuellement, justifier à court terme des interdictions[5], des normes ou le recours à des technologies supplémentaires[6], ces mesures doivent s'inscrire dans une analyse globale des systèmes pour en prévenir les dysfonctionnements.

Car la précaution « au coup par coup »[7] et le « mauvais » environnement sont un terreau formidable pour le business (et le « profit durable » !) : études, dépollutions, engrenage dans les techniques réparatrices…[8] On n'est plus du tout dans une démarche de développement durable, mais de croissance plus ou moins régulée qui confortera les systèmes défaillants, bien dans la continuité du XXe siècle : « Toujours plus de technologie vaut mieux que moins de technologie. »

RESPONSABILITÉ

La précaution mal comprise peut nous entraîner vers une société qui uniformise, lisse, déresponsabilise les personnes pour leur sécurité (!), au bénéfice du pouvoir accru de l'État ou d'une économie libérale mondialisée. Le principe de responsabi-

---

4. La décision n'est pas le fruit du « bon sens » de l'élu et encore moins celui de « l'Intérêt Général » qui le guiderait telle la grâce divine !

5. Cas de la suppression de l'eau du robinet puis de la viande bovine de la restauration municipale.

6. Renforcement des techniques de dépollution de l'eau, par exemple de la chloration à la filtration membranaire.

7. Interdire les farines animales pour les remplacer par du soja transgénique ne relève pas du principe de précaution.

8. La Bretagne, son eau, son agriculture… son avance indéniable dans le secteur des industries de la dépollution ! La mauvaise qualité de l'eau superficielle bretonne génère l'économie très prospère des eaux en bouteille.

lité (H. Jonas, 1998) prône le développement de la personne, sa responsabilité face au local comme au global. C'est dans cet esprit que l'éducation à l'environnement prend tout son sens dans une ville. Ainsi sur des dossiers aussi triviaux que les déjections canines, les élus peuvent choisir entre la motocrotte (et le type d'emploi proposé !) ou l'éducation des maîtres et des chiens par des animations de type *Agility* (loisirs de plein air). Autre exemple, on peut hérisser l'espace public de bornes anti-stationnement, aménager des parkings. On peut aussi inciter les habitants à partager les rues et à végétaliser les trottoirs[9]. Dans le même ordre d'idées, à un sentiment d'insécurité dans les espaces verts, on peut répondre par des bornes d'urgence téléphonique mais aussi choisir l'installation de barbecues collectifs et des jardins d'usages[10].

DÉBAT

Le débat est une condition *sine qua non* de l'élaboration de politiques urbaines durables : au minimum, un débat entre politiques, experts et habitants, la possibilité pour les habitants de se former sur une enquête publique, de choisir leurs propres experts pour confronter les points de vue ; au maximum, avec tous les acteurs de l'environnement représentés : du comité de défense des riverains aux avocats de tel ou tel scarabée protégé, en passant par les défenseurs de la Loire…[11]. Ce principe remet complètement en cause l'attitude arrogante des experts telle qu'elle a dominé pendant ce siècle, et rend à la décision politique toute sa force. Ce débat est essentiel sur les questions d'écologie urbaine qui mettent toujours en jeu une foultitude d'acteurs. Ainsi, dans l'élaboration d'une Charte pour l'environnement à Rennes, les procédures mêmes de concertation pour construire la charte ont été établies avec les habitants et le budget de la Charte comprend les coûts des contre-expertises souhaitées par ceux-ci.

On a bien compris qu'avec certaines références (en l'occurrence, celles de l'écologie politique), le développement durable modifie forcément les politiques des villes sur les thèmes traditionnels de l'environnement et de l'écologie urbaine, mais aussi dans des problématiques plus nouvelles (droits de l'enfant à se déplacer de manière autonome dans son quartier, politique de prévention de la santé, clauses environnementales et sociales dans les cahiers des charges concernant l'alimentation des cantines mais aussi les peintures de voiries, urbanisme maîtrisé…) Il ne s'agit plus seulement d'ornementer le cadre de vie des urbains, mais bien de modifier les critères de décision et les manières de décider dans une démarche de solidarité locale et globale renouvelée.

---

9. Opérations de verdissement des façades, des pieds d'arbres et mini-jardins prélevés sur le bitume des trottoirs.

10. Il s'agit de petites parcelles, dans les jardins publics, espaces verts en bas de tour, à disposition des habitants pour cultiver des légumes et des fleurs.

11. *Cf.* B. Latour (1999).

RÉFÉRENCES BIBLIOGRAPHIQUES

BERQUE A., 1996, *Être humain sur la Terre : principes d'éthique de l'écoumène*, Paris, Gallimard.

JONAS H., 1998, *Le principe de responsabilité*, Paris, coll. Champs-Flammarion.

LATOUR B., 1999, *Politiques de la nature. Comment faire entrer les sciences en démocratie*, Paris, La Découverte.

SACHS W. et ESTEVA G., 2003, *Les ruines du développement,* Paris, Le Serpent à Plumes.

Chapitre 2

Du difficile usage du concept
dans l'agglomération de Rennes*

INTRODUCTION

La politique est faite d'actions, mais aussi de discours. Il existe un certain nombre de mots qui appartiennent, par l'usage, à ces deux logiques. Mots magiques, ils se superposent à l'action, jusqu'à en produire le sens. La diffusion du « développement durable » comme concept participe-t-elle de ce type de discours incantatoire ?

Il ne s'agit pas ici d'étudier les actions concrètes ou labellisées par la terminologie du développement durable[1]. Nous proposons par contre d'écouter le discours produit à partir de ce concept. Pour cela, l'exemple de l'agglomération de Rennes a été retenu. La question de l'organisation et du développement du territoire s'y pose avec acuité et innovation depuis plusieurs décennies. Au sein de ce territoire urbain dynamique, nous souhaitons interroger l'image du développement durable véhiculée par les leaders politiques locaux. À un moment où le développement durable se vulgarise – au risque de se perdre dans ses propres avatars – il semblait important de s'arrêter sur le discours ainsi produit, sur la manière dont ce concept était présenté, diffusé, légitimé. Autrement dit : quelle image associe-t-on à ce concept, quel usage en fait-on ? La thématique du développement durable est largement présente dans les textes émanant de la sphère publique (textes de lois, déclarations de politiques, objectifs, déclarations de presse…). Nous avons pu constater que, dans le cas de l'agglomération de Rennes, cette dernière est restée longtemps absente[2]. À partir de ce premier constat, relativement surprenant, étant donné la politique communicationnelle importante de la ville de Rennes, nous avons voulu réfléchir sur les raisons de cette situation paradoxale. La question est alors la suivante : pourquoi une ville qui investit tant dans sa politique de communication, et notamment dans la question environnementale, ne se raccroche-t-elle pas à cette thématique médiatisée au niveau national[3].

** Chapitre rédigé par Anne MÉVELLEC*

1. La question même des modalités d'un développement durable spécifiquement urbain pourrait être discutée, notamment à travers les travaux de R. Camagni et M. C. Gibelli, 1997, et V. Barnier et C. Tucoulet,1999.

2. Le cas rennais n'est pas destiné à une généralisation. L'investissement politique dans certaines thématiques diffère d'une ville à l'autre et il serait risqué de donner plus d'importance qu'il ne faut à l'exemple rennais.

3. L'exemple de Rennes apparaît comme un contre-exemple de l'idée que le développement durable puisse être utilisé comme un simple « slogan » par les villes (V. Barnier et C. Tucoulet,1999).

L'absence de référence au développement durable est constatée à partir du corpus des publications institutionnelles locales et inter municipales. Il s'agit de documents participant des politiques communicationnelles de la ville de Rennes ainsi que de l'agglomération rennaise[4]. Ce matériel est donc relativement limité. Il est néanmoins adéquat pour répondre à notre question. En tentant de prendre le point de vue du citoyen, il fallait insister sur le matériel d'information qui d'une part est à sa disposition, et d'autre part relève d'une démarche politique. Les publications institutionnelles réunissent ces deux caractéristiques. Or, dans ce corpus, le terme de « développement durable » n'est utilisé que deux fois entre 1998 et 2000, alors que, parallèlement, les questions environnementales y occupent une place préférentielle.

D'une part, la question environnementale est largement prise en compte dans la presse institutionnelle. Le volet environnemental est très présent dans *Le Rennais*, notamment à travers les thématiques des espaces verts, des transports, et de l'élaboration de la charte sur l'environnement[5]. Les différentes formes de pollution (pesticides) ainsi que la question des déchets sont quant à elles davantage traitées dans *L'Info métropole*. On y trouve une rubrique « consommation-environnement ».

D'autre part, la terminologie même de « développement durable » y est quasi totalement absente. La question environnementale n'est jamais reliée à cette notion, à ce concept. Même lorsque plusieurs pages sont consacrées à l'élaboration de la charte sur l'environnement, le terme de « développement durable », ne semble présent que « par hasard »[6]. Il ne fait jamais l'objet d'une spécification particulière[7]. On trouve par ailleurs la mention de « environnement durable » dans le programme des villes de l'Arc Atlantique, présenté lors d'un colloque en juillet 2000 à Rennes, sous la présidence du maire E. Hervé[8]. Mais là encore ce terme n'est ni spécifié, ni attaché à un type d'action publique locale particulier.

---

4. *Le Rennais, Le District info* (devenu *L'Info métropole*) ont été dépouillés depuis 1998. Une attention particulière a également été portée sur les publications départementales (*Nous Vous Ille*, revue du conseil général d'Ille-et-Vilaine) et régionales. Pour une étude approfondie du *Rennais*, voir P. Dauvin, 1990.

5. La terminologie du développement durable, est présente dans la charte pour l'environnement produit par la ville de Rennes. Mais, dans ce cas précis, la charte ne constitue pas, selon nous, un document de vulgarisation destiné à l'ensemble des citoyens. Il s'agit plutôt d'un document de type interne visant à être un outil de réflexion et d'action pour les partenaires de l'action publique à teneur environnementale. Tout en prenant acte de ce document, nous ne pouvons l'inclure dans une démarche de communication institutionnelle à destination des citoyens.

6. « L'environnement : parlons en », *Le Rennais,* novembre 1999, p. 20-24 ; « 60 actions pour l'environnement », *Le Rennais,* novembre 2000, p. 24-25.

7. Alors même que d'autres concepts relativement récents font l'objet d'un effort d'explicitation. C'est par exemple le cas de l'économie solidaire qui est expliquée longuement et illustrée par des exemples locaux. (« Investir dans l'économie solidaire », *Le Rennais,* novembre 2000, p. 34-35).

8. Éditorial, *Le Rennais,* septembre 2000, p. 3.

COMMUNICATION POLITIQUE MUNICIPALE ET ACTION PUBLIQUE

Avant d'apporter quelques éléments d'interprétation, des précisions sur les politiques locales de communication doivent être données. Les publications institutionnelles n'ont pas simplement un rôle d'information. Si celui-ci existe, il est mis en scène dans une ou des logiques de légitimation de l'institution.

La communication politique municipale accompagne en ce sens l'action publique, en la présentant, l'expliquant, la justifiant. Il s'agit d'une production de légitimité au quotidien.

Cette entreprise de légitimation peut toucher différents aspects liés à l'institution politique : sa reconnaissance, sa visibilité auprès des citoyens. « La communication politique se justifie principalement par sa fonction instrumentale : en contribuant à leur connaissance et à leur reconnaissance, elle servirait la légitimité des élus et des institutions. Selon les communicateurs, la communication ne serait rien d'autre qu'un outil au service des élus et des institutions. Pour rendre plus attractive l'image d'une ville, pour définir et 'gérer', à l'instar des marques, l'identité d'un département ou d'une région, la communication serait l'indispensable instrument » (P. Rangeon, 1991, p. 105). Dans certains cas, le discours peut se substituer à l'action : « Le discours apparaît comme le complément nécessaire de l'action, mieux comme le relais et le support qui lui confère sa véritable signification, parfois le substitut qui permet d'en faire l'économie » (J. Chevallier, 1999, p. 199). La distinction entre discours et action peut alors devenir un exercice difficile.

L'usage, ou non, d'une terminologie spécifique comme celle du « développement durable », au-delà d'un effet marketing, participe à la construction de la réalité. « Le discours fonde l'action, la légitime, l'explique, l'évalue, la masque parfois, la reconstruit toujours » (C. Le Bart, 1992, p. 10). L'usage, ou la référence à un concept nouveau, fournit ainsi une grille de lecture sensiblement originale au lecteur. Dès lors, le choix de l'usage de ce dernier s'inscrit fondamentalement dans une stratégie de communication, de « donner à voir », de la part de l'émetteur du discours. Ce qui nous amène à une notion de communication stratégique telle que définie par Champris : comme une « production de sens spécifique et élaboration du projet de communication considéré comme levier et catalyseur d'une politique globale de développement » (A. de Champris, 1991, p. 140)

La communication joue fondamentalement sur le registre du symbolique en influant sur les représentations mentales (Bourdieu, 1982). En effet, la politique de communication est impulsée par l'institution qui présuppose les besoins des administrés et qui impose sa lecture de la réalité. Certains auteurs parlent alors de « la tyrannie de l'offre » (Y. Mény, J.-C. Thoenig, 1989, p. 62).

Ainsi l'absence de terminologie pour le développement durable à Rennes participerait-elle d'un mode de lecture imposé par les décideurs locaux ? Peut-on, ou doit-on, y voir une volonté particulière ?

HYPOTHÈSES EXPLICATIVES

Dépassant la simple question de rhétorique, l'usage de la terminologie du développement durable constitue aussi un indice de la diffusion de cette notion[9], et donc de son appropriation par la population comme par les décideurs locaux. L'exemple de Rennes ne semble pas dans cette perspective offrir le chemin le plus rapide.

L'absence de référence au développement durable dans la politique de communication de la ville de Rennes, conduit à réfléchir sur les raisons de ce non-usage. Quatre grands thèmes permettent de synthétiser divers arguments explicatifs. La vérification de ces hypothèses demandera un travail d'enquête plus minutieux. Néanmoins, en dehors de la question de leur validité pour le cas de Rennes, ces réflexions peuvent contribuer à questionner plus généralement la mise en pratique, ainsi que la mise en discours du développement durable.

Ces quatre thèmes soulèvent tour à tour, la question de la contrainte que représente le développement durable en termes d'action publique, celle du renoncement au mode de développement économique en place, celle de la communicabilité politique du concept, et enfin celle de l'opportunité politique.

Le développement durable, une contrainte à l'action publique

L'absence de référence au développement durable conduit à questionner la place des représentants de l'écologie à Rennes, sous la double forme politique et associative. Dans quelle mesure les préoccupations environnementales ont-elles imprégnée les logiques des acteurs municipaux ? Ou bien est-ce la crainte du leader municipal de faire de la question environnementale une thématique majeure pour l'action publique municipale ? Et peut-être, par voie de conséquence, de fragiliser l'équilibre partisan au sein de la majorité plurielle municipale. Sans entrer dans le détail de l'histoire de l'échiquier politique rennais, on peut tout de même souligner que la problématique environnementale ne s'est jamais pleinement imposée dans l'action publique municipale. Si la municipalité, sous l'autorité d'E. Hervé, a investi dans certaines actions à caractère environnemental, ces dernières relèvent davantage d'un respect normatif que d'une réelle volonté de faire de l'écologie un cadre de réflexion pour l'action municipale.

E. Hervé a d'ailleurs réussi depuis le début des années quatre-vingt à insérer la ressource écologique dans son équipe municipale, tout en refusant toute forme d'accord officiel avec les Verts[10]. Autrement dit, la question environnementale doit s'insérer dans la politique municipale et non pas chercher à se constituer comme un axe politique autonome. Or l'émergence de forces politiques s'accompagne d'un

---

9. Or c'est une question à laquelle il nous semble important de pouvoir apporter des éléments de réponse. Sans doute faudrait-il observer plus précisément comment cette notion est diffusée à l'intérieure des associations, soit politiques (AMF, partis politiques…) soit professionnelles (CNFPT pour le plus important). C'est-à-dire montrer comme le concept est diffusé, appliqué, modifié, absorbé ou vidé de son contenu. Dans la recherche d'une meilleure connaissance du monde territorial, ces modes de diffusion de l'information, des thématiques est un élément essentiel.

10. Pour un portrait détaillé de la situation politique de la ville de Rennes, voir A. Vion, 1995.

lexique spécifique. Les Verts ont ainsi apporté de nouveaux champs lexicaux au discours politique : « environnement », « système », « droits des générations » (C. Le Bart, 1998). Le terme de « développement durable » participe de ces mots totems, fortement liés à un mouvement politique, et que les partis traditionnels peuvent difficilement s'approprier sans risquer d'y perdre une partie de leur identité. User du terme de « développement durable » doit ainsi être considéré comme un enjeu dans le positionnement politique et le marquage partisan.

Par ailleurs, valoriser les actions liées à la protection de l'environnement sans les relier à la terminologie du développement durable, n'est-ce pas la meilleure façon de se prémunir de toute critique de la part des défenseurs de ce concept ? Dit autrement : la municipalité de Rennes ne serait-elle pas en train d'appliquer un principe de précaution discursif ? Au-delà des aspects environnementaux, le développement durable propose une ouverture à la participation dans la prise de décisions. La démarche citoyenne contenue dans ce concept impose alors un certain repositionnement des élus dans les processus décisionnels. Faire du développement durable force l'élargissement de ce cercle de décision. Or les décideurs municipaux tendent à conserver la maîtrise du degré d'ouverture à la participation publique. Plus généralement, l'absence de référence au développement durable peut être interprétée comme un moyen d'éviter une contrainte supplémentaire dans la définition des stratégies d'action publique à venir. Il s'agit non seulement d'éviter une contrainte participative, mais aussi d'éviter les contraintes techniques, technologiques qui se grefferont lors de la mise en application de ce concept.

À titre d'illustration, le choix, contesté, du Val comme mode de transport en commun au centre ville, correspond moins bien que le tramway aux critères du développement durable. S'engager dans la rhétorique du développement durable obligerait à la retranscription de ce projet à travers un nouvel argumentaire. Plus généralement, les collectivités territoriales en tant que responsables des équipements publics se trouvent en première ligne dans l'application contraignante de normes relatives à la production de l'eau potable, à l'assainissement, au recyclage, à la protection du patrimoine naturel, etc. Ces dernières viennent s'ajouter à un accroissement déjà important de l'encadrement réglementaire de l'activité des collectivités locales, notamment sous l'impulsion européenne.

Entre développement durable et développement local

Dans la continuité de cette notion de contrainte, il faut rappeler que s'engager dans une démarche de développement durable, signifie devoir rompre avec une bonne part du développement économique tel que pensé jusqu'à présent. Or, Rennes se situe au cœur du modèle breton, basé sur le développement endogène, productiviste et justement non durable. Si le politique met au cœur de son discours ce nouveau mode de développement, ne risque-t-il pas de se mettre à dos le monde des entrepreneurs ? Plus généralement, le développement durable appelle à refonder la manière d'envisager le développement économique. Est-ce que Rennes est dans une situation favorable pour faire ce basculement ?

La question peut être posée en ces termes : est-il aujourd'hui urgent pour Rennes d'investir dans cette nouvelle voie ? La situation économique, sociale ou environnementale à Rennes impose-t-elle une nouvelle manière de penser l'action publique, et plus particulièrement le développement local ? Rennes est relativement exempte de risques industriels, et plus généralement d'une pollution visible pour le citoyen. L'absence de menace n'incite pas à la réflexion sur un changement de mode de développement.

A contrario, on pourrait aussi « renverser » cet argument. Rennes se fabrique une image depuis les années quatre-vingt, fondée sur l'économie tertiaire, la haute technologie[11]. Cette image paraît donc relativement aisée à concilier avec celle du développement durable. L'usage de ce dernier pourrait ainsi venir réaffirmer un modèle, une stratégie de développement propre et « intelligente ». Pourquoi ne pas raccrocher le slogan rennais « Rennes, vivre en intelligence » à la thématique nationale du développement durable ?

La difficile prise en compte du long terme

Cette idée nous mène vers une autre série de remarques articulée autour de la difficulté de communiquer sur le développement durable. Nous retenons, par exemple, l'un des aspects de ce concept : celui de la solidarité transgénérationnelle. La communication politique s'articule traditionnellement autour de trois temps distincts :
– le présent : la municipalité s'occupe du quotidien (valorisation du présent) ;
– le futur : la municipalité prépare le futur (projection vers l'avenir) ;
– le passé : la municipalité prolonge une histoire, et offre un enracinement symbolique (J. Chevallier, 1991 ; F. Demilly, 1991 ; G. de Robien, 1991).

Le développement durable ne peut se résumer à une seule de ces catégories de temps. Il se situe à la jonction des deux premières : adapter le présent pour préparer le futur. Comment cette vision diachronique peut-elle être diffusée ? D'autant plus que l'avenir concerné par le développement durable n'est pas un temps politique, dans lequel les échéances électorales constituent des horizons déjà lointains[12]. Cette conception intergénérationnelle est peu appropriée dans le dialogue élu-électeur. Au-delà du principe, l'action attendue des citoyens est avant tout celle du quotidien et du futur proche. Ce qui rejoint les contraintes de la communication, dont l'un des principaux ressorts est d'apporter des résultats tangibles, quantifiables pour asseoir le discours politique (C. Le Bart, 1992). Finalement, le développement

---

11. Capitale régionale, Rennes est avant tout une ville administrative et tertiaire, dont la politique portée par les équipes municipales depuis les années soixante-dix, s'est axée autour de l'économie du savoir. L'initiative Rennes-Atalante, met par exemple depuis longtemps en relation entrepreneurs de nouvelles technologies et laboratoires de recherche universitaires. Rennes est globalement portée par des catégories socioprofessionnelles moyennes, sans oublier qu'un quart de sa population est étudiante (60 000 étudiants sur 200 000 habitants ; le tout dans une agglomération urbaine de 360 000 habitants).

12. Il est intéressant alors de faire rejoindre cette difficulté du temps long, aux problématiques de gestion interne des collectivités publiques. Le moyen terme tend à disparaître, les investissements se font sur un temps soit court soit long (P. Veltz, 1997). Le calendrier politique, qui correspond donc à une échelle de temps moyen, trouve plus difficilement ses marques dans cette nouvelle logique gestionnaire.

durable ne semble pas constituer un registre de justification de l'action publique dans le cas de Rennes. Du moins l'usage de cette terminologie ne s'est pas encore imposé comme une plus value dans la rhétorique municipale[13]. On aborde ici la difficile appropriation par le monde politique local d'un concept élaboré et valorisé, plutôt au centre, par le monde associatif et scientifique.

En attente d'une opportunité politique

Le temps politique est par ailleurs marqué par des échéances fortes que sont les élections municipales. Le constat d'une absence de la thématique du développement durable à Rennes en 2000 a pris une nouvelle dimension à la lumière de la campagne électorale de 2001. C'est en effet un retournement de situation auquel on a pu assister. Le candidat sortant, E. Hervé a utilisé avec force cette thématique, cet étiquetage au cours de sa campagne. On peut ainsi repérer dans le programme électoral de la liste gauche plurielle, sept occurrences de développement durable, auxquelles on ajoutera cinq occurrences supplémentaires de durable, dans un document d'une cinquantaine de pages. On retrouve sensiblement les mêmes proportions pour le projet socialiste pour l'agglomération. Ces données nous amènent à considérer qu'il y a rupture dans le discours de l'équipe municipale sortante. Ainsi la thématique du développement durable est certainement restée en « réserve », afin de constituer un nouvel angle d'attaque, un nouveau thème politique durant la campagne électorale. En ce sens, le développement durable appartient ici au registre du programme politique, dont l'élection conditionne la mise en œuvre. E. Hervé ayant été réélu, l'action publique menée par sa municipalité peut désormais être examinée à l'aune des principes du développement durable.

CONCLUSION

Ces quatre angles d'approche permettent de circonscrire les contraintes et les opportunités associées à l'usage du développement durable dans la communication politique. Que ce terme soit « réservé » à la campagne électorale de 2001 invite à une interrogation plus large sur la culture politique de cette ville. Nous entendons ici par culture politique, les forces partisanes en place, les modes d'action publique, les modes de *leadership*, etc. L'envergure de la notion de développement durable se confronte à ces différents éléments politiques territoriaux.

Sa mise en pratique induit inévitablement « un changement profond des politiques publiques comme d'une évolution considérable de l'action administrative » (C. Le Page, 1999, p. 27). Ce changement des modes d'action publique est double. Il réside tout d'abord dans la conciliation des objectifs : économique, environnemental et social. Pour certains auteurs, la prise en compte du développement durable, ou plus exactement « soutenable » selon Lipietz, est un moyen de redonner du contenu à la politique. Il propose ainsi d'inverser le slogan « penser globalement,

---

13. Le passé récent nous montre que l'équipe municipale est aussi capable de réajuster la ligne éditoriale du *Rennais* (A. Vion, 1995 ; P. Dauvin, 1990).

agir localement » qui devient « agir globalement, penser localement »[14], afin d'obtenir le nécessaire soutien des citoyens pour faire, autrement, de la politique. D'autre part, le changement se situe dans le processus même d'élaboration des politiques publiques : dans la définition des objectifs de l'action publique, dans une ouverture vers différents partenaires, dans un effort dans l'évaluation des politiques publiques et enfin dans une souplesse des procédures (planification souple et concertée)[15].

Ainsi en complément du discours, il importera d'observer et de questionner la mise en réalité du développement durable comme mode d'action publique à l'intérieur des institutions locales. Alors, on pourra dire si le développement durable s'est imposé, au-delà de l'effet d'affichage national.

Je tiens à remercier Christian Le Bart ainsi que les éditeurs pour leurs remarques constructives.

RÉFÉRENCES BIBLIOGRAPHIQUES

BARNIER V., TUCOULET C. (dir.), 1999, « Villes et environnement durable : de l'écologie urbaine à la ville durable », *Problèmes économiques et sociaux*, La Documentation Française, 829.

BOURDIEU P., 1982, *Ce que parler veut dire*, Paris, Fayard, 244 p.

CAMAGNI R., GIBELLI M. C. (dir.), 1997, *Développement urbain durable*, La Tour d'Aigues, Éditions de l'Aube-DATAR, 174 p.

Centre de documentation de l'urbanisme, 1998, *Villes et développement durable*, Paris, direction générale de l'urbanisme, de l'habitat et de la construction, ministère de l'équipement, des transports et du logement.

CHAMPRIS A. de, 1991, « Interventions », *in* CURAPP, *La communication politique*, Paris, PUF, p. 137-142.

CHEVALLIER J., 1991, « Synthèse », *in* CURAPP, *La communication politique*, PUF, Paris, p. 197-209.

CHEVALLIER J., 1999, « La création d'un ministère », *in* P. LASCOUMES (dir.), *Instituer l'environnement*, Paris, L'Harmattan, 233 p.

DAUVIN P., 1990, « Le bulletin municipal de Rennes : souci du lecteur ou de l'électeur ? », *Mots*, 25, p. 65-79.

DEMILLY F., 1991, « Interventions », *in* CURAPP, *La communication politique*, Paris, PUF, p. 73-77.

GIBELLI M. C.,1997, « L'expérience de quatre métropoles européennes », *in* R. CAMAGNI, M. C. GIBELLI (dir.), *Développement urbain durable*, La Tour d'Aigues, Éditions de l'Aube-DATAR, p. 21-54.

---

14. « Penser globalement, les théoriciens pour le faire ne manquent pas et en France moins qu'ailleurs. Agir globalement, c'est-à-dire élaborer des traités internationaux complétés par des lois nationales et des décrets d'application, les législateurs, les ministères et leurs cabinets savent le faire. Mettre cela en œuvre individuellement, donc localement, là commence la difficulté. Car les réglementations ne sont suivies d'effets que si les citoyens croient en leur utilité, ont la conviction que cela a un sens, que le désagrément de la contrainte a sa justification. Dans les sociétés démocratiques, cette justification suppose l'adhésion au principe de l'intérêt général qui lui-même implique que l'on en ressente individuellement ou du moins localement les avantages », Lipietz, 2000.

15. Sur la gestion et la planification de la ville durable en Europe, voir Camagni, Gibelli, 1997.

Le Bart C., 1992, *La rhétorique du maire entrepreneur*, Paris, Pedone, 192 p.

Le Bart C., 1998, *Le discours politique*, Paris, PUF, QSJ 3397, 124 p.

Le Page C., 1999, « 25 ans d'administration de l'environnement », *in* P. Lascoumes (dir.), *Instituer l'environnement*, Paris, L'Harmattan.

Lascoumes P. (dir.), 1999, *Instituer l'environnement*, Paris, L'Harmattan, 233 p.

Lipietz A., 2000, « L'écologie politique, remède à la crise du politique ? », *AGIR. Revue générale de stratégie*, 3.

Maier M. L., 2000, « Sustainability in the European Union: idea, interpretation and institutionalization », Workshop *Analyses of discourses and ideas in European and international affairs*, Florence, European University institute, May 12-13, 2000.

Meny Y., Thoenig J. C., 1989, *Les politiques publiques*, Paris, PUF, 391 p.

Mirenowicz P., Garnier C., 1999, « La ville et l'écologie, entre discours et pratique. Années 1980 : un appel pour penser la ville autrement », *in* V. Barnier, C. Tucoulet (dir.), Villes et environnement durable : de l'écologie urbaine à la ville durable, *Problèmes économiques et sociaux*, La Documentation Française, 829, p. 7-14.

Rangeon P., 1991, « Communication politique et légitimité », *in* CURAPP, *La communication politique*, Paris, PUF, p. 99-114.

Robien G. de, 1991, « Interventions », *in* CURAPP, *La communication politique*, Paris, PUF, p. 69-73.

Veltz P., 1997, « Temporalités et représentation de l'efficacité : la ville, les territoires, l'entreprise », *in* M. Garriepy (dir.), *Ces réseaux qui nous gouvernent*, Montréal, L'Harmattan, p. 181-192.

Vion A., 1995, « Retour sur le terrain. La préparation des élections municipales de 1995 par l'équipe d'Edmond Hervé, maire de Rennes », *Sociétés contemporaines*, 24, p. 95-122.

Wachter S. (dir.), 2000, *Repenser le territoire*, La Tour d'Aigues, Édition de l'Aube/DATAR, 287 p.

Chapitre 3

L'introuvable ville durable*

INTRODUCTION

La ville durable peut être définie comme un discours descendant et à consensus mou entre le développement urbain durable des Agendas 21 locaux impliquant de nouvelles formes de planifications urbaines intégrées et la vision économiste libérale qui réduit la ville durable à la ville économe, surtout en investissements publics.

Ses applications se traduisent en fait par des adaptations sectorielles, voire d'insolubles contradictions, entre professions de foi et moyens réels. Elles se heurtent parallèlement à la diversité des représentations des différents acteurs urbains.

L'analyse des fondements discursifs qui tentent de conceptualiser la « ville durable » et la mise en évidence de leur contradiction, en particulier avec la réalité des métropoles du Sud, nous amènent à plaider en faveur de l'idée de « ville partagée ».

DU DÉVELOPPEMENT DURABLE À LA VILLE DURABLE : MISE EN PLACE DES CONCEPTS

Le développement durable a recueilli de très grands échos auprès de la communauté internationale. Fondé sur le paradigme connu du « développement », il lui ajoute la terminologie, non encore unanimement admise en français, de durable ou de soutenable. Ce n'est point ce qualificatif qui est à l'origine de son succès, mais le fait qu'il replace les changements globaux dans le contexte du productivisme économique et des inégalités en démontrant que les problèmes en résultant non seulement nous concernent tous, mais nous obligent à penser l'avenir de nos descendants. Il sort donc les politiques et discours de l'écologisme mou et leur permet de proposer un mode opératoire qui de prime abord semble plus construit. Pourtant ce concept n'est point une table des lois (F. Ascher, 1998), car son contenu ne cesse d'évoluer selon les sensibilités et les intérêts, aboutissant parfois à des impératifs de gestion contradictoires. La sphère des recherches interpelle ce nouveau paradigme et les gestionnaires urbains l'ont rapidement adopté en l'incluant le plus souvent dans les discours écologiques de la ville.

---

* Chapitre rédigé par Dominique COURET, Anne OUALET et Bezunesh TAMRU

Les préjudices sur l'environnement de la ville ou les perturbations engendrées par le phénomène urbain sont surtout traités de manière sectorielle. Les instances internationales ou les réglementations locales identifient un certain nombre de nuisances telles que la surconsommation d'énergie, l'asphyxie des transports, pour préconiser des solutions. Celles-ci sont assez bien connues : freiner la croissance des mégapoles en favorisant les villes moyennes. La surconcentration des problèmes en milieu urbain est considérée comme l'une des préoccupations majeures des pays en voie de développement incapables d'assurer les équipements nécessaires à leurs métropoles à croissance rapide, mais en même temps beaucoup d'espoirs sont placés dans les villes qui concentrent la majorité des aides et où s'accumulent richesses et potentialités. Depuis plusieurs décennies les grandes instances internationales travaillent dans les métropoles des PED (Pays en développement) sur des thèmes liés à l'assainissement, à l'évacuation des eaux usées et des déchets solides, à l'habitat, à l'activité économique. Pourtant et à partir des années quatre-vingt, certains de ces thèmes vont rentrer dans le dénominateur commun de problèmes ou nuisances qualifiés d'environnementaux.

Les gestionnaires et décideurs des métropoles du Sud sont alors invités, comme leurs collègues du Nord, à repenser la ville dans le sens du développement durable.

MULTIPLICITÉ DES INITIATIVES INTERNATIONALES ET DES ENGAGEMENTS LOCAUX

L'une des premières initiatives apparaît avec la préparation du sommet d'Istanbul Habitat II de 1996. Ce sommet réunit les acteurs de la ville du monde entier pour plancher sur les problèmes liés aux établissements humains ou habitats. Plusieurs conférences préparatoires ont eu lieu réunissant des villes et ou des groupements de villes. Ce fut aussi l'occasion de la création de nouvelles associations sur le thème du développement durable. En 1990, les Nations unies mettent en place l'ICLEI (International Council for local and Environmental Iniatives). Cette association cherche à créer des réseaux de villes pour une sensibilisation à l'environnement et au développement durable. L'OCDE et la Commission européenne commencent à s'intéresser à la question. L'OCDE lance les premières réflexions sur la ville et l'environnement urbain suivies d'un colloque sur les villes du XXIe siècle. Ces deux événements seront le point de départ d'un programme spécifique sur la ville écologique lancé en 1993 pour préparer le sommet d'Istanbul.

La Commission européenne publie le *Livre Vert* sur l'environnement urbain, voté par le Conseil des ministres de l'Environnement en 1991. L'objectif est double : réfléchir sur l'amélioration des conditions de vie en milieu urbain et sur les mesures locales susceptibles de contribuer à la résolution des problèmes globaux d'environnement, en particulier l'effet de serre et les pluies acides. Par ses positions tranchées, le *Livre Vert* fait figure de manifeste. En effet, il vilipende l'approche fonctionnaliste, responsable notamment de l'étalement de la ville. Comme pour l'OCDE, cette publication est accompagnée de la constitution d'un groupe d'experts sur l'environnement urbain.

Les Agendas 21 locaux apparaissent comme les initiateurs du développement durable urbain. L'Agenda 21 est le documeñt de base issu de la Conférence des Nations unies sur l'environnement et le développement de Rio en 1992. Il décline les mesures à mettre en place pour garantir à la terre un développement durable. Le « suffixe » 21, qui signifie XXIᵉ siècle, qualifie de nombreux programmes et orga-nismes liés à la mise en place de stratégies de développement durable. Le sommet de Rio par la production de l'Action 21 ouvre la voie à un cadre de réflexions pour un développement durable opératoire qui reconnaît aux collectivités locales le rôle essentiel d'acteurs du développement durable. Les États signataires s'engagent ainsi à ce que leurs collectivités locales adoptent un Agenda 21 local.

Parallèlement, s'est aussi tenue la réunion de quatre associations internationales de villes à Curitiba (Brésil). Moins spectaculaire que le sommet de Rio, on note tout de même la présence de 300 maires et associations qui signent l'engagement de Curitiba pour une ville viable, où un plan d'action et un agenda 21 local seront mis en œuvre.

La réunion d'Ålborg (Danemark) en 1994 sous l'égide de la Commission euro-péenne pose le cadre du développement durable urbain en Europe. Cette confé-rence s'est conclue par la « Charte d'Ålborg, charte des villes européennes pour un développement durable », par laquelle les collectivités locales signataires s'engagent à réaliser un Agenda 21 local. La « Campagne des villes européennes pour un déve-loppement durable » est également lancée à cette occasion. Initiée par la Commis-sion européenne, elle vise à encourager et à soutenir les collectivités locales désireuses de se lancer dans un processus de développement durable. Elle est animée principalement par l'ICLEI, des associations internationales de villes, l'OMS. Dans cette optique, les villes en expérimentant les stratégies les mieux adaptées à leur cas, font figure d'acteurs principaux du développement durable. Les villes peuvent se joindre à la campagne (diffusions d'expériences) en signant la Charte d'Ålborg. Sur le même principe, l'ICLEI organise des réunions des Agendas 21 locaux dans d'au-tres parties du monde. Tout en militant pour les Agendas 21 locaux, l'ICLEI s'in-vestit aussi dans des recherches sectorielles comme l'effet de serre en ville.

La période 1993-1996, ouverte par la Conférence des Nations unies sur l'envi-ronnement et le développement de Rio en 1992, peut, à juste titre, être considérée comme une première phase de travail et de foisonnement d'initiatives dans la voie du développement durable urbain. Elle a été momentanément couronnée par la tenue de la Conférence des Nations unies sur les établissements humains d'Istanbul Habitat II, organisée du 3 au 4 juin 1996. L'objectif de la conférence d'Istanbul, comme celle de Rio, était d'abord d'éveiller les consciences au caractère hautement prioritaire des politiques urbaines, compte tenu des évolutions à risque que connais-sent les villes dans le monde, de repenser et définir de nouvelles politiques urbaines avec tous les acteurs impliqués dans ces politiques en confrontant leurs expériences. Bien que les instances internationales s'en défendent en mettant en avant une concertation qualifiée d'ascendante, il apparaît dans ce concept de développement durable au sens large, et dans la sphère du phénomène urbain en particulier, une prise de conscience descendante. Un autre aspect s'impose aussi : la nature très économiste du concept qui, avec la conjugaison de la prise de conscience environnementale, fournit aux organismes internationaux une possibilité de construire des cadres d'action : Action 21 ; Agendas 21 locaux.

Si ce mode opératoire plaide en faveur de l'idée de développement durable, on peut être sceptique face à la cascade de réglementations, qui pourraient se superposer sur un ensemble de textes déjà bien fournis et très disparates selon les cas.

LE DISCOURS INCANTATOIRE DE LA « VILLE DURABLE »

Le concept de « ville durable » a émergé en même temps que celui de « développement durable » et a été formalisé grâce au sommet de Rio de 1992 et des multiples initiatives qui lui succèdent et précédent le sommet d'Istanbul Habitat II.

Il est construit sur le mode d'un discours très descendant. Parti des instances internationales, il est en général relayé par les États à travers leur ministère de l'Environnement souvent peu doté, pour être repris par les collectivités locales. Ces dernières en général conservent leur mode de fonctionnement ancien pour intégrer et véhiculer le discours auprès des citadins. Si l'on se penche sur le concept même de ville durable, on voit apparaître de façon assez récurrente quelques termes. Citons deux définitions qui nous permettront de cerner les aspects clé de la ville durable (compacité, mixité, citoyenneté) et une troisième définition qui s'appuie plus sur la durabilité en terme de durabilité des ressources économiques. Pour V. Barnier et C. Tucoulet (1999), « la ville durable est une ville compacte, citoyenne, solidaire, écogérée autour d'outils comme les PDU (Plan de déplacement urbain), les chartes pour l'environnement, les Agendas 21 locaux, les programmes d'action pour un XXIe siècle placé sous le signe du développement durable ». Dans la même tonalité, F. Beaucire (1994) définit la ville durable comme « compacte et fonctionnellement mixte, qui offre une qualité et une diversité de vie ».

Pour P. Lusson, cité par P. Gras (1995), « l'acceptation la plus opérationnelle du développement durable appliqué à la ville pourrait bien coïncider largement avec la notion de 'ville recyclable', aptitude à se renouveler qui garantira l'avenir des collectivités qui ne pourront plus tabler sur des investissements publics aussi lourds que dans le passé. Les critères de ville compacte (évitant le gaspillage d'espace, d'énergie, de temps, d'investissements que la ville étendue ou éclatée entraînait), de ville mixte (prônant la fin du *zoning* de la ville fonctionnelle dispendieuse et ségréguée), de ville recyclable (utilisant de façon rationnelle son espace en le recyclant et économe en moyens), de ville citoyenne (la ville participative de démocratie locale et qui remplace la logique de guichet par celle de projet partagé par tous) définissent en somme un catalogue de bonnes intentions sécantes. Or, ces professions de foi, formalisées d'en haut, rencontrent dans le domaine de leurs applications des adaptations sectorielles, voire des contradictions.

Prenons le discours incantatoire de démocratie participative ou de bonne gouvernance, force est d'admettre que c'est une pratique encore peu usitée. Les projets urbains, qui devraient être socialement discutés, sont en fait présentés dans une logique d'expositions parfois qualifiées de forum : le PDU du Grand Lyon, les grandes orientations du Schéma directeur d'Addis-Abeba. La technicité de tels documents et le mode opératoire de médiation par des expositions ne permettent pas au citadin de jouer son rôle de citoyen mais seulement celui de spectateur. Il faut aussi considérer, à la décharge des gestionnaires, que l'implication des habitants, à toutes les étapes d'un projet, exige une mobilisation des moyens municipaux, parfois sans commune mesure avec celle que pourraient montrer les citadins. Il existe ainsi un déficit de pédagogie et surtout de moyens pour qu'un vrai changement culturel de la part de tous émerge afin que ce concept de ville citoyenne soit réellement opérationnel. Le concept de ville recyclable d'essence économiste prend plus en considération la question de durabilité des ressources. Il est fondé sur une gestion économe de la ville : économie d'énergie, d'espace, mais aussi surtout de moyens. Il part ainsi du constat d'une prise en charge de plus en plus large par les villes de leur destin et prône une rationalité économique qui n'est pas selon ses tenants incompatible avec la durabilité des ressources et une préoccupation écologique. On peut opposer aux adeptes des économies des moyens, la nécessité de nouveaux investissements pour aboutir à la durabilité de l'amélioration des cadres de vie et des ressources non renouvelables. J. L. Zentelin (2000) critique ainsi « l'économie libérale contre le développement durable » en citant le manque de moyen concédé aux ferroviaires pour remplacer les transports routiers, tandis que J. C. Bolay, Y. Perdrazzini et A. Rabionovich (2000) s'interrogent sur le coût, pour les usagers finaux, du développement durable dans les cités des PED.

DU CONSENSUS DESCENDANT À LA CRITIQUE

Parmi les grandes tendances que l'on a notées se trouve la compacité de la ville durable. Or, cette vision ne manque pas de détracteurs. V. Fouchier (1997) note ainsi que la demande sociale accrue de « nature » en ville à laquelle des réponses ont été données par la création d'espaces verts [...], provoque une urbanisation plus étendue. À l'inverse, la protection d'espaces naturels périphériques et la densification du tissu urbain provoque le départ des habitants. On en arrive donc à des arbitrages contradictoires entre une ville étendue et verte (trame verte, ceinture verte, coulée verte) provoquant l'éparpillement résidentiel, et une densification à laquelle les habitants ne semblent point adhérer. Pour F. Ascher (op. cit.), le développement durable ne dispense point le décideur d'effectuer les arbitrages entre une économie fondée avant tout sur la mobilité et les utopies (selon l'auteur) des Cars free cities. O. Godard (1996) propose une série de thèses et d'antithèses sur les principes de la ville durable. Il déconstruit notamment la solidarité entre les générations considérant que celle d'avant n'a point mandat de planifier la ville de celle d'après, mais seulement celui de lui assurer les ressources. Il démontre aussi le peu de fiabilité des généralisations, des échelles. En effet, les considérations écologiques au niveau planétaire ou la viabilité sociale perçue au niveau mondial ne peuvent être des modèles applicables en l'état au local. On touche ainsi au problème que l'on a déjà évoqué d'un développement durable et d'une ville durable, qui, malgré le principe des Agendas 21 locaux laissant une large marge d'appréciations aux collectivités locales, tablent sur une dimension discursive de persuasions d'une problématisation descendante et discrète sur les moyens de sa mise en œuvre.

À la lecture de ces interrogations, un constat s'impose. La ville durable est un concept mou, voire flou, qui accole le terme de durabilité, donc de maintien, à un phénomène complexe et en mouvements continuels : la ville (J. M. Legay, 1992). On peut ainsi commencer en questionnant le terme même de ville qui suppose un espace délimité dont les caractéristiques sont nettement différentes des espaces limitrophes : « La ville et les campagnes autour ». Ce mythe a pourtant vécu. La géographie moderne parle d'aire métropolisée, et non de grandes villes, pour indiquer que l'on doit considérer un phénomène évolutif et non un objet matériellement délimité et inerte. À ce titre, la durabilité comme la notion de ville possèdent une connotation d'immobilisme qui pourrait abonder dans le sens de l'écologisme du maintien ou du retour à un équilibre viable. Ainsi, D. Banister 1992 (cité par E. Torres, 1998) cautionne le système de noyaux denses connectés et séparés par des étendues vertes ne dépassant pas 25 000 habitants tandis que l'écologisme extrême de E. Goldsmith (1978) le fait prêcher pour le retour aux campements de 80 personnes.

ADAPTABILITÉS ET DÉTOURNEMENTS

Moins enclins aux idéologies, les gestionnaires promeuvent des actions sectorielles, parfois spectaculaires, de verdissements urbains ou de mise en place des PDU sous le label de ville durable. Il apparaît alors un effet de discours et de glissements sémantiques. L'amélioration du cadre de vie, la protection de l'environnement, l'adoption des chartes pour l'environnement, voire des Agendas 21, sont autant d'actions que les collectivités locales adoptent et adaptent à leur système de fonctionnement. On note alors une résilience ou adaptabilité des institutions qui gardent leur cohérence intacte et assimilent par des actes sectoriels cet ensemble discursif descendant qui s'y prête. Mais un regard plus averti peut déceler la possibilité d'évolution des systèmes spatiaux susceptible de recomposer à terme l'espace urbain. Ch. Calenge (1997) note ainsi que la trame verte modifie plus qu'on ne le pense le tissu urbain et ses socialités, et gomme en les aspirant les « pseudo-campagnes ». Le *new urbanism* américain (R. Seuteville, 1999), qui prône une mixité réelle des fonctions urbaines, est récupéré par des promoteurs qui l'utilisent dans une version revisitée pour l'automobile comme argument de vente. Les villes sont aussi dans les nouveaux réseaux de l'information. Des études portant sur les plus fortes connections urbaines dans la toile révèlent une géographie assez proche de celle des grandes places financières (M. Foucher, 1996). En Europe, les classes aisées qui avaient fui les centres villes les réinvestissent, surtout la catégorie des seniors, très active dans les associations. Ainsi, de nouveaux modes de partages de l'espace pourraient se dessiner. La « ville durable », ou territoire, vitrine d'actions prioritaires — verte, historique, éco-gérée, connectée et participative (pourrait-on parler de la nouvelle ville à l'instar de la nouvelle économie ?) — s'éloignerait, en l'excluant, de la ville de l'économie traditionnelle, du problème d'insertion, de la vieillesse en détresse. Ces hypothèses se fondent sur les coûts et moyens de la ville durable.

Si le sommet de Rio et le rapport Brundtland ont insisté sur le partage et les justices sociales comme un des leviers du développement durable, force est de constater que les politiques réellement incitatives (taxes écologiques, infrastructures pour réduire les transports routiers au profit du rail, politiques intégrées de la ville, mixité réelle de l'espace urbain, etc.) restent autant d'utopies.

PLAIDOYER POUR UNE VILLE PARTAGÉE

Nous proposons l'idée de la ville partagée comme éléments de réflexion pour sa durabilité en terme de développement soutenable.

Plusieurs grandes métropoles du Sud revendiquent dans leurs politiques urbaines la protection de leur environnement. Certaines seraient même passées à l'étape des Agendas 21 locaux. Mais ces préoccupations sont sectorielles comme dans le Nord et recouvrent surtout le domaine du discours et de l'affichage. L'encouragement venu des instances supranationales amplifie ce phénomène et tend vers une planification urbaine fonctionnelle du *zoning*, plus rentable à court terme et souvent saupoudrée d'écologisme : espaces verts et législations plus ou moins contraignantes de protection de l'environnement restant souvent lettres mortes par manque de moyens et de volontés politiques réelles. Pourtant, si l'on prend les points invoqués pour une ville durable au pied de la lettre – compacité, mixité, citoyenneté – en les soutenant par des moyens financiers conséquents, on peut alors envisager d'autres actions que le saupoudrage écologiste.

Les cités du Sud, par leur croissance rapide, sont fortement consommatrices d'espace. Cet étalement concerne les populations les plus démunies, chassées dans les périphéries par les politiques de « déguerpissements », ou les classes moyennes inférieures se trouvant dans l'obligation de se fixer loin d'un centre ville onéreux. Certaines classes aisées choisissent aussi d'habiter dans le péricentre dans la mesure où elles utilisent des moyens de transport confortables, qui leur permettent d'accéder de façon privée à une qualité environnementale dégagée des nuisances liées à la surdensité des centres (meilleure qualité de l'air, espace, vue dégagée…). La récente remise en cause des politiques de « déguerpissement » amène à réexaminer l'exclusion de fait qui était imposée à une partie des plus démunis a été remise en cause. On considère maintenant que plusieurs quartiers, facilement aménageables par leur proximité aux réseaux, possèdent des poches d'habitats dits précaires qui pourraient être pérennisés. Ce type d'opérations a été menée à Abidjan (étude de l'Orstom citée par P. Metzger et P. Peltre, 1996) où les interrogations sur la citadinité de ces populations, jusque là considérées comme des intrus, ont en partie déterminé leur maintien.

La mixité, autre critère d'une ville durable, ne devrait donc pas être seulement un mélange de fonctions urbaines, mais aussi une volonté politique de mixité des classes sociales en reconnaissant leur citadinité aux plus défavorisés. Cette reconnaissance va de pair avec les services que les gestionnaires auront à leur garantir : d'où le problème, tout le temps évoqué, de leur insolvabilité. Or, la condition de ville citoyenne implique aussi la mise en œuvre d'une démocratie locale participative, et bien des actions, parfois menées de façon trop sectorielle par des ONG, démontrent la capacité des citadins-citoyens, même des moins argentés, à faire émerger et à porter des projets qu'ils considèrent comme collectifs car socialement discutés.

Reconnaître la citadinité de tous implique nécessairement que la réduction des risques doit être applicable à tous, y compris aux plus démunis souvent laissés ou mis dans une situation qui les expose de plus en plus. Ces problèmes sont généralement issus de l'inégal partage (M. Santos, 1975) de l'espace urbain et placent une partie des citadins face au choix de prise de risques entre un aléa probable (inondation, glissements de terrain, usines dangereuses) et une rente de localisation dont l'éloignement entraîne un péril économique immédiat à leur survie.

De même la question de la rénovation du tissu urbain ou patrimoine urbain, autre discours très descendant et fortement stéréotypé par les représentations du Nord, ne doit pas conduire à une exclusion, mais bien à un partage et à un mélange. Une forte tendance est celle qui conduit à créer des espaces urbains muséifiés (centres historiques) à forte rente touristique. La démocratie participative devrait aussi conduire à analyser cette notion de patrimoine pour intégrer les représentations des citadins concernés par les opérations de patrimonialisation. Le patrimoine est une façon de s'approprier des lieux, des espaces, une identité. Il ne peut être désincarné, il répond toujours à une certaine image que « l'on s'en fait » propre à chaque groupe social. La ville partagée nécessite l'expression des patrimoines citoyens au côté des patrimoines « descendants ». Centres historiques, parcs et jardins, quartiers réhabilités ne seraient donc plus autant d'espaces d'exclusion, mais des résultats de projets socialement débattus.

La ville durable, ainsi conçue, conduit à montrer qu'un grand nombre de problèmes dits environnementaux dans les villes du Sud, relève de dysfonctionnements socio-économiques structurels d'espaces urbains trop souvent construits et perpétuellement réaménagés sur des modèles dont les sociétés locales ne possèdent pas les moyens. Ceci conduit à des espaces fortement ségrégués et déniant leur citadinité à une part non négligeable de leurs habitants. La ville durable ne peut donc être que celle qui corrige durablement ces iniquités structurelles, celle qui rend à terme la notion d'habiter urbain soutenable pour tous, celle qui remplace la logique de la planification descendante et excluante par celle des projets ascendants et socialement cohérents, c'est-à-dire celle qui sera à même de mettre en place la ville partagée par tous.

CONCLUSION

Les discours descendants de la ville durable sont de plus en plus intégrés dans les actions et les politiques développées dans les villes du Nord. Ces gestions pourraient à terme durablement transformer l'espace urbain dans une recomposition tendant vers de nouvelles exclusions car la mise en place de ce concept, même sectorielle, a un prix. Or, la logique d'économie libérale et de désengagements des moyens publics pose la question du coût que le consommateur d'une « ville durable » serait prêt à payer. Ces interrogations se posent aussi dans les métropoles du Sud qui réhabilitent leurs centres historiques, aménagent des espaces verts, pensent la multiplication et le choix du type d'infrastructures, et entreprennent la réhabilitation de certains quartiers populaires. Ces opérations, déjà trop coûteuses pour des villes démunies et actuellement sujettes aux freinages des investissements publics, sont laissées à la libre appréciation du marché. Il se profile donc à l'horizon de ces métropoles du Sud, une recomposition de l'espace urbain où les plus aisés auront accès à la ville moderne et « écologique », et, les plus démunis, se trouveront *de facto* toujours plus exclus et plus exposés aux risques d'origines diverses. L'un des défis du XXIe siècle ne pourrait-il être, à l'instar des risques globaux partagés inévitablement par tous et moteurs du concept de développement durable, de considérer la durabilité en terme de partage, non pas dans un angélisme dont les sociétés humaines ont rarement fait preuve dans l'histoire, mais bien en termes de condition de survie du système dit de mondialisation qui ne peut se renouveler en excluant une majorité de ses espaces et de ses consommateurs potentiels.

55

RÉFÉRENCES BIBLIOGRAPHIQUES

ASCHER F., 1998, *La République contre la ville. Essai sur l'avenir de la France urbaine*, La Tour d'Aigues, Éditions de l'Aube, p. 74-76., extraits parus dans *Ville et environnement, de l'écologie urbaine à la ville durable*, La Documentation Française, n° 829, octobre 1999.

BARNIER V., TUCOULET C., 1999, « Avant Propos » *Ville et environnement de l'écologie urbaine à la ville durable*, Paris, La Documentation Française, n° 829, p. 3-5.

BEAUCIRE F., 1994, « Transports urbains », Paris, juillet-septembre 1994, n° 84, cité dans *Ville et environnement de l'écologie urbaine à la ville durable*, Paris, La Documentation Française, n° 829, p. 46.

BOLAY J.C., PEDRAZZINI Y., RABINOVICH A., 2000, « Quel sens au 'développement durable' dans l'urbanisation du tiers-monde ? » *Les Annales de la Recherche Urbaine*, Développements et coopérations, Paris, n° 86, p. 77- 84.

CALENGE C., 1997, « De la nature en ville », *Les Annales de la Recherche Urbaine*, Paris, n° 74, p. 13-15.

FOUCHER M., 1996, « La globalisation du territoire », *Urbanisme*, Hors Série, n° 6, p. 15-16.

FOUCHIER V., 1997, « Les densités urbaines et le développement durable. Le cas de l'Île-de-France et des villes nouvelles », Paris, Secrétariat général du groupe central des villes nouvelles, p. 191-194. Extraits parus dans *Ville et environnement de l'écologie urbaine à la ville durable*, Paris, La Documentation Française, n° 829, p. 78-80.

GODARD O., 1996, « Le développement durable et le devenir des villes », *Futuribles*, Paris, mai 1996, p. 31-35, extraits parus dans *Ville et environnement, de l'écologie urbaine à la ville durable*, Paris, La Documentation Française, n° 829, p. 81-84.

GOLDSMITH E., 1979, « Pour un archaïsme anarchique », *Écologie urbaine, Actes du colloque du Centre de recherche d'urbanisme : Metz, 21-22 novembre 1978*, Paris, CDU, p. 21-26.

GRAS P., 1995, « Planification urbaine et développement durable : quels enjeux ? » *Urbanisme*, Hors Série, n° 6.

LEGAY J. M., 1992, « En guise d'introduction. Quelques hypothèses à débattre en écologie urbaine », *Actes du Colloque National d'Écologie Urbaine*, Mions, Université Lyon1, p. 9-11.

MATHIEU H., 1978, « L'écologie urbaine : connaître et agir », *Écologie urbaine, Actes du colloque du Centre de recherche d'urbanisme : Metz, 21-22 novembre 1978*, Paris, CDU, p. 27-39.

MARTIN J. Y. (dir.), 2002, *Développement durable ? Doctrines, pratiques, évaluations*, Paris, IRD, 344 p.

Metzger P., Peltre P., 1996, « Programme 'environnement urbain' du Département Sud de l'Orstom. État d'avancement et réflexions problématiques », *Natures Sciences Sociétés*, 4, 3, p. 275-281.

Seuteville R., 1999, The new urbanism: an alternative to modern, automobile-orientated planning and development. New Urban News, Ithaca (N. Y.), www.newurbannews.com, 21 mai 1999, extraits parus dans *Ville et environnement de l'écologie urbaine à la ville durable*, Paris, La Documentation Française, n° 829, p. 75-78.

Santos M., 1975, *L'espace partagé*, Paris, Génin/Litec, 405 p.

Torres E., 1998, « Deux problématiques de l'environnement urbain, deux voies pour son analyse économique », *Natures Sciences Sociétés*, 6, 4, p. 41-49.

Zentelin J. L., 2000, « Les avatars du développement durable dans l'aménagement et les transports », *Les Annales de la Recherche Urbaine*, n° 86.

Chapitre 4

La ville durable : quelques enjeux théoriques et pratiques*

Si la qualité de l'environnement urbain apparaît comme un objet émergent prometteur des politiques publiques locales des agglomérations, le mouvement n'est pas exempt de tensions et de difficultés. Ces obstacles tiennent à la nature même de l'objet (l'environnement), à la multiplicité des acteurs en cause et à l'articulation inévitable des politiques publiques locales de l'environnement urbain avec les échelons territoriaux *supra-* et *infra-*. Enjeux pratiques et théoriques deviennent indissociables dans l'analyse.

ENJEU THÉORIQUE : LA MULTIPLICITÉ DES DÉCLINAISONS URBAINES LOCALES DE LA PROBLÉMATIQUE DE L'ENVIRONNEMENT

L'application à la ville de la problématique de la qualité de l'environnement se réalise selon trois modalités différentes qui s'enrichissent mutuellement. Le mouvement le plus ancien, l'écologie urbaine, s'est rapidement épuisé en France, mais constitue un arrière-fond conceptuel et pratique du plus récent : la mise en place locale des principes du développement durable (« Agendas 21 locaux ») à la suite de la conférence de Rio (1992). Ces deux mouvements contribuent à modifier progressivement les politiques d'aménagement et de qualité urbaine toujours plus ou moins présentes sous différentes formes depuis l'extension massive des villes.

L'écologie urbaine : le risque d'une dérive technique

La réflexion sur le développement durable s'est inscrite d'emblée dans le cadre des régulations écologiques planétaires (« penser globalement ») et a ensuite cherché à « territorialiser » les principes d'action qu'elle a définis (« agir localement »). Mais quelques années avant la publication du rapport Brundtland, un courant important a tenté de lancer un ensemble coordonné de recherches sur l'environnement de la ville sans liaisons avec les enjeux écologiques globaux : l'écologie urbaine. Partant du constat d'un certain nombre de carences de l'aménagement du cadre de vie, P. Mirenowicz et C. Garnier (1984) appellent à la constitution d'un champ de

---

* *Chapitre rédigé par Emmanuel TORRÈS (†)*. Emmanuel Torrès est décédé en décembre 2002, avant d'avoir pris connaissance de la lettre acceptant la publication de son texte proposé aux Journées de l'association « Natures Sciences Sociétés-Dialogues » des 6 et 7 décembre 2000. Nous le publions donc comme tel sans les modifications mineures qui lui étaient demandées (NDLR).

recherche pluridisciplinaire sur la ville par l'application des méthodes de l'écologie scientifique à des écosystèmes largement artificiels massivement habités et transformés par l'homme : les « éco-socio-systèmes ». La recherche en écologie urbaine doit rassembler trois pôles scientifiques. L'écologie, telle qu'elle a été fabriquée au départ dans une filiation avec les sciences de la vie, s'intéresse à la gestion des animaux et des végétaux en ville, elle serait l'opérateur principal de la réintroduction de la nature en ville. Les sciences de l'environnement et de l'ingénieur sont invitées à appréhender la ville comme un quasi-organisme géant absorbant des ressources et rejetant des déchets en transformant son environnement immédiat (« métabolisme urbain »). Les sciences de l'homme et de la société après l'expérience de l'école de sociologie urbaine de Chicago sont appelées également à être partie prenante du projet scientifique[1]. L'analyse est centrée sur les populations humaines et le fonctionnement éco-sociosystémique de la ville dans leurs imbrications réciproques. Quinze années après, les résultats obtenus par ce courant de recherche sont décevants, les écologues ne disposent pas d'une pensée globale sur le système complexe que constitue la ville. Notamment le volet de l'écologie de l'homme en ville a été peu développé. Cependant, une partie du projet scientifique a influencé les réflexions actuelles autour du développement durable urbain. Des travaux anglo-saxons ont ainsi inscrit plusieurs recherches sur la morphologie urbaine optimale dans l'optique du développement durable en utilisant la vision écosystémique. Des équipes ont construit des modèles économétriques qui analysent la ville comme un écosystème complexe ou s'articulent des flux économiques et écologiques (J. M. Breheny, 1992). Ces modèles relient les distances urbaines, les consommations énergétiques et les flux de déplacement. Ils cautionnent généralement le modèle de la « décentralisation concentration » (forme urbaine en noyaux denses connectés entre eux et séparés par des aires vertes) comme forme urbaine optimale et indiquent un intervalle de 25 000 à 100 000 habitants comme taille souhaitable pour la ville durable. Des travaux suédois (P. Bolund, S. Hunhammar, 1999) analysent économiquement et écologiquement les services produits par les écosystèmes urbains appréhendés comme des réseaux d'écosystèmes plus petits : les arbres d'alignement, les parcs et pelouses, les forêts urbaines, les terres cultivées (agriculture périurbaine), les terrains humides, les lacs et les cours d'eau. La dérive assez répandue des analyses en termes « d'écosystème urbain » est de s'enfermer dans des approches « technocentrées » où les aspects culturels et sensoriels de l'environnement urbain sont évacués. L'Ingénieur ignore finalement l'impact de l'environnement de la ville sur le développement personnel des individus (aspects cognitifs) et les relations sociales, il déploie exclusivement une espèce de rationalité « éco-énergétique ». De son côté, avec une telle limitation à la technique et à l'optimisation, l'analyse économique évite la question complexe des valeurs « para-économiques » : valeurs d'existence et d'option, aménités urbaines.

---

1. R. Park, E. W. Burgess, R. D. McKenzie (1925), notamment, ont donné une grande impulsion à un courant de sociologie qui, assimilé à une « écologie humaine », a fait la réputation de l'École de Chicago.

Le développement durable : une application difficile à l'échelle urbaine

La dimension locale n'est pas présente initialement lorsque se définissent à la fin des années quatre-vingt les grands principes du « développement durable ». Ce questionnement, d'abord porté institutionnellement par les grandes organisations internationales (ONU), émerge en effet dans le rapport Brundtland comme une interrogation extrêmement large sur la qualité de notre civilisation. Les définitions très nombreuses du développement durable renvoient en général à la volonté de rechercher un cercle vertueux entre le développement économique, les régulations écologiques, le développement social et la lutte contre les inégalités (équité intergénérationnelle et intragénérationnelle). À l'affirmation de principe initiale de l'égale importance des trois pôles – économique, écologique et social – va succéder dans les faits un relatif effacement du troisième pôle : l'équité du développement. L'épaisseur de ce concept, essentiellement programmatique, appelle en effet des réductions de champ et la question sociale est bien sûr la plus conflictuelle. Le caractère général et ouvert du concept de développement durable est une des raisons de son succès. Il s'est rapidement diffusé dans tous les champs sociaux et est manipulé en permanence par des acteurs qui l'investissent d'une multiplicité de sens[2]. La conférence de Rio (1992) sur le développement durable a proposé 21 objectifs de politique afin de donner un contenu plus concret aux principes généraux du développement durable. La treizième entrée de l'Agenda 21 est relative à la gestion de la ville dans la durée. L'ICLEI (International Council for Local and Environnemental Initiatives) a proposé que l'élaboration d'Agendas 21 locaux permette à l'ensemble des acteurs locaux et aux citoyens de préciser la totalité des objectifs de l'agenda de Rio dans des procédures formelles. L'organisme indique deux directions essentielles :
– « un engagement multi-sectoriel dans le processus de planification, à travers un groupe local réunissant les parties concernées qui sert d'organe de coordination et de politique, pour préparer un plan d'action à long terme pour le développement durable » (Brodhag, 1998) ;
– un processus de consultation de l'ensemble des acteurs locaux de manière à créer une vision partagée et d'identifier les priorités d'action.

La conférence d'Aalborg au Danemark en 1994 fut le cadre de la constitution d'un réseau de villes qui ont signé une charte dans laquelle elles s'engagent à entreprendre un programme local en faveur de la durabilité. La seconde conférence sur les villes durables a eu lieu à Lisbonne en 1996. La Commission européenne mène également parallèlement sa propre démarche depuis la création d'un groupe d'experts sur le développement durable urbain en 1991.

Cette application du développement durable à la ville n'est pas sans poser immédiatement un problème de taille. Dans l'absolu, la contrainte écologique n'a de sens qu'au niveau planétaire. « Aux autres niveaux, des échanges, des substitutions et des déséquilibres sont possibles et les contraintes écologiques sont relatives. En ce sens le développement durable n'est pas fractal » (O. Godard, 1996). Cette difficulté est

---

2. En France la thématique du développement durable est apparue pour la première fois, dans un texte de loi d'importance, dans la Loi pour l'aménagement et le développement du territoire du 25 juin 1999.

encore amplifiée avec la ville, Odum considérait les villes comme des « parasites de la biosphère ». Le problème essentiel des Agendas 21 locaux est de parvenir à concilier des normes définies au niveau le plus global (planétaire) avec des normes et des objectifs produits par les acteurs locaux dans des processus qui se veulent participatifs.

L'entrée classique : une approche gestionnaire

Il est possible de justifier une meilleure prise en compte de l'environnement urbain, non pas par la durabilité du développement, mais par un argument plus classique : l'amélioration des composantes hors marché de la qualité de vie des populations locales. Cet objectif a toujours été plus ou moins présent dans les réflexions des urbanistes. Même l'urbanisme fonctionnel de l'après-guerre qui a amené à un « éclatement de la ville » (F. Beaucire, 1995) représentait initialement un accroissement du bien-être des populations urbaines par rapport à la ville insalubre du XIXe siècle. Cet urbanisme fonctionnel, croisé génétiquement avec le « tout-automobile » a cependant installé un modèle urbain que l'on pourrait qualifier de « fordiste » et qui a développé par la suite de multiples effets pervers. Centré sur la maîtrise technique des réseaux, il a créé un espace éclaté et dédensifié, véritable « archipel urbain » où les habitants d'une vaste couronne urbaine en extension se rendent tous les jours dans le centre aggloméré des villes dont ils occupent entre un tiers et un quart des emplois. La ville est devenue dans les années soixante-dix-quatre-vingt une collection d'espaces mono-fonctionnels, disjoints les uns des autres et affranchis de la haute densité par un système de transport toujours plus performant même s'il est atteint de congestion chronique. Cette aire urbaine contemporaine est une machine à produire des externalités environnementales négatives : accroissement des poussières et de la pollution dans les centres des villes, accroissement des niveaux de bruit, de la congestion automobile et des consommations énergétiques, dégradation de l'ambiance urbaine en général dans les hypercentres, effets de coupure des grandes infrastructures, traitement problématique des déchets, surfréquentation des zones naturelles proches des villes, dégradation du paysage aux abords des zones commerciales…

Dans ce contexte, l'urbanisme effectue depuis quelques années déjà (à des rythmes différents selon les pays) un changement de paradigme en évoluant vers un modèle de ville plus dense, recherchant une mixité des fonctions sociales, une plus grande qualité architecturale, et tentant de s'organiser autour des systèmes de transports publics (le *New Urbanism* américain ou le modèle rhénan en Europe).

La prise en compte de l'environnement dans le développement urbain s'exprime donc au travers de plusieurs modalités issues de modèles théoriques différents. Le patrimoine de concepts, d'outils théoriques, et de représentations dans lequel puisent les divers praticiens de la « ville durable » paraît ainsi considérable, mais il est aussi loin d'être homogène. Plusieurs oppositions conceptuelles émergent. Les approches en termes de qualité de l'environnement (politique d'aménagement, gestion-qualité), plus axées sur le moyen terme, développent un point de vue différent de celui des approches du « développement durable » (économie des ressources et de la technologie) inscrites dans le très long terme. Des acteurs opèrent des élargissements de champ difficilement maîtrisés comme des restrictions excessives, le questionnement de la ville durable passe ainsi de l'enjeu global de civilisation à la simple réforme de la gestion des services urbains (transports, eau, assainissement). Peu réceptives à la méthode scientifique et au calcul économique, les problématiques de l'équité inter- et intra-générationnelle, de l'accès de toutes les catégories sociales au bien public que constitue la qualité environnementale, sont souvent marginalisées dans les modèles et les réflexions théoriques en général. Le cadre de vie, comme environnement matériel de la ville perçu et construit socialement par les populations urbaines, est souvent dilué dans une notion plus large et plus diffuse de « qualité de vie ». Les cadres conceptuels ne sont donc pas bien stabilisés. Cette imprécision ne manquera pas d'influencer l'enjeu pratique majeur de la ville durable : l'émergence d'une politique publique locale de l'environnement urbain.

ENJEU PRATIQUE : L'ÉMERGENCE DE POLITIQUES PUBLIQUES LOCALES INTÉGRÉES DANS LES AGGLOMÉRATIONS

Le secteur public local au sens large a évidemment toujours été l'opérateur de multiples interventions sur le cadre de vie des villes. Mais on peut faire le constat récent d'un changement d'échelle et de nature de cette intervention sur l'environnement de la ville. Au travers de nouvelles formes institutionnelles, contractuelles et financières, ce sont des politiques intégrées de gestion du cadre matériel de vie des agglomérations qui semblent progressivement émerger en liaison avec l'approfondissement récent de l'intercommunalité urbaine (création des communautés d'agglomération par la loi Chevènement de juillet 1999 avec élargissement des compétences).

Les réseaux publics locaux et la production de la qualité environnementale urbaine

Le « cadre de vie » est une expression très usitée dans le langage courant et souvent associée à une autre expression « la qualité de vie ». Si l'on examine le premier terme, il fait plutôt référence dans le discours au cadre matériel de la vie collective, à l'infrastructure matérielle de la ville avec cette idée que l'habitant des villes en est le « centre » et que le cadre de vie est donc aussi un ensemble de représentations sociales construites par les acteurs et qui dépasse la simple collection d'objets matériels (bâti, infrastructures, espaces, objets urbains). La « qualité de vie » semble un champ plus large intégrant d'autres éléments que le cadre matériel de vie : la vie culturelle, associative et politique, la sécurité… L'analyse économique, si elle veut aller plus loin dans l'économie du bien-être généré par la qualité environnementale urbaine, doit entrer dans la « boite noire du cadre de vie ». Une base de travail intéressante peut être une grille renvoyant à au moins trois dimensions du bien-être retiré de la qualité environnementale (E. Torres, 1998). Ces trois dimensions : qualité esthétique et de confort, protection offerte par le milieu de vie, qualité identitaire et sociale (*cf. tableau 1*), tout en se recoupant plus ou moins, se prêtent à un jeu de décomposition qui fait prendre conscience de l'impact central de la production du secteur public local sur la qualité du cadre de vie d'une agglomération. En effet, derrière ces différents aspects de la qualité, on trouve en grande partie les services urbains traditionnels et les activités de production du cadre bâti et des infrastructures de la ville, souvent implantées localement.

Tableau 1. La qualité du cadre de vie urbain, une construction possible
(cette grille n'est qu'instrumentale et ne prétend pas à l'exhaustivité des *items*)

Dimensions et qualités correspondantes	Décomposition possible	Remarques
Qualité esthétique et de confort	Qualité paysagère (bâti, espaces verts, propreté, éclairage urbain, infrastructures) Qualité de l'ambiance sonore Qualité de l'ambiance olfactive	Perception sensorielle
Qualité de la protection offerte par le milieu de vie *Entrée « durabilité »*	Qualité des composantes du milieu (eau, air, sols, traitement des déchets) Qualité de la protection contre les événements aléatoires (inondation, risque sismique, érosion, risque industriel, accidents de la route, pollutions accidentelles…)	Menaces graves sur la santé
Qualité identitaire et sociale	Entretien des biens identitaires et du patrimoine de la ville Qualité de l'espace public (structuration, relations avec l'espace public)	Construction et enrichissement des identités et des appartenances

Ainsi, la production urbaine, et donc la qualité paysagère qui en résulte, relèvent désormais très largement du secteur public local, les collectivités territoriales assurent une part croissante des investissements publics[3]. Elles maîtrisent de mieux en mieux la construction des logements sociaux avec des exigences de qualité architecturale grandissantes, même si leur filière de financement reste « verticale » (crédits du ministère de l'Équipement). La mise en place des Plans locaux de l'habitat (PLH) gérés par les structures intercommunales essaie d'établir une cohérence de la production de logements au niveau de l'ensemble de l'agglomération. Mais elles interviennent également sur le parc privé en incitant les propriétaires à la rénovation (dans le cadre des OPAH par exemple). En zones pavillonnaires, aux périphé-

---

3. Dans le rapport des *Comptes de la Nation* de 1998, on constate que la formation brute de capital fixe des Administrations publiques locales (APUL) s'élève à 170 milliards de francs, environ quatre fois plus que celle de l'État.

ries des villes, l'outil principal de la qualité et de la cohérence face à l'extension urbaine est le Plan d'occupation des sols (POS), production locale. Les collectivités locales créent et entretiennent la plupart des espaces verts, gèrent l'éclairage urbain (notamment celui des édifices historiques), aménagent l'espace public et prennent en charge son nettoyage. Elles produisent l'essentiel de la sécurité offerte par le milieu de vie en assurant l'alimentation en eau potable, l'assainissement, le traitement des déchets. Elles ont mis en place des réseaux locaux de surveillance de la qualité de l'air articulés avec des systèmes d'information du public. Les instruments locaux de prévention des risques environnementaux aléatoires se sont considérablement développés : Plan de prévention des risques (PPR), Schéma d'aménagement et de gestion de l'eau (SAGE), schémas d'environnement industriel (démarche de prévention du risque industriel[4]).

Sans multiplier les exemples, la qualité du cadre de vie urbain des agglomérations s'analyse de plus en plus comme un bien public local (produit et largement financé par les collectivités locales). Ce caractère de bien public peut sembler théoriquement complet, la qualité du cadre de vie doit pouvoir être consommée par tous les habitants d'une agglomération sans que la consommation de l'un gêne la consommation de l'autre (non-rivalité de consommation). Mais empiriquement, cette caractéristique publique s'atténue, la qualité du cadre de vie n'est pas un bien homogène. Elle est segmentée territorialement, les niveaux globaux de qualité seront très différents dans la ville, certaines zones périphériques cumulant notamment tous les désavantages.

Dans ses modalités d'organisation, l'économie locale du cadre de vie apparaît comme complexe, mixte, associant dans des formes sans cesse renouvelées et mal stabilisées juridiquement secteur public et secteur privé. La délégation des services publics locaux au secteur privé contribue à ce caractère hybride. Un autre aspect tient au fait que la qualité du cadre de vie est aussi une caractéristique coproduite par une multitude d'acteurs urbains : entreprises, citadins, associations… Il est utile de mobiliser le concept de réseaux pour rendre compte du caractère hybride des collectifs qui produiront les différents éléments de la qualité environnementale urbaine (G. Verpraet, 1992). Une priorité pour le développement du programme de recherche sur la ville durable est l'étude des « systèmes locaux d'aménagement des villes » que compose l'ensemble des réseaux. Ces « systèmes » évaluent, planifient, affectent des ressources, prennent des décisions et interviennent concrètement sur l'infrastructure de la ville. Leur analyse est pluridisciplinaire, elle relève de l'économie, de la gestion, des finances publiques, des sciences politiques et du droit, de la sociologie, etc. Il faut comprendre pourquoi ces systèmes, dans leur diversité locale, produisent une qualité environnementale insuffisante et de la non-durabilité à plusieurs échelles (régionale, globale).

---

4. Comme celui de Dunkerque géré par le SPPPI : Secrétariat permanent pour la prévention des pollutions industrielles (structure locale).

L'intégration progressive de l'action publique locale dans le domaine de l'environnement

L'intervention massive des réseaux publics locaux sur le cadre urbain, leur gestion des services publics locaux produisant de la qualité environnementale (déchets, eau, assainissement…), leur action sur un certain nombre d'externalités (pollutions, bruit,…), se sont faites jusque dans les années quatre-vingt sans référence à une stratégie globale d'action sur le milieu de vie quotidien des citadins. L'effort de qualité environnementale apparaît comme une composante parmi d'autres des projets urbains (loin derrière l'impact en termes de développement économique par exemple). La complexité du secteur public local (multiplicité de structures, statuts complexes, compétences parfois redondantes) est un frein à la constitution de lieux d'intégration de l'action publique locale dans le domaine de la qualité de l'environnement. L'échelon pertinent d'intervention, l'agglomération, n'est pas doté institutionnellement de compétences suffisantes dans le domaine de l'environnement : les pouvoirs communaux l'emportent.

Les premières formulations de projets environnementaux globaux pour les villes dans la seconde moitié des années quatre-vingt-dix peuvent être considérées comme un sous-produit de la politique de la ville. Au travers des projets d'agglomération et des contrats de ville, plusieurs villes françaises tentent d'allier développement local, aménagement et environnement en s'appuyant sur des procédures contractuelles : charte d'écologie urbaine, plans municipaux d'environnement, chartes de pays, grands projets urbains, schémas directeurs d'urbanisme. Malgré les efforts, beaucoup de chartes demeurent des supports de communication avec lesquels on a « habillé » un certain nombre d'actions environnementales classiques anciennes. Mais elles sont aussi souvent le premier vecteur d'apprentissage par les acteurs locaux d'une problématique globale de l'environnement d'une agglomération[5].

L'étape supérieure de l'intégration est franchie avec l'élaboration des Agendas 21 locaux qui sont appréhendés comme des outils de mise en cohérence de tous les autres outils existants. De nombreuses villes répondent à l'appel d'offre lancé par le ministère de l'Aménagement et de l'Environnement en 1997[6]. Certains projets cherchent à mettre en action, autour d'objectifs définis dans des procédures participatives, l'ensemble du système local d'intervention sur le cadre de vie : le district de Poitiers travaille par exemple sur des actions transversales en tentant d'insuffler une démarche de développement durable au sein de ses services et de ceux de la ville. D'autres collectivités développent des démarches plus ciblées en se concentrant sur des sites pilotes (Communauté urbaine de Dunkerque). Grenoble a mis en place un

---

5. Un guide méthodologique est réalisé en 1997 par le ministère de l'Environnement avec le concours d'un bureau d'étude. Il est le fruit de l'expérience acquise auprès des 150 collectivités ayant initié ou achevé une démarche de plans municipaux d'environnement ou de chartes pour l'environnement.

6. En janvier 1998, 16 villes ont été déclarées lauréates de cet appel d'offre par le ministère : Rillieux-la-Pape, Chambéry, Grenoble, le District de Poitiers, Athis-Mons, Mamoutzou (Mayotte), la communauté urbaine de Dunkerque, Grande-Synthe, le Sivom de Rouvroy-Avion, Fâches-Thumesnil, Epernay, Belfort, Haguenau… On note la représentation importante des villes de la région Nord-Pas de Calais.

groupe de pilotage, embryon d'organe de décision transversal dans le domaine de l'environnement ; il réunit le conseil général, l'agence de l'eau, la préfecture, la chambre de commerce et d'industrie, des associations…

Au début de l'année 2000, deux avancées ont confirmé ce début de mise en place d'une politique publique locale du cadre de vie des agglomérations. La signature des premiers Plans de déplacements urbains (PDU) par 15 grandes agglomérations a entériné la première intervention intégrée sur le système de transport des villes, producteur de la plupart des externalités environnementales négatives et « épine dorsale » de l'espace urbain. Par ailleurs, des projets d'action locale particulièrement matures ont émergé. En partenariat avec l'Ademe, la ville d'Angers a validé un Plan de développement durable qui concerne l'ensemble des services municipaux : des espaces verts, à l'urbanisme, en passant par le développement économique. Les trois dimensions du cadre vie (*cf.* tableau précédent) sont visées : la valorisation du patrimoine (protection de 3 400 édifices classés), la préservation des ressources et les risques pour la santé (économie d'énergie, recyclage des déchets, jardins biologiques), l'ensemble de l'ambiance urbaine (politique de lutte contre le bruit, démarche de Haute Qualité Environnementale pour la construction publique nouvelle). Les objectifs doivent s'insérer dans les outils les plus structurants de l'aménagement de l'espace : POS (Plan d'occupation des sols), « cadastre vert » (qui sera remplacé à partir de 2006 par le PLU ou Plan local d'urbanisme, NDLR).

Le défi pratique de la définition et de la mise en action d'une politique d'environnement urbain au niveau de l'agglomération n'est pas pour autant gagné.

TENSIONS ET DIFFICULTÉS RENCONTRÉES DANS LE CHEMINEMENT VERS LA VILLE DURABLE : LA DIFFICILE ARTICULATION DES OBJECTIFS

Les avancées importantes ne doivent pas faire oublier les obstacles nombreux qui ralentissent le processus d'intégration. Certains sont des écueils classiques des politiques publiques locales transversales (dont l'archétype est la politique de la ville), d'autres sont spécifiques au domaine de l'environnement et du cadre de vie.

Conflits de représentations dans la programmation et la gestion

Tous les concepts et outils utilisés dans les expériences précédentes proviennent d'un patrimoine commun construit progressivement durant les trente dernières années, et que l'on peut lire par les trois entrées de la problématique locale urbaine de l'environnement : le transfert des principes du développement durable à l'échelon local (Conférence de Rio), l'écologie urbaine, et les politiques d'aménagement et de qualité urbaine. Ces trois trajectoires de l'intégration des politiques publiques locales de l'environnement interagissent non sans créer un certain nombre de conflits de représentation. Un des conflits les plus importants a lieu au sujet de la représentation même de l'environnement urbain. Certains acteurs locaux manipulent plutôt une représentation « écocentrée » et technique de l'environnement urbain (services techniques des collectivités locales, opérateurs du cadre de vie, certaines associations écologistes), d'autres mettent en avant une représentation plus anthropocentrée (urbanistes, architectes, associations de quartier) où la relation entre l'homme et son milieu de vie est au centre des réflexions et où les usages sociaux du cadre de vie dominent. Les constructions de la qualité environnementale sont aussi différentes selon que l'on se situe dans les communes des centres des agglomérations (accents mis sur le cadre bâti, l'espace public aménagé, la propreté, la pollution…) ou dans les communes péri-urbaines de « l'archipel urbain » (attachement à la protection des espaces naturels, besoin de services urbains plus denses, recherche d'authenticité). Certaines communes refusent ce mouvement d'intégration de la politique du cadre de vie et souhaitent demeurer des « sanctuaires résidentiels » à l'écart des investissements réalisés par les structures intercommunales.

Ces conflits de représentation rendent l'hypothèse économique d'une identité des fonctions de préférence des acteurs urbains absolument intenable. La problématique de l'arbitrage des ressources affectées à une politique globale d'élévation de la qualité du cadre de vie des agglomérations est ainsi éminemment complexe. Quelle part des ressources urbaines faut-il affecter au cadre de vie, et non au développement économique, à l'aide sociale ou à la politique culturelle… ? Au sein des ressources mobilisées pour le cadre de vie, quel arbitrage peut-on effectuer entre les différentes dimensions : bruit, paysage, pollution, espace public ? Comment répartir spatialement les dotations entre les différentes communes d'une agglomération où les niveaux de qualité environnementale sont très différents ? Les différentes méthodes d'évaluation économique s'appliquent aux éléments isolés de la qualité : bruit, pollution, protection du patrimoine…, mais la gestion locale a besoin de modèles globaux pour organiser ses arbitrages en fonction des préférences des acteurs.

La recherche de la bonne « gouvernance »

Le problème classique des politiques transversales : la nécessité de faire fonctionner ensemble autour de plusieurs objectifs un très grand nombre d'acteurs dont les logiques d'action, les représentations et les champs d'évolution sont différents, est porté dans le domaine du cadre de vie au niveau maximum de complexité. Les réseaux d'aménagement horizontaux du secteur public local doivent s'articuler avec des filières verticales de gestion, à savoir la production des grandes infrastructures routières ou le financement du logement social par l'État. L'offre de qualité met en relation le système politique local avec ses divers échelons et l'ensemble des opérateurs internes (services techniques des collectivités locales, agences d'urbanisme, SEM d'aménagement) ou externes (secteur privé de la construction et de l'environnement). La demande de qualité se manifeste de façon partielle et ponctuelle au travers de relais essentiellement associatifs (*cf.* Torres, 2000 ; pour une étude de cas dans le district d'Hénin-Carvin). Les acteurs locaux ont des cultures différentes et les accords sont difficiles à construire (les figures de « l'ingénieur », de « l'écologiste », de « l'élu », du « résident »…). La loi Chevènement de juillet 1999 qui crée les « communautés d'agglomération » renforce le niveau de l'agglomération comme lieu de définition et de pilotage d'une politique locale du cadre de vie en mettant l'action sur les compétences de l'aménagement (volonté à terme d'une gestion intercommunale des POS) et du développement économique (gestion des zones d'activités). La réforme de la Taxe professionnelle unique (TPU) facilite la gestion des externalités environnementales par des dotations compensatoires attribuées aux communes pénalisées. La structure intercommunale peut en effet redistribuer selon des critères environnementaux une partie de la cagnotte fiscale désormais prélevée uniformément. Les institutions locales possèdent désormais les outils pour élaborer simultanément une stratégie économique territoriale et une politique du cadre de vie. Mais ces réformes ne sont probablement qu'un aspect de l'intégration institutionnelle nécessaire du secteur public local dans le domaine de l'action sur le cadre urbain.

Comme enjeu pratique de bonne gouvernance, la question des « temps de la ville » dans sa relation avec la qualité environnementale est particulièrement éclairante. De nombreuses externalités négatives du fonctionnement urbain (congestion, pics de pollution, bruit) pourraient être significativement réduites par une réorganisation complète des temps urbains. Les horaires des écoles, des bureaux, peuvent être utilement repensés en fonction de la fréquence des navettes domicile-travail et de la structure des voies d'accès au centre des villes. La politique du cadre de vie peut alors déboucher sur une politique de la qualité de vie en ville impliquant l'ensemble des acteurs de la ville et leurs rythmes de vie collective, l'articulation de leurs temps professionnels et privés.

L'articulation avec les niveaux *infra-* et *supra-*

La particularité d'une politique locale de durabilité et de qualité environnementale urbaine est sa nécessaire insertion dans un ensemble de contraintes s'exerçant à des niveaux territoriaux multiples. La contrainte écologique ne s'exprime de façon cohérente qu'au niveau planétaire. La durabilité de la ville peut être considérée à la limite comme un non-sens dans la mesure où elle est, par nature, une concentration extrême d'activités et de populations sur une portion de territoire dont les capacités de charge écologiques sont largement dépassées. La « durabilité urbaine » ne peut s'exprimer qu'au travers d'une participation des villes à un processus mondial de convergence des systèmes socio-économiques et écologiques mondiaux vers la durabilité. Cette articulation est très complexe à mettre en place. Les externalités environnementales du phénomène urbain sont produites à trois niveaux :
– elles apparaissent dans la ville elle-même en tant que zone agglomérée, tissu urbain continu ;
– des externalités sont aussi transférées de la ville vers les écosystèmes entourant la ville (couronne périurbaine et monde rural au-delà) ;
– enfin, la ville transfère ses externalités vers le monde (échelon planétaire) et le futur (externalités intergénérationnelles). La ville éclatée et dédensifiée a en effet accru fortement les consommations énergétiques et donc la production de gaz à effet de serre.

La gestion intégrée de ces trois niveaux est probablement le point faible actuel des politiques publiques locales de gestion de la qualité de l'environnement urbain. Le niveau *infra*-urbain ne peut être également négligé. Les nouveaux modèles de l'urbanisme réhabilitent le quartier comme unité urbaine essentielle. C'est notamment à ce niveau que prend place l'enjeu démocratique (participation des habitants) très vivace dans l'arrière-fond culturel de ces politiques, dans le courant de l'écologie urbaine comme dans la problématique du développement durable.

La qualité de l'environnement urbain émerge ainsi, non sans difficultés théoriques et pratiques, comme objet des politiques publiques locales. Sur le plan théorique, l'abondance des concepts et des références qui alimentent ces politiques nécessitent une clarification qui aille au-delà du simple « guide méthodologique » proposé par les ministères. Sur le plan pratique, la politique du cadre de vie est dépendante d'un mouvement de restructuration et d'intégration du secteur public local qui touche d'autres pans de l'action publique (social, développement économique et culturel). Cependant, les outils institutionnels sont en place. La capitalisation d'expériences récentes a permis de sélectionner les structures et les leviers d'action les plus pertinents. La demande sociale se fait plus pressante et le retour de la croissance économique devrait libérer une marge de manœuvre financière salutaire pour les collectivités locales. Le mouvement d'intégration est encore lent, mais en accélération depuis quelques années. Le passage à une étape supérieure devra vaincre deux points essentiels de résistance. Le premier d'entre eux tient dans les effets actuels sur la morphologie urbaine du système de transport des grandes agglomérations, variable particulièrement inerte (*cf.* la notion de « dépendance automobile » de G. Dupuy, 1999), mais dont la réorientation progressive vers plus de durabilité et de qualité environnementale est un point de passage obligé. Le second réside dans les relations qu'entretiennent les économies locales avec la qualité environnementale. Les politiques publiques locales n'atteindront leur pleine maturité que si la qualité du cadre de vie devient un facteur de production à part entière d'une partie des entreprises d'un territoire, installant ainsi un cercle vertueux entre développement local et environnement. Comme toujours, c'est bien « le nerf de la guerre » qui sera déterminant.

RÉFÉRENCES BIBLIOGRAPHIQUES

BEAUCIRE F., 1995, « La ville éclatée », *in* R. PASSET et J. THEYS, *Héritiers du futur,* Paris, Éditions de l'Aube, Chap. 9, p. 187-200.

BOLUND P., HUNAMMAR S., 1999, « Ecosystem services in urban areas », *Ecological Economics*, 29, p. 293-301.

BREHENY J. M. (dir.), 1992, *Sustainable development and urban form*, London, Pion Limited.

BRODHAG C., 1998, « Le développement durable et la bonne gouvernance », *Les outils et démarches en vue de la réalisation d'agendas 21 locaux.* Journées d'échange du 20 avril 1998, atelier n° 1, Paris, Ministère de l'Aménagement du Territoire et de l'Environnement.

CENTRE DE DOCUMENTATION DE L'URBANISME, 1998, *Ville et développement durable,* Paris, Ministère de l'Équipement, des Transports et du Logement.

DUPUY G., 1999, *La dépendance automobile : symptômes, analyses, diagnostic, traitements,* Paris, Anthropos, coll. « Villes ».

GODARD O., 1996, « Le développement durable et le devenir des villes », *Futuribles,* p. 31-35.

MIRENOWICZ P. et GARNIER C., 1984, « Manifeste pour l'écologie urbaine », *Métropolis,* n° 64-65.

PARK, R., E. W. BURGESS and R. D. MACKENZIE, 1925, *The City.* Chicago, University of Chicago Press.

TORRES E., 1998, « Deux problématiques de l'environnement urbain, deux voies pour son analyse économique », *Natures Sciences Sociétés,* 6, 4, p. 41-49.

TORRES E., 2000, « Adapter localement la problématique du développement durable », *in* B. ZUIN-DEAU (dir.) *Développement durable et territoire,* Villeneuve d'Ascq, Presses Universitaires du Septentrion.

VERPRAET G., 1992, « Les réseaux de conception en urbanisme : les décors de l'économie mixte », *in* E. CAMPAGNAC, *Les grands groupes de la construction : de nouveaux acteurs urbains,* Paris, L'Harmattan.

69

Métropole et développement durable : regard sur la programmation des villes canadiennes*

Les métropoles canadiennes entrent dans une phase de mise en œuvre du concept de développement urbain durable. Si un discours nourri des courants urbanistiques utopistes et d'emprunts à l'écologie a pu s'imposer dans la documentation des grands organismes programmateurs canadiens, comme la Société canadienne d'hypothèques et de logement (G. Sénécal, 1996), les métropoles canadiennes ont pris le relais en élaborant des approches très différentes les unes des autres, mais qui partagent des traits communs.

Les réflexions qui suivent portent spécifiquement sur la documentation issue de chercheurs et d'institutions municipales et produite dans le but de guider les pratiques d'aménagement et les politiques urbaines au Canada. Elles visent à apporter une réflexion critique autour de cette expérience canadienne qui tente, par de multiples façons, de favoriser l'avènement d'une forme urbaine soutenable ou durable. Les raisons invoquées pour ce faire sont diverses, notamment la conservation des espaces libres et naturels, l'amélioration de la qualité de vie et de l'environnement mesurée à l'aide d'indicateurs, ainsi que la diminution des coûts découlant de l'étalement urbain.

Deux orientations semblent s'imposer à la planification métropolitaine ; elles apparaissent à la fois comme des objectifs, ou des défis, pour ensuite se diffuser dans la programmation municipale et conduire à des projets opérationnalisables. La première souscrit à la décentralisation des activités et valorise les systèmes urbains de structure polycentrique. La seconde met en avant une certaine idée de la nature en ville et pose la question des espaces verts au centre de la problématique environnementale urbaine. À ces deux thématiques de la programmation environnementale s'ajoutent des options anciennes comme celles de favoriser la qualité de vie en milieu urbain ou de lutter contre l'étalement urbain. Par-delà la liste des différents programmes et projets retrouvés dans la documentation des métropoles canadiennes, nous avons retracé les influences de courants américains inscrits dans le sillage du *New Urbanism*, du *Smart Growth* et, de manière plus globale, des projets d'aménagement de collectivités viables (S. Wheeler, 1999). L'objectif de ce texte est

71

---

* *Chapitre rédigé par Gilles SÉNÉCAL, Stefan REYBURN et Claire POITRAS*

de situer les différentes approches des métropoles canadiennes de manière synthétique et critique.

DES COLLECTIVITÉS VIABLES : QUELLE DÉFINITION ?

Alors que la notion de collectivités viables se diffuse au Canada, devenant une référence clé du chapitre urbain du rapport sur l'état de l'environnement au Canada (Gouvernement du Canada, 1991, ch. 13, p. 30-31), des études ont traité de divers aspects de la durabilité, notamment le logement durable (D. d'Amour, 1991) et la ville écologique du XXIe siècle (R. Tomalty et D. Pell, 1994 ; R. Paehlke, 1993). Il se précise ainsi un programme par lequel des collectivités viables pourront être envisagées et, par la suite, aménagées ; celles-ci sont proposées sous l'objectif de soutenir la qualité de vie et la qualité de l'environnement, en mettant l'accent sur la réduction de la pollution, la conservation des ressources, l'accès aux espaces verts, de même que la performance environnementale des infrastructures et des réseaux techniques. La réflexion porte sur les caractéristiques physiques et morphologiques ainsi que sur les composantes sociales d'un habitat viable. Il reste à définir les normes ou les unités de mesure permettant de déterminer les seuils à partir desquels on peut parler de collectivités viables. Il est aussi important d'identifier les critères de planification et d'aménagement urbains susceptibles d'influencer la forme urbaine et la qualité des environnements naturels et construits, notamment les distances entre les espaces résidentiels et les lieux d'emploi, l'accessibilité aux services et aux activités de loisir, ainsi que les modes de transport pour les atteindre, tenant compte de la proximité d'une desserte de transport collectif ou d'une plate-forme intermodale.

L'image de la collectivité viable renvoie à celle d'un habitat compact, de grande mixité fonctionnelle, praticable à pied ou en vélo, marqué par des expériences d'urbanisme végétal (aménagement horticole ou écologique) et une grille de rues axiales pour la circulation de transit et des culs-de-sac pour les unités résidentielles et, enfin, une typologie résidentielle diversifiée comprenant des logements abordables. Elle peut aussi s'inspirer de thèses anciennes (K. Lynch, 1981) qui, s'interrogeant sur la bonne forme urbaine, valorise la lisibilité du paysage urbain appréhendé à l'échelle du piéton. Tous ces ingrédients joueraient sur la qualité des environnements et sur la forme urbaine (l'encadré 1 les énumère). Ceux-ci ne forment pas nécessairement un tout bien intégré et sont repris de manière différenciée par les projets avancés par les métropoles canadiennes engagées dans des expériences de collectivités viables. Certes, les termes sont ambivalents et les notions vagues. Il faudrait retrouver tous les modèles, comparer leurs variantes, mais pour l'essentiel cette conception d'un aménagement urbain idéalisé rejoint de plusieurs façons les propositions des tenants du *New Urbanism* américain qui souhaitent un retour à l'urbanisme traditionnel propre aux petites communautés urbaines d'avant les années cinquante. Cette approche s'oppose à l'urbanisme progressiste et fonctionnel qui a dominé l'aménagement urbain depuis les années vingt et trente et qui s'était avivé après la dernière guerre. Selon les tenants du *New Urbanism*, la cité idéale serait compacte, polyfonctionnelle, conviviale, verte, de petite taille, propice aux relations communautaires, dans le souci de l'esthétique et de la qualité des espaces publics (*sense of place*) (*cf. encadré 1*). Par ailleurs, la mise en application de ces principes reste difficile. Les variables permettant d'en évaluer la portée sont encore sous discussion et ne donnent pas la juste mesure de la qualité de vie et de l'environnement (G. Sénécal, 2001).

Encadré 1. Les principes des collectivités viables

- Qualité de l'environnement (eau, air, sol, espaces verts, etc.)

- Performance environnementale des infrastructures et des réseaux techniques (eau potable, diminution des émissions polluantes, etc.)

- Proximité d'équipements (éducation, santé, sport et loisir, etc.)

- Densité et proximité (typologie résidentielle diversifiée proche des lieux d'emploi, de service et de loisir)

- Gestion durable des ressources (approche à long terme)

- Équité (sociale et inter-générationnelle)

- Accessibilité du logement et des services de qualité

- Participation à la décision, consultation, etc.

- Gouvernance métropolitaine (bio-régionalisme, gestion par bassin versant, gestion par écosystème)

Source : P. Calthorpe 1993 ; 2000 ; M. Corbett et J. Corbett, 1999 ; P. Katz et V. Scully 1994 ; M. Ruano, 1999 ; S. Van der Ryne et P. Calthorpe 1991.

On reconnaît ainsi les principes qui marquent fortement le récit de l'environnement urbain et sa proposition d'aménager des collectivités viables (*Vivre en ville*, 2001). S'ajoute l'objectif de rendre la ville socialement équitable, conjuguant une gestion décentralisée et ouverte sur l'*empowerment* local, mais inscrite dans une gouvernance environnementale à l'échelle de l'écosystème. Trois grands concepts ou principes complètent l'approche de l'expérience canadienne, en référence au développement urbain durable, soit la responsabilisation de la communauté locale, l'intégrité des écosystèmes et l'autosuffisance des entités territoriales en ce qui a trait à l'utilisation des ressources (G. Sénécal, 1996).

Gouvernance environnementale et participation

De prime abord, les collectivités viables se forment comme un projet autour duquel se noue une certaine idée de gouvernance environnementale, posant, d'une part, l'autonomie des acteurs locaux ancrés dans des micro-territoires et, d'autre part, défendant le principe de la planification à l'échelle des ensembles naturels ou, à défaut, de la région métropolitaine. En fait, de telles propositions sous-tendent une approche de gestion participative, voire de concertation, dans laquelle les acteurs locaux sont invités à protéger leur cadre de vie, mais également à interagir dans le cadre du processus de planification et d'aménagement de la région écologique (biorégion, bassin versant, etc.). Par contre, il est certain que les conflits locaux, par exemple les cas de *Nimby*, (syndrome « *Not in my back yard* », « Pas dans ma cour ») opposeront les acteurs et court-circuiteront la rationalité de la planification écosystémique, nécessitant le recours à la négociation et à l'arbitrage. Dans ce cas, la gouvernance environnementale, présentée comme un mode de gestion inscrit dans la durée, à l'échelle de l'écosystème, intègre l'ensemble des composantes de la société et défie les décisions prises sans perspective historique et qui ont été trop souvent légion dans les administrations municipales.

Les formes d'aménagement et les collectivités viables

Le deuxième thème marquant que l'on retrouve dans les propositions du *New Urbanism* est certainement sa propension à fêter l'urbanisme traditionnel dans une forme idéalisée, en formulant comme projet d'avenir de créer des villages urbains décrits comme communautaires et conviviaux, tournés vers la sociabilité de la rue. Leur aménagement urbain consiste à préconiser un éventail de modes de transport, notamment avec un *design* urbain favorable aux piétons et aux cyclistes (P. Calthorpe, 1989). Les réseaux pédestres et cyclables sont conçus pour converger vers des lieux d'emploi et de services ou, à défaut, d'une plate-forme intermodale de transport en commun. La forme urbaine concentrée permet de rapprocher les services et les destinations : elle donne lieu à la ville où l'on marche. Une telle proposition peut s'appliquer aux banlieues ou aux anciens quartiers centraux, ré-investissant ainsi les images de la banlieue-jardin ou du village urbain. D'ailleurs les vieux quartiers, nés avec la période industrielle à l'instar des quartiers paroisses de Montréal, étaient justement polyfonctionnels, mêlant les usines et les résidences ouvrières, coupés de la rue marchande où logeait le cinéma ou la salle de bowling, bref « marchables » (*walkable*) à souhait. Or, aujourd'hui, ce ne sont plus des quartiers ouvriers ; certains sont investis par les nouvelles élites urbaines, d'autres attendent un dernier effort de rénovation urbaine. Le cinéma est fermé et la salle de bowling a perdu de sa force d'attraction. Le bâti se dégrade, mais la forme est intacte.

La proposition canadienne de la ville durable se construit ainsi à partir des caractéristiques des villes canadiennes : leur forme urbaine typique avec un centre historique, généralement de forte densité et à forte mixité fonctionnelle, mais connaissant des phénomènes de dépopulation et de désindustrialisation face aux nouveaux espaces urbains en forte croissance, généralement de faible densité, construits suivant les principes de la séparation des fonctions urbaines en différentes zones distinctes. Par-delà la réflexion sur la forme urbaine, la dimension écologique de l'aménagement est également sous discussion. On suppute que le quartier multifonctionnel traversé d'une rue commerciale contribuerait à la réduction de l'emploi de l'automobile ou en réduirait la distance des parcours. Finalement, la mixité des usages du sol aurait pour avantage de faciliter l'usage des modes de transport alternatifs (*Vivre en ville*, 2001).

Car les collectivités viables, dans leur forme idéale, apparaissent comme libérées de l'automobile, à tout le moins des contraintes liées à l'usage de l'automobile personnelle. La critique touche particulièrement la primauté de l'automobile et, par la même occasion, de l'autoroute urbaine. Un ouvrage est emblématique de cette lecture nostalgique du paysage urbain américain. *A Geography of Nowhere* défendait la thèse selon laquelle le sens communautaire américain a été perdu à cause, notamment, des effets néfastes de l'usage de l'automobile et des infrastructures routières et autoroutières (J. H. Kunstler, 1993 ; K. J. Holtz, 1998 ; G. Sénécal *et al.*, 2002). Plusieurs auteurs proposent des solutions pour assurer la viabilité, dont la limitation des déplacements effectués en automobile (P. Newman et J. R. Kenworthy, 1999), l'augmentation de l'offre de services de transport collectif (R. Cervero, 1998) ou des possibilités d'utiliser la bicyclette et la marche comme modes de transport, ainsi que la création d'espaces polyfonctionnels où résidences, emplois et services sont localisés à proximité. Il n'est pas que les zones nouvelles que l'on veut *pedestrian oriented* selon les termes des tenants du *New Urbanism*. La rénovation des vieux quartiers, justement construits selon les principes de la multifonctionnalité et de la proximité les lieux de résidence, de travail, de consommation et de services, profite de ce qui existe pour corriger les déficiences d'un urbanisme décrit comme insatisfaisant.

La recherche de la qualité de vie

Cette ville durable idéale, aménagée selon les principes de la conservation des ressources, de l'équité et de l'accessibilité, entre autres, devrait répondre à une certaine idée de la qualité de vie. Ce concept de qualité de vie, appliqué au milieu urbain, est compris généralement de deux manières. La première touche le cadre de vie et s'intéresse à « des structures de chances ou d'avantages inégaux » (F. Dansereau et F. Wexler, 1989, p. 1) qui influent sur chacun des citadins, en insistant sur l'accessibilité des services, des équipements et des aménités. La proximité et, par le fait même, la densité de l'urbanisation, sont alors décrites comme des facteurs d'amélioration des conditions de l'habiter (H. S. Perloff, 1969 ; H. Blumenfeld, 1969). Certes s'ajoutent d'autres composantes comme la vitalité économique ou l'équité sociale, qui se déclinent sous un nombre infini de questions spécifiques comme la qualité et l'accessibilité des logements. Mais, parlant de forme urbaine, l'intensité de l'urbanisation, mesurée en termes de densité ou de compacité (l'organisation du bâti), se traduit en distances parcourues pour se rendre au travail ou à un quelconque lieu de service ou de consommation, et se décline selon le temps nécessaire pour accomplir chacun de ces parcours. En clair, la proximité des lieux d'emploi, de commerce et de service, incluant l'accès à différents modes de transport, apparaît donc comme une des variables clés de la qualité de vie en ville.

La ville durable représente également un projet collectif qui consiste à limiter la consommation des ressources et la transformation des milieux naturels, afin d'imposer un modèle urbain fondé sur l'autosuffisance : la ville devrait compter davantage sur ses propres ressources pour assurer son développement et ne plus monopoliser ainsi l'énergie venue d'on ne sait où, ni accaparer les produits de la campagne. L'approche de la ville durable insiste sur la conservation des terres en tenant compte de la capacité limitée pour subvenir aux besoins d'une région métropolitaine ; ainsi pour Vancouver, W. Rees et M. Wackernagel établissent à 400 000 hectares la superficie nécessaire pour assurer les besoins en consommation d'aliments, de bois, de combustibles ou de toutes autres ressources. En d'autres termes, « la région (de Vancouver) s'approprie ailleurs la capacité productive de terrains dont la superficie de terrains est de 22 fois supérieure à la sienne » (W. Rees et M. Wackernagel, 1994). S'il fallait qu'une métropole comme Vancouver soit obligée de réduire sa consommation de ressources, il en résulterait une certaine forme d'autonomie urbaine, aux limites de l'autarcie, qu'une telle ville de grande taille parviendrait difficilement à atteindre. La consommation devrait se faire uniquement en fonction des besoins, fussent-ils les plus primaires, selon les capacités des milieux et des groupes humains.

Sans nécessairement adopter toutes ces mesures, au demeurant utopistes, les efforts afin de donner qualité, charme et sens à la ville peuvent avoir un effet indirect sur le bilan environnemental urbain. Le programme environnemental des villes canadiennes reprendra généralement certains des éléments, sans chercher à appliquer le plan d'ensemble de la ville durable idéale. Son principal champ d'application se trouve dans la lutte à l'étalement urbain.

LE DÉFI COMMUN : LA LUTTE CONTRE L'ÉTALEMENT URBAIN

Si la réflexion s'est poursuivie au Canada en prenant la ville compacte pour idéal type de la ville écologique et ce, en particulier depuis la publication du rapport Brundtland, dans des documents programmatiques comme le rapport sur l'état de l'environnement (Gouvernement du Canada, 1991 ; 1996) ou dans la documentation produite par la SCHL[1], il reste que, sur le fond, les métropoles canadiennes ont surtout cherché à contrer l'étalement urbain. Ainsi, l'idée de densifier les villes, apparemment logique, n'est pas comprise par tous de la même façon : pour certains elle n'a de sens que dans les métropoles de grande taille et rassemblant des millions d'individus ; pour d'autres, la santé de la population et un habitat vert seraient mieux garantis dans des villes de petite ou moyenne taille. Autour de cette volonté de densifier les villes et, par la même occasion, de les rendre plus compactes, la littérature oscille entre deux grands types de formes urbaines compactes, l'une métropolitaine, de grande taille et favorable à la concentration des activités à l'intérieur d'un pôle urbain dominant et gravitaire ; le second concerne les villes de petite et moyenne taille, polyfonctionnelles et engagées dans un système urbain déconcentré. Il va sans dire que ces deux types donnent lieu à de multiples variantes dont l'une les confond : la métropole polycentrique qui combine la réurbanisation du centre de l'agglomération et l'intensification de l'urbanisation des banlieues de plus faible densité et agissant désormais comme des pôles d'emploi secondaires (L. S. Bourne, 1991).

---

1. SCHL : Société canadienne d'hypothèques et de logement.

C'est autour des questions de forme et de démographie urbaines, qui conditionnent en quelque sorte le nombre de déplacements et les distances parcourues par les citadins pour se rendre à leur travail ou à toutes autres activités, que sont élaborées les politiques municipales en environnement urbain et en aménagement. Celles-ci partent du principe que la forme urbaine étalée, qui est celle des villes nord-américaines en général, résulte des choix de localisation résidentielle et, il ne faut l'oublier, de la tendance relative à la déconcentration des activités vers la banlieue. Le choix des ménages pour la banlieue s'effectue en fonction de plusieurs critères dont le coût du sol, les préférences vis-à-vis de certains types de logement comme les pavillons, la présence de services, ainsi qu'un certain nombre de raisons d'ordre qualitatif dont ne sont pas exclus le rêve de la propriété individuelle, la quête de nature, la recherche d'une homogénéité sociale et ethnolinguistique. C'est pourquoi l'intention d'orienter le développement urbain futur vers les zones centrales, notamment en fonction de leur proximité des lieux d'emploi et de services, qui est au cœur de la problématique de réduction du nombre de déplacements et des distances parcourues, inclut forcément des mesures d'accompagnement qui rendront attrayant le fait de vivre en ville, tels des services, des aménagements verts, des aménités, etc. Pour comprendre et évaluer ces politiques d'aménagement urbain, il apparaît important de penser toute mesure visant la densification du territoire en fonction de la qualité de vie et des environnements urbains. La production d'espaces résidentiels recherchés et de qualité serait, en effet, un préalable à tout effort de densification urbaine. Cela n'est pas sans comporter un paradoxe : la recherche de qualité ne doit pas se faire au détriment du principe de l'accessibilité et faire en sorte que les nouveaux logements ne soient pas accessibles aux classes moyennes et à faible revenu.

L'émergence de la métropole polycentrique

Bien que l'inquiétude face à l'étalement urbain persiste, des observateurs chevronnés, tels P. Hall (1991) et L. S. Bourne (1991), soutiennent que la tendance vers la déconcentration se poursuit malgré un léger fléchissement. Dans un article précédant, L. S. Bourne (1989) faisait état de la restructuration de l'organisation des villes, posant différentes hypothèses sur la nature des changements en cours, pour conclure que la forme polycentrique reste en devenir, à cause principalement de la très grande dispersion des emplois dans l'ensemble de l'agglomération. Revenant sur la question, il situe l'émergence de la forme urbaine polycentrique dans le cadre d'une tension entre le redéveloppement des vieilles banlieues, les pressions pour la poursuite du mouvement de suburbanisation et la qualité des milieux de vie (dont ceux situés au centre de l'agglomération) (L. S. Bourne, 1996, p. 12-13). La qualité de vie et de l'environnement peut s'inscrire à l'intérieur d'une mégalopole comportant de multiples centres secondaires (P. Hall, 1991, p. 12). La forme polycentrique n'est-elle pas, en définitive, une alternative à la grande dispersion des activités dans l'agglomération ? Plusieurs auteurs débattent des mérites d'une telle forme, même s'ils constatent que l'emploi reste dispersé dans l'agglomération et ils énumèrent les problèmes qui empêchent son achèvement, notamment la faiblesse du pouvoir métropolitain et les préférences des consommateurs (L. S. Bourne, 1989 ; 1992 ; H. C. Davis et R. A. Perkins, 1992 ; R. H. Ewing, 1997 ; R. Tomalty, 1997). D'autres auteurs contestent les arguments qu'une telle forme urbaine soit économe des ressources et des gains environnementaux qu'elle procurerait (P. Gordon et H. W. Richardson, 1997). Néanmoins, la discussion porte sur la notion de pôle d'équilibre qui exprime le rôle joué par de tels centres secondaires: formés le long des grands axes routiers, on y retrouve des services courants et des emplois manufacturiers localisés, de fait, à proximité des zones résidentielles périphériques. Ils limiteraient ainsi la congestion reliée à l'hyper-concentration.

Quant aux effets de la forme polycentrique sur les distances de navette, on peut reconnaître d'emblée que ces pôles secondaires, logés à l'extrémité du centre de l'agglomération se sont érigés en même temps que la motorisation se généralise. En clair, ils sont le produit de la société de l'automobile, adossés au réseau autoroutier, bordés des centres commerciaux équipés d'aires de parking de grandes dimensions, entourés de zones résidentielles de faible densité. Par contre, de tels lieux construits sur la dépendance à l'automobile offrent tout de même un bénéfice : ils rapprochent un certain nombre de travailleurs de leur lieu de travail et favorisent, dès lors, la concentration de l'emploi. Il faut rappeler le débat opposant les tenants d'une forte concentration des activités et des emplois au centre à ceux qui prétendent que la forte concentration accentue les distances, la lourdeur de la circulation et la congestion.

Compacité et densités résidentielles

L'objectif de renforcer les densités résidentielles peut entraîner des effets pervers quant à la compacité urbaine et la centralisation des activités. Les effets d'une forte densité résidentielle et de centralisation des activités sont nombreux, dont l'encombrement du centre et la forte augmentation des valeurs foncières qui y prévaut, ainsi que la présence d'un habitat collectif de grande taille. Ces trois effets cumulés risquent d'aggraver l'exode vers la banlieue. Une autre question surgit alors : la concentration des activités économiques ne favorise-t-elle pas un accroissement de la consommation d'énergie en ce qui a trait aux déplacements quotidiens ? Le fait est que, dans les métropoles, la concentration des activités économiques a longtemps opposé un centre des affaires à des banlieues dortoirs. Il n'est pas certain que de véritables économies d'énergie puissent être ainsi réalisées en centralisant à outrance. Car obliger une grande partie des travailleurs de l'agglomération à se déplacer matin et soir entre le domicile et le centre-ville, finit par accroître la consommation d'énergie. Dans les grandes métropoles, l'extrême centralisation ne peut qu'alourdir la circulation routière, la congestion et, finalement, peser négativement sur le bilan énergétique de l'agglomération. Le rapprochement des activités économiques et des nouveaux espaces résidentiels, de façon à recréer une proximité entre les lieux de travail et les lieux de résidence, semble une solution même si cela demande des efforts d'harmonisation d'usages et de fonctions. La polycentralité paraît disposer d'un potentiel de viabilité et de durabilité bien qu'un effort de réaménagement soit souhaitable (W. R. Code, 1992).

Cette question, qui s'inscrit à l'aune d'une critique générale de l'étalement urbain, suscite ainsi un vif débat au sein de la communauté de chercheurs en études urbaines et en aménagement. La recherche de preuves empiriques reste à l'ordre du jour alors que le débat s'enlise dans des considérations idéologiques (E. Isin et R. Tomalty, 1993). De toute façon, toujours aux dires des opposants à l'idée de la densification, la promotion du transport en commun ou les programmes d'économie d'énergie peuvent avoir lieu indépendamment de la forme urbaine compacte ou étalée. Plus encore, l'analyse de l'expérience de Vancouver démontre que si les efforts furent importants pour la promotion du modèle de métropole polycentrique, les difficultés furent nombreuses et les résultats mitigés (H. C. Davis et R. A. Perkins, 1992). Les tenants de la densification, ou de l'intensification, se font néanmoins plus nombreux au Canada : la plupart des auteurs proposent le repeuplement des villes centrales, en consolidant l'habitat actuel et en améliorant la qualité des nouveaux ensembles résidentiels. D'ailleurs, P. Hall (1991, p. 11) faisait remarquer que les nouveaux environnements urbains, qu'ils soient résidentiels ou de travail, sont de bonne qualité en comparaison avec ceux de la période industrielle. Certains vont alors jusqu'à proposer le principe de la densification sélective, afin d'offrir à une plus grande proportion de la population les moyens de se soustraire à la dépendance de l'automobile (M. Roseland, 1992, p. 136).

LES MÉTROPOLES CANADIENNES ET LEURS ORIENTATIONS EN COURS

Les métropoles canadiennes ont tenté ces dernières années de mettre en œuvre des mesures qui, de près ou de loin, s'approchent des orientations mâtinées de ces influences venues des États-Unis, comme le *New Urbanism* ou le *Smart Growth*. Des projets comme ceux de *Sustainable Suburbs* à Calgagy, du *Livable Regional Strategic Plan* de Vancouver (Greater Vancouver Regional District, 1996) sont exemplaires des démarches qui s'amorcent mais pour lesquelles aucun résultat probant ne peut être associé. Ils trouvent un champ fertile au Canada, comme en témoigne le colloque initié par un groupe de pression, mais réunissant les leaders américains des deux mouvements précités et l'ensemble des acteurs – chercheurs, élus et planificateurs locaux – afin de faire le point sur les expériences de collectivités viables et leur possible transposition au Québec (*Vivre en ville*, 2001). Par contre, les interventions vont dans le sens développé plus haut, c'est-à-dire l'intégration du développement urbain à la planification du transport en commun, la conservation des patrimoines naturel et bâti, l'élaboration de grilles d'indicateurs de la qualité de l'environnement à partir d'une démarche participative et la densification des espaces urbains.

Montréal : la stratégie de la gestion des déplacements

Dans la région métropolitaine de Montréal, la planification et l'aménagement furent, pour des raisons historiques et politico-administratives, peu pratiqués à l'échelle métropolitaine. Dans ce contexte, la création récente d'une entité métropolitaine, la Communauté métropolitaine de Montréal (CMM), apporte une chance de changer cette culture du laisser-faire. Celle-ci en est encore à étudier la situation et à amorcer une réflexion sur un cadre d'aménagement métropolitain incluant la ville-centre (l'île de Montréal) et les villes de banlieue. La CMM peut déjà compter sur les travaux du ministère des Affaires municipales et de la Métropole qui a élaboré des orientations gouvernementales en matière d'aménagement du territoire pour la région métropolitaine : elles privilégient nettement une approche favorable au renforcement des pôles d'activités, tout en proposant des mesures permettant la conservation des espaces naturels et agricoles (Gouvernement du Québec, 2001). En attendant le grand plan, il revient aux organismes publics œuvrant dans le domaine du transport, essentiellement au ministère des Transports du Québec et à l'Agence métropolitaine de transport, de jouer, par défaut, le rôle du planificateur chargé de la lutte contre l'étalement.

Dans la région de Montréal, l'enquête *Origine-destination* de 1998 (Gouvernement du Québec, 1998) allait confirmer l'accentuation de certaines tendances lourdes quant aux déplacements des personnes dans la région métropolitaine de Montréal. En premier lieu, on enregistre une forte hausse du nombre des déplacements quotidiens, soit plus de 21 % et « une hausse encore plus importante de l'utilisation de l'automobile, de l'ordre de 30 % » depuis 1987 (18 % depuis l'enquête *Origine-destination* de 1993). La croissance de la population et une hausse de la motorisation expliqueraient ce phénomène. Cette hausse de l'usage de l'automobile, notamment pour les déplacements à l'heure de pointe du matin, a aussi pour cause l'urbanisation des secteurs périphériques où l'offre de transport en commun est déficiente. Plus encore, la part de marché du transport en commun, quant aux déplacements quotidiens, a glissé de « 24 % en 1987 à 17 % en 1998 » (Agence métropolitaine de transport, 2001).

Le plan de gestion des déplacements cherche d'emblée à répondre à une situation dominée par l'usage de l'automobile et forcément marquée par la congestion routière. Son sous-titre ne fait pas de doute à cet égard : *Pour une décongestion durable.* Ce plan de transport, que nous ne détaillerons pas dans son ensemble, est ambitieux : il prévoit le prolongement du métro sur l'île de Montréal et en banlieue ; l'accroissement des services de train de banlieue et de métrobus ; l'aménagement de stationnements incitatifs ; la modernisation des corridors et des voies rapides, notamment des liens entre la Rive-Sud et l'île de Montréal ; le parachèvement, le réaménagement ou le prolongement de sections du réseau autoroutier. Les investissements prévus sont de l'ordre de 1,3 milliards $ CAN (Gouvernement du Québec, 2000, p. 69). S'il fut généralement bien accueilli par l'ensemble des acteurs métropolitains, le plan de transport laisse dans l'ombre la question fondamentale de son rendement environnemental, en particulier de ses effets vis-à-vis du réchauffement climatique.

Afin d'éclairer un tant soit peu cette question d'importance, il nous suffira de comparer la situation de 1993 à celle prévue pour 2016 telle qu'exprimée dans le tableau *Résultats attendus* (Gouvernement du Québec, 2000, p. 78). Il faut savoir que le ministère des Transports prévoyait en 1993 et d'ici 2016 une augmentation considérable des déplacements en automobile, soit de l'ordre de plus de 25 %, alors que le nombre de déplacements en transport en commun devait rester stable. Or, le plan de transport de 2000 vise à réduire de 7,6 % cette augmentation prévue et de ramener l'augmentation des véhicules-kilomètres à 45 %. En d'autres termes, le plan de transport ne prévoit pas de baisse réelle des émissions des Gaz à effet de serre (GES). Au contraire, il se contente de limiter leur augmentation. Pour le reste, la région est dans l'attente des orientations de la nouvelle communauté métropolitaine de Montréal, notamment en matière d'aménagement.

Autres métropoles, autres approches ?

Les grandes comme les petites mesures que nous avons recensées dans la documentation des municipalités et régions métropolitaines du Canada attestent d'une démarche, encore embryonnaire, mais porteuse de renouveau. L'inventaire des mesures égrène des bonnes intentions qu'il est bien difficile de contester. Il n'y a rien à redire, même si on se demande si les villes vont changer, si elles étaient plus belles et plus vertes, si l'automobile était moins indispensable et les quartiers plus viables. Les exemples reportés dans l'encadré 2 et rapidement commentés par la suite témoignent de la lente pénétration d'une certaine idée de la ville : la métropole y est représentée parfois comme une région naturelle ou comme un grand ensemble, *a large ecosystem*, que le planificateur doit appréhender dans sa globalité. Les programmes environnementaux font aussi appel à la participation des citoyens et proposent d'améliorer leur cadre de vie.

Vancouver : la ville et le Greater Vancouver Regional District, deux institutions publiques, ont agi, ces dernières années, de manière concertée pour planifier l'aménagement du territoire. La mise en œuvre des programmes d'urbanisme s'est surtout effectuée dans le cadre du *Livable Region Strategic Plan* dans lequel figurent les lignes directrices du concept du développement durable et les principaux thèmes tels que le verdissement du cadre de vie, la participation communautaire, les modèles de partenariat public/privé ainsi que les dispositions pour intégrer l'écologie dans le développement local. Le plan défend l'hypothèse de l'approche en aménagement par bassin hydrographique ou par bio-région. À plus petite échelle, la ville croit poursuivre des objectifs écologiques en s'inspirant, de par son design urbain, du modèle du *New Urbanism* d'origine américaine. La protection et la réhabilitation du patrimoine vert occupent une place centrale dans la planification.

Calgary : la ville de Calgary s'est aussi engagée dernièrement dans une démarche de planification urbaine inspirée du modèle du *Sustainable Urban Development* et des approches en urbanisme telles que le *Smart Growth* et le *Transport Oriented Development* et ce, dans son plan dit des banlieues durables, *Sustainable Suburbs*. Son but est de transformer les approches d'aménagement et de *design* de la banlieue nord-américaine typique par l'incorporation de principes décrits comme écologiques, notamment en augmentant les densités résidentielles et diversifiant la typologie résidentielle. Ces plans d'aménagement contribuent à redéfinir la relation entre l'écologie et les modes de vie résidentiels situés surtout en zones périurbaines et favorisent une meilleure co-habitation entre les écosystèmes et le cadre de vie banlieusard. Mais, dans les faits, elles trouvent surtout à s'appliquer dans une planification du développement urbain le long de corridors desservis par un éventuel mode de transport en commun, implanté sitôt que la demande le permettra. Deux

**Encadré 2. La programmation environnementale
dans quelques métropoles canadiennes**

Métropoles	Programmes	Principaux champs d'action
Vancouver, Colombie-Britannique (source : GVRD, 1996 ; Ville de Vancouver, 2000)	*Greater Vancouver's Green Zone Livable Region Strategic Plan*	Verdissement du cadre de vie et réseau de parcs Partenariat communauté/public/privé
		Gestion par bassin hydrographique ou bio-région Évaluation du rendement à l'aide d'indicateurs environnementaux spécifiques
	Quartier durable	Design néo-traditionnel (*New Urbanism*) et qualité du cadre de vie (eau, air, sol, patrimoine vert)
Calgary, Alberta (source : Ville de Calgary, 1998 ; 2000)	Plan des banlieues écologiques : *The Sustainable Suburbs*	Principes écologiques s'inspirant du *Sustainable Urban Development* et du *design* du *Smart Growth, Transport Oriented Development* et appliqués après ententes formelles entre les acteurs publics et privés
Winnipeg, Manitoba (source : Ville de Winnipeg 2000 ; 2001)	*Towards a Sustainable Winnipeg: An Environmental Agenda*	Promotion des principes du développement durable à l'intérieur du plan de développement et d'aménagement urbain « Vision 2020 ». Élaboration de politiques et de mesures combinant la qualité de vie et la protection de l'environnement
Ottawa-Carleton, Ontario (source : Ville d'Ottawa, 1999 ; 2002)	Le plan de développement régional : *Community Vision*	Protection du patrimoine vert à l'échelle du bassin hydrographique et de la bio-région ; Approche par délimitation et protection à perpétuité de zones écologiques « significatives » ; Recours au concept de communautés saines et durables appliqué aux politiques fiscales, économiques, sociales, de logement, ainsi qu'à la gestion de l'environnement
Toronto, Ontario (source : Ville de Toronto, 1999 ; 2000)	Le plan de « l'économie verte » du *Environmental Task Force*	Promotion du principe de Communauté en Santé selon les trois axes du développement durable : l'environnement (réduction des stress environnementaux et des émissions de gaz à effet de serre) ; l'économie (en augmentant la compétitivité de la ville à l'échelle mondiale) ; le social (maintien et création de nouveaux emplois, santé au travail, qualité de vie)
	Le programme *Bring Back the Don*	Restauration d'une rivière urbaine (eau, berges, faune, flore), élaboration de sa gestion écologique et d'un monitoring environnemental participatif
Hamilton, Ontario (source : Ville d'Hamilton, 1998 ; 2000)	Le plan d'aménagement *Towards a Sustainable Region*	Intégration des composantes du développement durable dans un programme politique intitulé « Vision 2020 ». Approche basée sur le principe de la capacité portante de l'agglomération. Évaluation de la performance environnementale par indicateurs d'état et de rendement

projets de banlieues durables ont été implantés, composés d'un centre de services, d'espaces publics, d'un habitat résidentiel de densité moyenne, notamment de maisons de ville contiguës, reprenant le concept de village urbain (R. Parker, 2001a et 2001b). Malgré les efforts, les espaces résidentiels produits comportaient peu ou pas de logements abordables.

Winnipeg : la ville de Winnipeg cherche à s'inscrire elle aussi dans le courant du développement durable urbain en élaborant un plan de développement et d'aménagement urbain et régional qui propose un modèle de durabilité urbaine. Celui-ci sous-entend qu'une volonté civique contribue à une bonne prise en charge de l'environnement. Cette approche interfère dans les politiques publiques et les pratiques d'aménagement. Ainsi, la ville associe à son plan d'urbanisme un agenda environnemental qui comprend, notamment, des mesures en transport durable visant à réduire les GES et à améliorer la qualité de l'air. En se posant comme un exemple de bonne gestion environnementale, la ville espère renforcer les valeurs et les attitudes favorables à la qualité de l'environnement et ce, autant chez les citoyens que les entreprises. Elle entend aussi se doter de moyens pour accueillir sur son territoire des entreprises respectueuses de sa vision municipale, notamment en matière de gestion des déchets recyclables, de l'efficacité des infrastructures publiques consommatrices d'énergie non renouvelable et la protection de l'eau potable. La ville propose enfin de nouvelles mesures fiscales qui encouragent les projets de transport ou d'aménagement qui s'alignent sur les principes de la durabilité et pénalisent ceux qui entraînent des coûts ou des impacts néfastes sur l'environnement.

Ottawa : le plan de développement nommé *Community Vision* précise les démarches à suivre pour protéger les milieux écologiques significatifs et sauver le patrimoine vert. Il relève de deux préoccupations majeures : d'une part, la planification du territoire à l'échelle du bassin hydrographique tient compte de la fragilité des ensembles naturels, des liens intrinsèques qui les unissent et de la dynamique entre les éléments naturels ; d'autre part, la création de communautés saines et durables tient compte à la fois des enjeux économiques et fiscaux, de l'équité sociale (comme l'accès à un logement décent pour tous) et l'environnement (c'est-à-dire, minimiser la pollution, conserver les ressources, préserver l'intégrité naturelle). Ce vaste dessein offre surtout un ensemble de principes soumis aux débats sociaux et politiques qui sont rendus concrets dans un plan régional ou un plan officiel d'aménagement.

Toronto : un groupe de délégués administratifs de la municipalité de Toronto, l'Environmental Task Force a déposé son plan de « L'économie verte » qui soutient les démarches déjà entreprises dans le programme municipal de la Healthy Community. Le but est de concevoir et d'implanter des politiques urbaines qui permettent d'augmenter la compétitivité de la ville à l'échelle mondiale. Par ailleurs, on cherche à créer de nouveaux emplois en s'assurant qu'ils soient répartis dans des milieux de travail sains et équitables et qui tiennent compte de la qualité de vie et des besoins des communautés. L'objectif est aussi de réduire les émissions de GES et autres polluants. Une gamme intéressante de moyens est définie pour encourager les entreprises à réduire les inputs en ressources et les outputs en déchets. Le but est de transformer l'économie locale et les systèmes qui la supportent par la réduction de la consommation d'énergie et l'accroissement de l'efficacité énergétique et de la productivité.

Hamilton : dans le cadre de son programme politique « Vision 2020 », la municipalité de Hamilton a déposé un plan d'aménagement, intitulé *Towards a Sustainable Region*, qui propose, en s'inspirant du développement durable, de tenir compte de la capacité portante de l'écosystème et de protéger la qualité de son patrimoine vert. La participation de la population et des groupes locaux ainsi que l'amélioration des ressources naturelles sont deux des priorités évoquées dans le plan. Des indicateurs de durabilité urbaine sont conçus pour guider les choix politiques et pour construire des grilles d'évaluation des impacts et de la progression vers une région métropolitaine saine et durable.

CONCLUSION

Le bref survol des programmes initiés par les métropoles canadiennes montre que le discours sur le développement durable urbain et la qualité de l'environnement urbain qu'elles avaient assimilé depuis la fin des années quatre-vingt (G. Sénécal, 1996) commence à trouver racine dans les fonctions de planification et d'aménagement. Il faut noter, par ailleurs, que l'exercice de planification et d'aménagement relève, du moins en partie, d'une approche métropolitaine et recourt, en autant que faire se peut, bien que timidement, aux concepts d'ensemble naturel, de biorégion ou d'écosystème régional. Les efforts en ce sens restent timides et l'utilisation de ces concepts repris des sciences de l'environnement demeure plus symbolique qu'effectif. Ils ont toutefois le mérite de permettre la juxtaposition des problématiques sectorielles (transport, espace vert, logement, etc.) et de les intégrer à l'échelle du territoire métropolitain. En contrepartie, si la tentation du grand plan d'aménagement se fait plus forte, on se souviendra qu'à ce jour, les métropoles canadiennes ont manqué leur coup à cet égard.

Par ailleurs, les villes canadiennes ont tenté de mettre en œuvre des mesures inspirées du nouvel urbanisme ou du *Smart Growth*, sans pour autant parvenir à freiner l'étalement urbain ou, par exemple, à diminuer de manière significative les émissions de GES. Ainsi, les mesures de densification des nouveaux espaces résidentiels relèvent d'une démarche à première vue paradoxale : de nouvelles banlieues prennent ainsi forme à la marge des villes, bâties généralement dans d'anciennes zones vertes, contribuant alors à l'étalement, mais suivant un design renouvelé avec des résidences contiguës et connectées à l'offre de transport en commun. Certes, on tourne le dos à l'habitat pavillonnaire des années précédentes et l'accent est mis sur le transport en commun. Il n'en reste pas moins que de telles initiatives paraissent comme des solutions de compromis appliquées de manière très ponctuelle. Ces mesures favorables au transport en commun viennent appuyer le projet de consolider les pôles secondaires d'activité et d'emploi et favoriser l'émergence de la forme métropolitaine polycentrique. Par contre, cette nouvelle offre de transport en commun, disponible aux marges de la partie centrale de l'agglomération, n'est-elle pas sans favoriser des localisations résidentielles encore plus éloignées du centre et générer par le fait même de nouvelles avancées de l'étalement urbain ? Dans leur approche de l'environnement urbain, les villes canadiennes font souvent référence à des notions idéalistes, notamment la ville écologique ou la communauté saine, sans nécessairement parvenir à ouvrir des champs d'application. En ce sens, l'utilisation des principes du *Smart Growth* permet d'engager des actions concrètes, certes limitées, mais aux effets observables. Il est aussi à remarquer que la plupart des villes canadiennes ne recourent pas directement au modèle de la métropole polycentrique, sauf dans la région de Montréal, où il a été repris par les professionnels du ministère des Affaires municipales et de la Métropole chargés de penser la métropole de demain.

L'autre grande mesure concerne la renaturalisation de la ville. Les mesures visent essentiellement la conservation des espaces naturels, l'aménagement de parcs et la mise en réseau des espaces verts dans une perspective qui n'est pas sans rappeler l'urbanisme végétal (C. Stefulesco, 1993). Par contre, de petits projets, inscrits à micro échelle, témoignent de nouvelles préoccupations en la matière, à l'instar du plan de renaturalisation de la rivière Don dans la région de Toronto. Les villes canadiennes ont ainsi amorcé un virage dont il est encore impossible de mesurer l'ampleur réelle.

Par contre, dans le panier de mesures annoncées, celles concernant l'équité sociale, l'accessibilité à un logement abordable et la gestion durable des ressources ont trouvé peu de domaines d'application. Sur la question du logement social et abordable, les villes canadiennes ont plutôt eu tendance, ces derniers temps, à réduire leurs interventions, voire à se retirer du domaine. Les villes canadiennes n'ont pas trouvé les moyens de mettre en œuvre les approches participatives et de gestion décentralisée qui devaient redonner aux citoyens une place de choix dans les processus décisionnels, dans la gestion des milieux et dans l'application de mesures de conservation et de monitoring environnemental. Chemin faisant, ce sont les dimensions sociales et démocratiques du projet d'établir des collectivités viables, pourtant énoncées dans le discours, et référence obligée de la programmation environnementale, qui ont été oubliées.

Gilles Sénécal remercie le Conseil de recherches en sciences humaines du Canada pour son soutien financier.

RÉFÉRENCES BIBLIOGRAPHIQUES

AMOUR D. D', 1991, *Le développement durable et le logement,* Ottawa, Société canadienne d'hypothèques et de logement.

BLUMENFELD H., 1969, « Criteria for Judging the Quality of the Urban Environment », *Urban Affairs Annual Review,* Sage Publications, p. 137-164.

BOURNE L. S., 1991, « Développement urbain et qualité de vie urbaine », *in* Société canadienne d'hypothèque et de logement, *L'évolution des sociétés postindustrielles,* Ottawa, p. 19-33.

BOURNE L. S., 1989, « Are new urban forms emerging? Empirical tests for Canadian urban areas », *The Canadian Geographer/Le Géographe Canadien,* 33, p. 312-328.

BOURNE L. S., 1996, « Reurbanization, Uneven Urban Development and the Debate of New Urban Forms », *Urban Geography*, 17, p. 690-713.

CALTHORPE P., 1989, « The Pedestrian Pocket » *in* R. T. LE GATES & F. STOUT, *The City Reader*, London & New York, Routledge, 1996, p. 350-356.

CALTHORPE P., 1993, *The Next Metropolis, Ecology, Community and the American Dream*, Princeton, Princeton Architectural Press.

CALTHORPE P., 2000, *The Regional City*, Washington, Island Press.

CERVERO R., 1998, *The Transit Metropolis. A Global Inquiry*, Washington, Island Press.

CODE W. R., 1992, « The Relativity of Sustainability » *in* M. A. BEAVIS (Ed.), *Colloquium on Sustainable Housing and Urban Development*, Winnipeg, Institute of Urban Studies, p. 37-50.

CORBETT M., CORBETT J., 1999, *Designing Sustainable Communities - Learning from Village Homes*, Washington, Island Press.

DANSEREAU F., WEXLER M., 1989, *Nouveaux espaces résidentiels. Types d'espaces et indicateurs de qualité*, Rapport de recherche, Montréal, INRS-Urbanisation.

DAVIS H. C., PERKINS R. A., 1992, « The Promotion of Metropolitan Multinucleation: Lessons to be Learned from the Vancouver and Melbourne Experiences », *Canadian Journal of Urban Research*, 1, p. 16-38.

EWING R. H., 1997, « Is Los Angeles Style Sprawl Desirable? », *Journal of the American Planning Association*. 63, 1.

GORDON P., RICHARDSON H. W., 1997, « Are Compact Cities a Desirable Planning Goal? », *Journal of the American Planning Association*, 63, 1, p. 95-106.

GOUVERNEMENT DU CANADA, 1991, « Le Canada urbain », *L'état de l'environnement au Canada*, Ottawa, Ministère des Travaux publics et des Services gouvernementaux, 13, p. 1-34.

GOUVERNEMENT DU CANADA, 1996, « Le Canada urbain », *L'état de l'environnement au Canada*, Ottawa, Ministère des Travaux publics et des Services gouvernementaux, 12, p. 1-47.

GOUVERNEMENT DU QUÉBEC, 1998, *Enquête origine – destination*, Agence Métropolitaine de Transport.

GOUVERNEMENT DU QUÉBEC, 2000, *Plan de gestion des déplacements de la région de Montréal. Pour une décongestion durable*, Ministère des Transports.

GOUVERNEMENT DU QUÉBEC, 2001, *Cadre d'aménagement et orientations gouvernementales*, Ministère des Affaires municipales et de la Métropole :
http://www.mamm.gouv.qc.ca/metropole/metr_port_cadr.htm

GOUVERNEMENT DU QUÉBEC, 2001, *Plan stratégique de développement pour la région de Montréal*, Agence Métropolitaine de Transport.

GREATER VANCOUVER REGIONAL DISTRICT, 1996, The Livable Region Strategic Plan :
http://www.gvrd.bc.ca/services/growth/lrsp/lrsp99.pdf

HALL P., 1991, « La qualité de vie en milieu urbain » *in* Société canadienne d'hypothèque et de logement, *L'évolution des sociétés postindustrielles*, Ottawa, p. 1-18.

HOLTZ K. J., 1998, *Asphalt nation. How the automobile took over America, and how we can take it back*, Berkeley, University of California Press.

ISIN E. et TOMALTY R., 1993, *Le repeuplement des villes : initiatives canadiennes de densification résidentielle*, Rapport, Ottawa, Société canadienne d'hypothèque et de logement.

KATZ P. et SCULLY V., 1994, *The New Urbanism: Toward an Architecture of Community*, New York, McGraw Hill.

KUNSTLER J. H., 1993, *Geography of Nowhere*, New York, Simon and Schuster.

LYNCH K., 1981, *Good City Form*, Cambridge, MIT Press, 11e ed., © 1998.

NEWMAN P., KENWORTHY J. R., 1999, *Sustainability and Cities: Overcoming Automobile Dependence*, Washington, DC, Island Press.

PAEHLKE R., 1993, « Villes compactes, villes écologiques », *in* Centre d'études prospectives sur l'habitation et le cadre de vie, *Vision de la vie dans une ville canadienne écologique du XXIe siècle*, Ottawa, p. 31-58.

PARKER R., 2001a, « The Calgary Plan - A Comprehensive Approach to Transportation and Land Use Planning for a million people - in a Sustainable Form », *Vers des collectivités viables... mieux bâtir nos milieux de vie pour le XXIe siècle*, Québec, Vivre en ville et Septentrion.

PARKER R., 2001b, « Sustainable Suburbs in Calgary: a Look at McKenzie Towne and other Innovations », *Vers des collectivités viables... mieux bâtir nos milieux de vie pour le XXIe siècle*, Québec, Vivre en ville et Septentrion.

PERLOFF H. S., 1969, *The Quality of Urban Environment*, Baltimore, The Johns Hopkins Press.

REES W. et WACKERNAGEL M., 1994, « Ecological Footprints and appropriated carrying capacity: measuring the natural capacity requirements of the human economy », *in* A. Jansson, M. Hammer, C. Folke and R. Costanza (eds.), *Investing in Natural Capital*, Washington DC, Island Press.

ROSELAND M., 1992, *Toward Sustainable Communities: A Resource Book for Municipal and Local Governments* (Ottawa: National Round Table on the Envionment and the Economy).

RUANO M., 1999, *EcoUrbanism. Sustainable Human Settlements. 60 Case Studies*. Barcelone, Gustavo Gili.

SÉNÉCAL G., 1996, « Champs urbains et développement durable, les approches canadiennes de la ville écologique » *Natures Sciences Sociétés*. 1 : p. 61-74.

SÉNÉCAL G., 2001, « Les indicateurs de durabilité urbaine et la prise en compte des enjeux locaux » *Vers des collectivités viables... mieux bâtir nos milieux de vie pour le XXIe siècle*, Québec, Vivre en ville et Septentrion, p. 344-354.

SÉNÉCAL G., HAF R., J. HAMEL P., POITRAS C., VACHON N., 2002, « La forme de l'agglomération montréalaise et la réduction des gaz à effet de serre: la polycentricité est-elle durable ? », *Revue Canadienne de Sciences Régionales*, vol. 25, n° 2, p. 135-152.

STEFULESCO C., 1993, *L'urbanisme végétal*. Paris, Institut pour le développement forestier, coll. Mission du paysage.

TOMALTY R., 1997, *La métropole compacte : gestion de la croissance et densification à Vancouver, Toronto et Montréal*, Toronto, Publications du CIRUR.

TOMALTY R., PELL D., 1994, *Le développement durable et les villes canadiennes : études de cas*. Ottawa, Programme canadien des changements à l'échelle du globe, Société canadienne d'hypothèques et de logement et Société royale du Canada.

VAN DER RYN S., CALTHORPE P., 1991, *Sustainable Communities, a New Design Synthesis for Cities, Suburbs and Towns*, San Francisco, Sierra Club Book.

VILLE DE HAMILTON, 1998, *Towards a Sustainable Region*:
http://www.city.hamilton.on.ca/CityDepartments/Plan&Develop/longrange/rop.pdf

VILLE DE HAMILTON, 1998, *Towards a Sustainable Region*:
http://www.city.hamilton.on.ca/CityDepartments/Plan&Develop/longrange/rop.pdf

VILLE DE HAMILTON, 1998, *Strategies for a Sustainable Community, Vision 2020*:
http://www.vision2020.hamilton-went.on.ca/docs/finalssc.pdf

VILLE DE HAMILTON, 2000, *Vision 2020*:
http://www.vision2020.hamilton-went.on.ca/

VILLE D'OTTAWA, 2002, *Plan regional* :
http://ottawa2020.com/_fr/growthmanagement/op/op_pdf_fr.pdf

VILLE D'OTTAWA-CARLETON, 1999, *Plan officiel:*
http://www.ottawa.ca/city_services/planningzoning/op/pre_op_fr.shtml

VILLE DE CALGARY, 1998, *The Calgary Plan:*
http://www.calgary.ca/docgallery/BU/planning/pdf/calgary_plan.pdf

VILLE DE CALGARY, 2000, Gov.calgary.ab.ca/planning/pubs/sustain/sustain.htm

VILLE DE TORONTO, 2000, *The Environmental Task Force:*
http://www.City.toronto.on.ca/council/environtf_dyk.htm

VILLE DE TORONTO, 1999, *The Green Economy Plan:*
http://www.city.toronto.on.ca/council/oct213.pdf

VILLE DE TORONTO, 2000, *City.*toronto.on.ca/council/environtf_dyk.htm

VILLE DE TORONTO, 2000, *The Task Force to Bring Back the Don:*
http://www.city.toronto.on.ca/don/index.htm

VILLE DE VANCOUVER, 2000, *Our Environment*: http://www.city.vancouver.bc.ca/enviro.html

VILLE DE VANCOUVER, 1999, *Official Development Plan:*
http://www.city.vancouver.bc.ca/commsvcs/BYLAWS/ODP/rcs.pdf

VILLE DE WINNIPEG, 2001, *Towards a Sustainable Winnipeg, An Environmental Agenda:*
http://www.city.winnipeg.mb.ca/interhom/pdfs/mayors_office/green_agenda.pdf

VILLE DE WINNIPEG, 2000,
City.winnipeg.mb.ca/interhom/govern/corporateframework/plan_wpg.htm

VILLE DE WINNIPEG, 2001, *Plan de la Ville de Winnipeg :*
http://www.city.winnipeg.mb.ca/cao/pdfs/plan_2020_fr.pdf

VILLE DE WINNIPEG, 2001, *Towards a Sustainable Winnipeg, An Environmental Agenda:*
http://www.city.winnipeg.mb.ca/interhom/pdfs/mayors_office/green_agenda.pdf

VIVRE EN VILLE, 2001, *Vers des collectivités viables… mieux bâtir nos milieux de vie pour le XXIe siècle.* Québec, Septentrion.

WHEELER S., 1999, « Planning Sustainable and Liveable Cities » *in* R. T. LE GATES and F. STOUT, (Eds.), *The City Reader,* London and New York, Rout.

Du politique
à la mise en œuvre technique

Chapitre 6

De la gestion durable d'une petite commune française : Chevry-sous-Le Bignon*

Nous décrivons ici l'expérience d'un scientifique, maire d'une petite commune rurale. Après l'exposé des problèmes rencontrés au cours de deux mandats, nous essayerons de dégager les questions qui paraissent importantes pour assurer une gestion durable. Nous tenterons de montrer que les réponses font appel à des résultats scientifiques encore imprécis, mais surtout à une description objective des situations en cause. Les réponses sont alors surtout d'ordre sociologique et politique.

Une intervention sur la gestion durable d'une petite commune rurale soulève immédiatement une question : comment une expérience particulière qui n'a rien à voir avec la ville peut-elle avoir un quelconque intérêt ? Ne sommes-nous pas « hors-sujet » ? Nous essaierons de montrer qu'un certain nombre de problèmes du microcosme que nous allons présenter peuvent avoir un prolongement dans un milieu urbanisé plus vaste. Les questions que nous nous posons à l'échelle locale sont-elles utiles pour aborder celles d'une communauté plus vaste ? Un cas particulier peut-il aider à résoudre des problèmes à une autre échelle ? En un mot notre « modèle » est-il transposable, quand on sait qu'une difficulté majeure, dans ce type de problématique, est l'extension abusive du domaine de validité (J. M. Legay, 1997) ?

Que signifie la notion de « gestion durable » dans une petite commune française ? Est-ce que la question s'est même posée en ces termes, aussi bien pour les habitants que pour les élus ? À première vue, la réponse est catégoriquement non ! Dans cet exposé, nous essaierons plutôt de voir comment poser cette question et quelles sont les réponses possibles. Nous essaierons de montrer comment notre expérience de scientifique a pu éclairer notre manière de gérer une petite commune rurale.

LE CONTEXTE ET LES PROBLÈMES

Chevry-sous-Le Bignon (Loiret) est une commune de la région Centre, à la limite de l'Île-de-France, d'une superficie de 740 hectares. Selon le dernier recensement, sa population est de 201 habitants ; mais sa population réelle, qui comprend pour

---

** Chapitre rédigé par Richard TOMASSONE*

moitié des résidents principaux et pour moitié des résidents secondaires, est d'environ 350 habitants.

Les résidents principaux qui travaillent dans la commune sont essentiellement des agriculteurs (13) ; ceux qui travaillent à l'extérieur (artisans, cadres pour l'essentiel) le font dans le Loiret (17) dans un rayon d'une trentaine de kilomètres, et hors du département pour la majorité (57). Les résidents secondaires travaillent dans la région parisienne et viennent très régulièrement dans la commune.

Même si ce n'est pas une commune « pauvre », ses moyens financiers sont très limités, moins de 0,15 million d'euro pour son budget annuel.

La perception des problèmes de « ville durable », si tant est que cette perception existe, est liée à l'approche de problèmes concrets : qualité de l'eau distribuée, qualité du cours d'eau qui la traverse, défense contre l'incendie, choix d'un système d'assainissement, gestion des déchets, épandages de boues, qualité des paysages, attitude à adopter à l'annonce de la construction d'une nouvelle portion d'autoroute. Regardons de plus près chacun de ces problèmes :

– qualité de l'eau distribuée : l'eau provenant d'un forage extérieur à la commune, celle-ci a des pouvoirs limités en la matière même si ses élus sont membres du syndicat qui distribue cette eau. Des analyses ayant montré que les nitrates avaient une valeur voisine du seuil « administratif » de 50 mg/l, des travaux coûteux ont été entrepris pour conduire à une valeur proche de 20 mg/l. Les analyses sont fournies régulièrement aux communes par le Laboratoire départemental d'analyses ; les conclusions sont toujours du type : « Les caractéristiques étudiées font apparaître, pour les paramètres déterminés, des teneurs conformes aux exigences définies à l'annexe I du décret 89-3 modifié relatif aux eaux destinées à la consommation humaine. » Néanmoins, les conduites anciennes sont en grande partie en amiante et les portions de conduite qui amènent l'eau aux habitations sont, pour la plus grande partie, en plomb.

– qualité du cours d'eau qui la traverse : la rivière Betz qui traverse le village est dans une ZNIEFF (Zone naturelle d'intérêt écologique faunistique et floristique) ; la préfecture a donc demandé au maire « de prendre cette classification en compte dans tout aménagement ». De nombreux facteurs rendent sa gestion difficile, voire impossible : la rivière est en aval d'étangs dont la gestion (ouverture ou fermeture de vannes) lui est étrangère ; les écoulements de l'autoroute A6, qui passe aux limites de la commune, ne sont pas préalablement recueillis dans les bassins de décantation ; les nombreuses mares qui existaient il y a une trentaine d'années n'ont plus été entretenues : gênantes aux limites de terrains cultivées, elles ont été comblées, et, faisant partie de l'écosystème, leur suppression a entraîné un déséquilibre certain ; la maîtrise de l'aménagement de la portion du bassin versant du Betz est donc très problématique.

– défense contre l'incendie : le besoin d'une sécurité de plus en plus grande conduit les services instructeurs qui aident les maires dans la réalisation des dossiers de demande de construction ou simplement de rénovation à refuser leur accord si la défense n'est pas suffisamment assurée. Or elle ne peut pas l'être sur le réseau actuel de distribution d'eau, de diamètre trop faible. La seule solution financièrement possible consiste donc à recréer des mares !

– choix d'un système d'assainissement : la loi sur l'eau prescrit aux communes de choisir entre un assainissement collectif ou un assainissement individuel. Un assainissement collectif serait préférable ; mais le coût prévisionnel des travaux s'élève à environ 1,5 millions d'euros, à comparer au budget annuel de la commune que nous avons indiqué plus haut (0,15 million) ! De plus, il faudrait stocker les boues dont on ne sait que faire et comment s'en débarrasser ; mais auprès de qui ? L'assainissement individuel est donc le seul envisageable, mais avec des contrôles imposés aux communes pour vérifier leur conformité : les élus craignent les inévitables conflits ; en outre, certaines mises en conformité sont techniquement impossibles ;

– gestion des déchets : les ordures ménagères sont enlevées toutes les semaines par le syndicat intercommunal, mais leur volume croissant est un souci permanent des élus : en douze ans (deux mandats de maire), ce sujet a été évoqué lors des conseils municipaux sans que les élus trouvent une solution. De plus ces déchets, simplement brûlés dans l'usine d'incinération du syndicat intercommunal, sont répandus dans certains champs de communes voisines sans qu'une information sur leurs caractéristiques soit connue des communes ;

– épandages de boues : les élevages voisins (certes peu nombreux) et les communes urbaines de l'Île-de-France ont un besoin de plus en plus grand d'exutoire pour déverser les déchets de leurs élevages ou les boues de leur station d'épuration. Là aussi, les analyses fournies par les services publics ou privés indiquent que les normes maximales ne sont pas atteintes pour chaque élément. Même s'il existe des règles pour la présence conjointe de plusieurs de ces éléments (comme les métaux lourds), personne n'est capable de les indiquer clairement. Sachant la difficulté qu'il peut y avoir scientifiquement à mener de telles études, il est peu probable que l'on raisonne autrement que dans le flou le plus absolu. Récemment l'extension de la taille d'un élevage dans une commune limitrophe, et donc une augmentation des épandages, a conduit à une enquête publique pour laquelle les communes riveraines ont été consultées comme le veut la législation. Que vaut leur avis auprès d'un commissaire enquêteur quand il s'agit de régulariser une situation d'un élevage qui était en contradiction avec la réglementation ? Si un des conseils municipaux consultés demande (il s'agit d'un élevage de porcs) si une étude économique, en période de surproduction porcine, a été faite, on n'évoque même pas sa question dans les résumés d'enquête puisque cette question est légalement hors sujet ;

– qualité des paysages : quand la commune possède sur son territoire un monument historique inscrit à l'Inventaire supplémentaire elle doit gérer un périmètre de protection. L'existence de ce périmètre est très souvent considérée comme une gêne, néanmoins il donne au maire le pouvoir de s'opposer à certains projets. Mais, le monument n'est pas le seul à entrer en ligne de compte pour la qualité des paysages : faire admettre qu'une haie est un élément important d'un paysage est souvent fort difficile. Éviter les thuyas, suggérer des feuillus est souvent mal compris. D'autre part, il est souvent difficile de faire comprendre que le petit patrimoine est partie intégrante de notre patrimoine : une vieille grange, un lavoir communal, un jardin potager intégré dans une parcelle d'habitation sont des témoignages importants de notre histoire collective. Malheureusement, leur sauvegarde, rarement « subventionnée » dans la mesure où il s'agit de propriétés privées, est souvent difficile pour des motifs essentiellement économiques, même si certains propriétaires ont conscience de leur valeur ;

– aménagements publics d'intérêt général dépassant le cadre de la commune : quand un danger se profile à l'horizon comme celui de l'éventuelle traversée de la commune par une portion d'autoroute, la mobilisation est en général rapide. En fait elle dépend, pour les habitants, de la proximité entre leur propriété et le tracé. Tant que le danger existe, la mobilisation est grande ; les associations locales de défense créées à cette occasion ont de nombreux adhérents. Dès que le danger s'éloigne, et surtout quand la décision semble prise du choix d'un tracé « à une ou deux communes de distance », les adhérents se volatilisent. Rares sont ceux qui auraient l'idée et l'envie de s'associer à ceux qui n'ont pas eu leur chance. Rares sont ceux qui, ayant eu l'occasion de combattre un projet déraisonnable, pensent à élargir le champ d'action de l'association pour des actions qui peuvent être du même type.

LES ACTEURS

Tous les problèmes que nous avons évoqués font intervenir trois groupes d'acteurs : les pouvoirs publics, les entreprises et les citoyens, par l'intermédiaire de leurs élus et des associations, si ces dernières sont au courant des problèmes, et si elles sont actives !

Les pouvoirs publics, chargés de faire respecter la législation, donnent rarement des justifications autres que légales. Si des élus ou des associations posent des questions techniques particulières, la réponse, quand elle est fournie, est invariablement de nature administrative. Il n'est jamais possible de discuter du bien fondé de la décision (épandage, refus du permis de construire, etc.). Il n'est donc pas possible, par ce biais, de faire évoluer la loi : les élus ou les associations, même s'ils ont quelquefois des compétences scientifiques supérieures aux ingénieurs des services techniques, ne sont pas écoutés.

Restent donc face à face les entreprises et les citoyens : les entreprises avec leur logique économique, les citoyens avec leur crainte. Il n'est pas dans notre propos de les opposer, d'en faire des rivaux, mais de voir leurs motivations quelquefois opposées.

L'entreprise, agricole dans notre cas, est soumise à deux critiques principales :
– baisse de la qualité des eaux : les nombreux forages nécessaires à la culture intensive entraînent la pollution des nappes, la baisse du niveau des cours d'eau en période estivale et corrélativement leur pollution. Ainsi, nous avons vu des sources qui alimentaient les rivières se transformer en déversoir du contenu de la rivière, entraînant des éléments qui se retrouvent dans la nappe phréatique qui alimente un forage d'eau potable. Grâce à la mise en place de groupes de travail réunissant agriculteurs, habitants et associations, il a été possible de modifier les pratiques culturales ou simplement éloigner les zones de culture incriminées des points sensibles.

Néanmoins, quel argument local peut avoir un poids quand on sait que, si on n'arrose pas une culture de maïs, le rendement peut diminuer de vingt quintaux par hectare voire davantage ? Les services publics (État, conseil général) sont en cause puisque ce sont eux qui distribuent les subventions pour faire de nouveaux forages ; cette distribution n'est d'ailleurs pas exempte de préoccupations politiques (F. Lévêque, C. Daude, F. Caulry, 1999) !

– nuisances dues aux épandages (boues et déchets) : ici le contexte général (le consommateur veut des produits plus naturels) conduit les agriculteurs à une extrême prudence, allant jusqu'au refus d'utiliser ces épandages qui nuisent à la qualité des produits. Mais alors, le problème se déplace à un autre niveau : que faire de nos déchets ? Ce ne sont plus les agriculteurs, qu'il est facile d'incriminer, mais les orientations de notre société qu'il faut mettre en cause.

Le citoyen lui aussi a sa place dans ce schéma : il ne se sent pas responsable des déchets qu'il produit. Il ne se sent pas concerné, alors qu'il pourrait être plus actif. Son irresponsabilité est flagrante lorsqu'on observe son attitude devant sa façon de traiter ses propres sources de pollution : l'assainissement de son habitation, le stockage de ses déchets journaliers. Rares sont ceux qui effectuent un tri sélectif à la source (chez eux) : il y aurait une étude sociologique à faire du contenu des containers à ordures !

Stockage de boues provenant de stations d'épuration à la frontière du Loiret : Chaintreaux (Seine et Marne). Photo / Eugène Vandebeulque (26 mars 2000)

QUESTIONS AUX SCIENTIFIQUES, AUX INGÉNIEURS ET AUX POUVOIRS DE CONTRÔLE

Tous les problèmes que nous avons évoqués forment un échantillon assez représentatif de questions que nous avons eues à aborder comme maire. Ces questions d'un gestionnaire d'une petite commune peuvent être traduites en questions plus scientifiques. Nous ne disons pas que les questions n'ont pas été abordées, mais simplement qu'elles n'ont pas, à notre connaissance, de réponses satisfaisantes disponibles pour tous les acteurs de la gestion d'une commune qu'elle soit, ou non, petite. Nous allons essayer de les résumer dans les tableaux suivants en essayant de les classer selon les interlocuteurs possibles : scientifiques, ingénieurs, pouvoirs de contrôle et pouvoirs politiques.

Problèmes	**Questions aux scientifiques**
Qualité de l'eau distribuée	• *Ecotoxicité* : comment prendre en compte l'effet conjoint de plusieurs éléments ? Leur synergie est-elle connue autrement que sur des expériences limitées en laboratoire, rarement étendues au milieu réel ?
Qualité des cours d'eau	• *Baisse des cours d'eau* (avec ses conséquences sanitaires) due au pompage dans la nappe phréatique : étude hydro-géologique et biologique indispensable.
Gestion des déchets et épandages de boues	• *Effets d'expositions faibles, mais prolongées,* de certaines substances sur l'organisme.
Patrimoine et qualité des paysages	• Intégrer *le paysage et le petit patrimoine* dans la réflexion générale sur la conservation du patrimoine.

Problèmes	**Questions aux ingénieurs**
Qualité de l'eau distribuée	• *L'échantillonnage des relevés* est-il correctement fait, est-il représentatif ?
Qualité des cours d'eau	• *Gestion des zones humides* : pour des raisons économiques ces zones sont éradiquées, comment justifier leur maintien ? Les services techniques de l'État doivent faire comprendre aux particuliers et aux agriculteurs leur utilité même si elles peuvent constituer une gêne.
Système d'assainissement	• Difficultés techniques pour respecter la Loi : quand l'assainissement individuel est le seul économiquement possible, des habitations (par leur surface disponible, par leur situation géographique) ne peuvent pas accueillir des systèmes réglementaires, *imaginer d'autres systèmes*.

Problèmes	Questions aux pouvoirs de contrôle
Qualité de l'eau distribuée	• Comment s'assurer de la *qualité des contrôles* ?
Qualité des cours d'eau	• *Destruction des ragondins* : les berges des rivières sont attaquées par ces animaux, leur destruction est réglementée. Que faire quand on sait que des appâts empoisonnés sont stockés et vraisemblablement toujours employés, malgré une législation qui les interdit ?

Problèmes	Questions aux pouvoirs politiques
Aménagements publics d'intérêt général dépassant le cadre de la commune	• Comment *concilier intérêt local et intérêt général* : la question n'est pas soluble au niveau local, mais au niveau politique avec intervention du niveau local.
Défense contre l'incendie	• Difficulté de *transposition de règles urbaines à l'échelle locale* : la distance aux habitations des bouches à incendie est la même en ville et en milieu rural. La réglementation pénalise les constructions rurales sans garantie véritable pour la sécurité des biens.
Patrimoine et qualité des paysages	• *Le patrimoine français bâti*, dès lors qu'il est classé ou inscrit, est généralement bien géré. Au-delà des crédits nécessaires, se pose la question du nombre d'acteurs compétents, les effectifs publics étant tragiquement insuffisants.

Trop souvent, la qualité des informations sur lesquelles nous pouvons fonder notre jugement est très variable. D'un point de vue scientifique, toutes les questions ne font pas appel à une seule discipline scientifique : le tableau précédent en témoigne. Il faut que des écologues, des toxicologues, des géologues, des hydrologues, des sociologues, des archéologues et des statisticiens travaillent en commun sur de tels projets d'étude : vaste ambition qui heurtera les pratiques courantes des milieux de la recherche !

LES FAÇONS D'AGIR

Nous allons donner quelques idées simples qui nous paraissent utiles :
– le respect de la réglementation par les entreprises et par les particuliers est évidemment une condition nécessaire mais non suffisante. La sanction par des amendes, quelquefois appliquée, n'est pas suffisante surtout si elle n'est pas accompagnée d'une certaine publicité ;

– neutralité des organismes de contrôle : bien souvent les analyses de contrôle sont effectuées par des organismes trop proches des pollueurs. Cette situation est malsaine, elle entraîne une suspicion sur l'impartialité des résultats. Certes notre propos n'est pas de mettre en cause cette impartialité, mais il faut reconnaître qu'il est socialement difficile d'être juge et partie ;

– l'établissement d'un dialogue permanent entre les différentes parties est aussi une nécessité. Ce dialogue, rarement possible, permettrait au moins à chaque partie d'avoir un égal accès aux informations qui doivent dicter le choix d'une décision. Il permettrait de tenter de mieux expliquer qu'un choix collectif n'est pas toujours la somme des intérêts individuels. L'individualisme forcené, marque de notre société, ne facilite pas les choses ;

– la formation du citoyen commence dès la jeune enfance : il est important d'associer le milieu éducatif à la formation dans ce domaine. Ainsi, organiser « des classes d'eau » pour les enfants est une action très intéressante. Elle est surtout le fait d'associations, plutôt que celle des élus qui entretiennent rarement des rapports de ce type avec les enseignants des écoles (les rapports sont plutôt ceux de gestionnaire : cantine, salles de sports, etc.) ;

– compétence et volonté des élus : les 36 000 communes françaises sont une spécificité de notre pays. Elles sont le fruit de notre longue histoire et, à ce titre, toute évolution est difficile. Les maires constituent, en particulier dans les petites communes rurales, des interlocuteurs de proximité privilégiés des habitants ; leur rôle de médiateur dans la vie sociale est important à une époque où il est nécessaire d'éviter toute fracture supplémentaire. Cependant, à de très rares exceptions, ils sont incompétents sur la majorité des questions que nous avons évoquées. La notion de bassin versant d'une rivière est peut-être intellectuellement comprise par certains d'entre eux, mais pas les conséquences que cette notion entraîne sur la gestion de la rivière. Gérer une rivière conduit à une perte d'autorité sur une portion du territoire communal. Or, il suffit qu'un maire s'oppose à la mise en place d'un contrat rural pour qu'il soit impossible de réaliser l'aménagement d'une rivière.

La formation technique et scientifique des élus est donc insuffisante : il est évident que, devant la complexité de certains problèmes, les élus n'ont pas la compétence nécessaire : comment le leur reprocher alors que les scientifiques eux-mêmes ont des doutes ? Mais ce n'est pas tout : accepteraient-ils de prendre une décision si on leur donnait tous les éléments du choix ? Un exemple peut illustrer ce propos : notre conseil municipal a récemment fait un tour d'horizon sur les questions touchant à la protection de son environnement. Dans une délibération transmise à l'autorité de contrôle (la sous-préfecture dans notre cas) nous avons écrit :

> Une commune a peu de possibilités de traiter des problèmes de protection de l'environnement ; en particulier, la majorité de ses membres ont peu de compétence sur le sujet. Néanmoins, le conseil a pris connaissance de certaines déclarations du traité d'Amsterdam ; en particulier, dans les documents à sa disposition, il a noté « que l'absence de certitudes, compte tenu des connaissances scientifiques et techniques du moment, ne doit pas retarder l'adoption de mesures effectives et proportionnées visant à prévenir un risque de dommages graves et irréversibles à l'environ-

nement à un coût économique acceptable ». Il lui semble aussi qu'il convient de prendre des mesures sans attendre que soient pleinement démontrées la réalité et la gravité du risque.

D'autre part, [...] le conseil municipal peut délibérer de tout ce qui a trait à l'intérêt de la commune. Les pouvoirs du maire en matière de police rurale et de police municipale précisent qu'il est de la compétence expresse du maire de prévenir et de faire cesser « les pollutions de toute nature ».

Enfin, les conseillers regrettent vivement de ne pas intervenir au moment où sont prises des décisions comme la culture de plantes génétiquement modifiées, le stockage ou l'épandage de boues d'épuration. Or ces décisions peuvent être importantes pour l'avenir des habitants. Dans ce type de situation et malgré ses pouvoirs, le conseil se trouve dans l'incapacité d'agir : ses pouvoirs, pour réels qu'ils soient, ne sont souvent que formels.

En conséquence, après en avoir délibéré, le conseil municipal décide :

– organismes génétiquement modifiés : la culture, à des fins commerciales ou expérimentales, de plantes génétiquement modifiées ne peut être réalisée sans que la commune en soit informée ; elle peut l'interdire sur la totalité de son territoire après en avoir délibéré ;

– stockage et épandage de boues provenant de stations d'épuration : le stockage et l'épandage de boues est interdit, sauf avis préalable et délibération du conseil municipal.

Le simple fait de prendre une délibération de principe et d'accepter d'assumer ses responsabilités (être informé, puis prendre une décision) a conduit quelques conseillers à se désolidariser de l'ensemble du conseil ! Les élus se plaignent d'être l'objet de critiques non fondées, d'être accusés et poursuivis en justice. C'est naturellement vrai en partie, mais si on les met dans une situation analogue à celle que je viens de décrire, une partie ne veut pas assumer cette responsabilité.

Le rôle des structures politiques est aussi très important : le désengagement de l'État, conséquence de la décentralisation, au profit des collectivités locales est une bonne chose pour la connaissance des problèmes à la base. Je suis moins sûr qu'elle le soit dans tous les domaines : la diminution des effectifs des services de contrôle sanitaire et des services culturels est tragique. Malgré toute leur bonne volonté, les élus locaux sont notoirement incompétents pour traiter certains problèmes : un maire d'une petite commune sait-il, en règle générale, juger de la conformation d'une installation d'assainissement ? À mon avis, non ; pourtant la loi le rend responsable de ces contrôles. Un maire, qui pose un témoin pour vérifier la stabilité du clocher de l'église de sa commune, sait-il qu'il doit vérifier les mouvements des témoins de manière très régulière, pour relier d'éventuels mouvements avec des facteurs qui n'ont rien à voir avec l'évolution de la structure de l'édifice ? À l'évidence, non. Néanmoins, si le clocher s'effondre, il sera sans doute traduit en justice !

Nous n'avons donné qu'un échantillon des problèmes rencontrés dans la gestion d'une petite commune rurale : ceux auxquels nous avons été confrontés. Si nous arrivions à trouver des réponses aux questions que nous nous sommes posées, et que nous avons rarement résolues, nous pourrions parler de gestion durable.

En conclusion, nous sommes conduits à penser que :
– les problèmes des petites communes rurales sont différents de ceux des villes, même si les domaines sont en apparence identiques. Et les grandes cités ont bien sûr des problèmes d'une toute autre gravité ! Mais, si nombre de problèmes des petites communes ont une origine dans les villes (comme l'absorption de leurs déchets), les petites communes ont aussi des problèmes spécifiques ;
– pour des raisons diverses, les problèmes que nous avons évoqués ne sont pas gérables à l'échelle d'une petite commune, même à court terme : problèmes qui dépassent le cadre géographique et territorial de la commune, absence de moyens, insuffisance des compétences. Les efforts faits pour promouvoir l'intercommunalité vont dans la bonne direction ; mais on n'ose pas dire (pour des raisons essentiellement politiques) qu'ils entraîneront inévitablement une perte d'autonomie et d'indépendance des petites communes ;
– la transposition d'un modèle rural à une situation urbaine n'est pas possible. La transposition inverse n'est guère souhaitée, ni sans doute souhaitable : il ne faut pas oublier que 80 % du territoire français est occupé par 30 000 communes qui certes ne comptent que 20 % de la population, mais représentent une part importante dans l'équilibre global de notre environnement.

Pour terminer sur une note moins pessimiste, je pense que si toutes les collectivités (urbaines et rurales) acceptaient de traiter de ces problèmes qui concernent le long terme, voire le moyen terme, le débat pourrait prendre une allure moins conjoncturelle. Il faudrait conserver une spécificité suffisante au milieu rural afin qu'il ne devienne pas « rurbain » selon la terminologie actuelle et permettre une complémentarité des deux. L'équilibre du milieu dans lequel nous vivons (les hommes, les entreprises et leur environnement) pourrait être mieux compris et sans doute mieux maîtrisé. Mais la nature humaine a quelque tendance à se voiler la face, à ne voir que son intérêt immédiat ; elle n'ose pas prendre nos problèmes de société à bras le corps.

RÉFÉRENCES BIBLIOGRAPHIQUES

LEGAY J.-M., 1997, *L'expérience et le modèle,* Paris, INRA-Éditions, coll. « Sciences en question ».
LÉVÊQUE F., DAUDE C., CAULRY F., 1999, « Subventions à la pollution » *La Recherche,* 325, p. 32-36.

Chapitre 7

La mise en œuvre de la ville viable : une problématique d'action publique*

INTRODUCTION

Villes viables et collectivités durables sont des projets qui ont été largement diffusés par les grands forums et les organismes internationaux depuis plus d'une décennie. Ces formules consacrées permettent de communiquer la version urbaine de cet espoir d'un monde socialement et écologiquement meilleur. De ce fait, ces mêmes termes servent d'ancrage efficace à des politiques symboliques (P. Muller, 1995). En revanche, les retombées des plans d'actions qui programment le développement durable à l'échelle des établissements humains sont plutôt modestes. Les grandes déclarations et les appels à la viabilité urbaine taisent ce formidable défi qui consiste à inventer de nouvelles formes d'action publique.

Au cours des années soixante-dix, les dirigeants de sociétés occidentales ont été amenés, grâce à la communauté scientifique et aux mouvements environnementaux, à reconnaître les problématiques environnementales telles que le contrôle des pollutions et la protection de l'intégrité des écosystèmes. Il s'en est suivi des politiques réglementaires qui visaient à maintenir un certain ordre écologiste. Trente ans plus tard, au Québec comme en France, l'État à de plus en plus tendance à répondre aux défis environnementaux par le biais de délibérations entre les acteurs à l'échelle locale (L. Lepage, 1997). Ce passage d'une action publique construite sur le pouvoir de régir et sur la légitimité de la science à une action négociée qui repose sur l'expérimentation sociale, soulève des problèmes de gouvernance (B. Jouve, 2002 ; G. Stoker, 1998 ; Wachter *et al.*, 2000 : 42) et d'action publique (P. Duran, 1999 ; P. Duran et J.-C. Thoenig, 1996) qui sont sous-estimés, mal compris et donc mal résolus.

Dans ce texte, nous présentons, d'abord la problématique de la mise en œuvre de la ville viable en soulignant que cette notion est davantage un principe d'action politique et de hiérarchisation de l'action publique qu'un principe normatif (J. Theys, 2001). Dans un deuxième temps, nous proposons, à partir de nos travaux réalisés sur la question de la protection, de la restauration et de la mise en valeur de l'écosystème fluvial dans la région métropolitaine de Montréal (L. Lepage, M. Gauthier, P. Champagne, 2002a ; L. Lepage *et al.*, 2002b), une analyse de l'évo-

---

* *Chapitre rédigé par Mario GAUTHIER et Laurent LEPAGE*

lution de la problématique de l'action publique autour de la relation entre la ville et l'écosystème fluvial. Enfin, dans un troisième temps, nous dégageons à partir de nos observations et d'une revue de la littérature nord-américaine sur le sujet, trois référentiels (B. Jobert et P. Muller, 1987 ; P. Muller, 1995) qui sous-tendent la mise en œuvre de la ville viable : réglementaire-bureaucratique (mécaniste et instrumental), écosystémique (holistique et systémique) et intégrée (socio-politique). Notre analyse montre que les acteurs appelés à mettre en œuvre la notion de ville viable, selon qu'ils soient écologistes, fonctionnaires, industriels, élus locaux ou citoyens cherchent à imposer un ordre écologique qui renvoie à leurs propres référentiels, donc à des intérêts et à des visions de l'action environnementale qui sont le plus souvent difficilement conciliables. L'un des grands défis de la mise en œuvre de la ville viable réside dans la prise en compte de ce fait politique.

VILLES VIABLES, GOUVERNANCE ET ACTION PUBLIQUE

Au Canada et au Québec, le concept de développement durable en milieu urbain est présent dans les discours des chercheurs et des professionnels de l'aménagement depuis plus d'une décennie (G. Domon, M. Gariépy, P. Jacobs, 1992 ; M. Gariépy, 1995 ; V. W. Maclaren, 1993 ; G. Sénécal, 1996). Toutefois, malgré l'importance de la réflexion, dans l'action publique, le concept de viabilité urbaine a eu peu de retombées concrètes. Déjà, en 1993, à l'occasion d'un colloque portant sur le développement durable urbain à partir de l'exemple canadien (J. Theys, 1995), plusieurs participants soulignaient le caractère ambigu du concept. Ces chercheurs s'étonnaient que le concept de développement urbain durable soit avant tout compris comme une question de participation publique et d'implication des citoyens le plus en amont possible dans le processus décisionnel. L'importance accordée aux dimensions procédurales de l'action publique dans le contexte canadien et québécois avait conduit plusieurs participants à s'interroger sur les contradictions possibles entre les impératifs écologiques et démocratiques de la ville viable.

Ce débat portant sur la rationalité écologique et le compromis démocratique rejoint l'opposition entre rationalité substantialiste et procédurale de l'action publique (P. Lascoumes, 1994 ; J.-G. Padioleau, 2000). Alors que la rationalité « substantialiste » renvoie à une conception de l'intérêt général donnée d'avance, possédant un contenu et une substance, la rationalité « procédurale » renvoie à une conception de l'intérêt général qui se construit dans l'interaction des acteurs. Dans ce même ordre d'idées, le concept de développement durable ne peut se réduire à l'impératif de l'intégration des dimensions écologique, économique et social du développement ou à concilier le court et le long terme, ainsi que le local et le global (conception substantialiste). Le développement durable est surtout un cadre de référence pour l'action politique qui permet de hiérarchiser l'action publique environnementale (conception procédurale) (J. Theys, 2001). En ce sens, le développement durable apparaît comme « un principe normatif sans norme » (J. Theys, 2001 : 242-245) qui ne peut être défini *a priori* scientifiquement ou objectivement ; il implique des débats publics, des procédures de prise de décision et des négociations. Le développement durable suppose une modernisation de l'action publique afin de favoriser des innovations institutionnelles et organisationnelles. Dès lors, la question essentielle qui sous-tend la mise en œuvre de la ville viable se pose en terme de réconciliation de deux visions de l'intérêt général – soit les conceptions substantialiste et procédurale de l'action publique. Afin d'examiner cette difficile rencontre entre les finalités et les moyens d'action, nous présentons, dans la section suivante, une analyse de l'évolution historique des interventions qui se sont adressées au problème des pressions anthropiques urbaines sur l'écosystème fluvial du Saint-Laurent.

VILLE ET ÉCOSYSTÈME FLUVIAL : ÉVOLUTION DE L'ACTION PUBLIQUE

Les politiques de l'eau soulèvent à la fois des problèmes substantiels (répartir la ressource, assurer la qualité, préserver les écosystèmes) et procéduraux (favoriser la délibération publique, coordonner l'action publique et mobiliser des acteurs) (P. Lascoumes et J.-P. Le Bourhis, 1998). À cet égard, les problématiques relatives à la protection de l'écosystème fluvial du Saint-Laurent sont très révélatrices des difficultés de mise en œuvre de la ville viable. Au tournant des années quatre-vingt, les premières interventions gouvernementales qui ont visé la protection de l'écosystème fluvial faisaient appel à des instruments juridiques et économiques d'action publique bien éprouvés. Ce qui était visé par cette approche, représentative de l'action publique de l'époque, était la protection de la santé du fleuve. Dans la décennie suivante, pour que cette nouvelle mission de l'État se réalise, il a aussi été nécessaire d'adopter une approche « écosystémique » afin d'examiner de façon systémique et holistique les répercussions des activités humaines sur les processus et les équilibres naturels. Ce deuxième cadre de référence passait par ailleurs sous silence les questions politiques de fond, à savoir comment arbitrer les intérêts divergents et construire des compromis socialement acceptables et écologiquement défendables. Dans la foulée du sommet de la Terre de Rio de Janeiro en 1992, l'idée forte d'impliquer les citoyens et les porteurs d'intérêts (*stakeholders*) s'est imposée comme la nouvelle façon d'ajuster ou de concilier ces intérêts divergents. À travers la présentation des trois phases du Plan d'action Saint-Laurent Vision 2000 (PASL) visant la préservation, la restauration et la mise en valeur de ce fleuve, l'objectif de ce chapitre est de montrer que la mise en œuvre de la ville viable implique une appréhension globale des problématiques environnementales urbaines : assurer la qualité de l'environnement, préserver, restaurer et mettre en valeur les écosystèmes et favoriser la délibération publique.

Assurer la qualité de l'environnement

À la fin des années soixante, suite à de nombreuses études, s'est posé le problème de la dégradation des eaux de surface en termes de qualité et de quantité. Les rejets industriels et urbains, jusqu'alors rejetées sans traitement dans le Saint-Laurent et ses tributaires, étaient enfin jugés inacceptables (J. Dartois et B. Daboval, 1999). Au-delà d'une simple ressource à partager, l'eau est dorénavant considérée comme un élément de l'environnement à protéger. Toutefois, les connaissances sur la dégradation de la qualité de la ressource, et en particulier ses effets sur la santé humaine et les écosystèmes, sont à l'époque peu documentés. Devant l'absence de systèmes d'épuration des eaux usées municipales et le caractère vétuste des installations industrielles, les deux paliers de gouvernements (fédéral et provincial) ont mis sur pieds plusieurs programmes pour appuyer les municipalités, les industries et les institutions à se doter d'équipements de contrôle des pollutions ponctuelles.

Au Québec, un comité d'étude sur le Saint-Laurent (Québec, 1978), mandaté pour évaluer l'état du fleuve, a conduit à l'établissement d'une série de mesures dont le Programme d'assainissement des eaux du Québec (PAEQ). Celui-ci visait à restaurer la qualité des eaux en menant « des interventions auprès de toutes les sources de pollutions existantes, soit les industries, les municipalités et les producteurs agricoles ; on parlait alors des volets industriel, municipal et agricole du PAEQ. » (J. Dartois et B. Daboval, 1999 : 18). Ce programme s'est progressivement mis en place dans la foulée de l'adoption par le gouvernement du Québec, en 1972, de la Loi sur la qualité de l'environnement (LQE) et de la création, en 1979, du ministère de l'Environnement du Québec. Cette action législative a eu pour effet d'établir un droit de l'environnement couvrant tous les milieux – hydrique, atmosphérique, terrestre et les interrelations entre ces milieux. L'approche développée est alors essentiellement réactive et sectorielle. Elle accorde à l'État les fonctions de contrôle et de surveillance des activités – des objectifs de qualité sont fixés par l'imposition de normes et de règlements.

Dans le prolongement des efforts d'assainissement des eaux usées des municipalités entrepris à la fin des années soixante-dix, les gouvernements du Canada et du Québec ont ratifié, en 1989, une entente visant à protéger, à conserver et à restaurer la qualité des eaux du Saint-Laurent. Cette entente intitulée Plan d'action Saint-Laurent (PASL) (de 1988 à 1993) avait pour principal objectif de réduire de 90 % les rejets liquides toxiques de cinquante établissements industriels majeurs (fabriques de pâtes et papiers, raffineries de pétrole et autres industries), considérés comme étant les pollueurs les plus importants du fleuve Saint-Laurent. La première phase du programme a également fait ressortir le besoin de mieux connaître les répercussions des activités urbaines sur les milieux naturels ainsi que sur les usages reliés au fleuve Saint-Laurent.

Préserver, restaurer et mettre en valeur les écosystèmes

Au début des années quatre-vingt-dix, les échecs et les insuffisances du contrôle des pollutions ponctuelles ont entraîné le développement d'une vision de la problématique de l'eau basée sur la préservation des écosystèmes. En effet, l'identification de pollutions diffuses d'origine agricole, qui risquaient de contrecarrer les efforts d'assainissement urbain et industriel, a précipité une réflexion sur la préservation de la ressource dans une perspective écosystémique. L'ampleur de la disparition des habitats fauniques a également obligé d'élargir la perspective. Dorénavant, l'eau est considérée non seulement comme une ressource ou un élément de l'environnement, mais comme une composante essentielle des écosystèmes à protéger, à restaurer et à mettre en valeur.

Ainsi, une approche écosystémique est développée par l'entremise de diverses initiatives, dont la deuxième phase du Plan d'action Saint-Laurent (de 1993 à 1998) nommée Saint-Laurent Vision 2000 (Canada, 1996). Cette seconde phase se caractérise par la poursuite du travail concernant la réduction des rejets liquides toxiques – *via* l'élargissement des mesures à 56 autres établissements industriels – et en développant une approche plus globale et holistique. Ainsi, une multitude d'initiatives écosystémiques visant l'acquisition de connaissances sur l'écosystème fluvial se sont développées : impacts des fluctuations du niveau et du débit du fleuve Saint-Laurent ; suivi de l'état du Saint-Laurent; liens systémiques entre les Grands Lacs et le fleuve Saint-Laurent ; rejets urbains. Ce dernier programme s'intéresse aux impacts des effluents urbains sur l'environnement et l'écosystème fluvial en considérant plus particulièrement les enjeux environnementaux émergents, tels que la transmission de maladies infectieuses, la contamination de l'eau et des sédiments ainsi que l'eutrophisation des plans d'eau. Le programme « rejets urbains » a pour objectif, entre autres, de mieux connaître la contribution des activités urbaines à la détérioration du Saint-Laurent, en identifiant les principales sources de pressions sur les écosystèmes, leurs effets sur l'état du fleuve et les mesures de préservation existantes (Bernier *et al.*, 1998). La deuxième phase du plan d'action a aussi donné naissance à des comités de Zones d'intervention prioritaire (comités ZIP), qui sont des lieux de délibérations à l'interface de la communauté des riverains et du groupe des décideurs. Elle a notamment permis la conservation de 6 738 hectares d'habitats, la réalisation de treize bilans environnementaux et de onze plans d'action et de réhabilitation écologiques, la publication du rapport de synthèse sur l'État du Saint-Laurent, en 1996, des études de risque sur la santé humaine et des indicateurs d'exposition humaine aux contaminants chimiques ainsi qu'une réduction globale de 96 % des rejets liquides toxiques (Canada, 2001). La deuxième phase du plan d'action a surtout permis d'améliorer les connaissances écosystémiques nécessaires à la concertation entre les gestionnaires, les industriels et les citoyens.

Favoriser la délibération publique

Au tournant des années 2000, réconfortés par des indicateurs environnementaux qui annoncent la dépollution graduelle du fleuve, les décideurs d'Ottawa et de Québec s'engageaient conjointement dans une troisième phase (de 1998 à 2003) du Plan d'action Saint-Laurent Vision 2000. Cette troisième phase du programme met l'accent sur la prévention, en particulier dans les domaines de la santé humaine, de l'assainissement industriel et urbain, de l'agriculture et de la navigation. Pour atteindre ses objectifs, elle mise encore plus sur la participation des communautés riveraines à la définition des problèmes et à la recherche de solutions acceptables *via* les comités ZIP. Alors que la stratégie précédente misait principalement sur la connaissance des écosystèmes, ce troisième plan reconnaît que la gestion effective du Saint-Laurent repose sur des systèmes-acteurs. La gestion de ce grand fleuve entre ainsi formellement dans l'ère de l'expérimentation sociale.

Les comités ZIP sont composés de résidents, d'industriels, de représentants du secteur public et de groupes environnementaux qui travaillent ensemble pour la préservation, la restauration et la mise en valeur de leur milieu. À partir des bilans environnementaux réalisés dans les phases antérieures et en s'appuyant sur des démarches de consultations publiques, les comités ZIP sont amenés à élaborer un Plan d'action et de réhabilitation écologiques (PARE). La mise en œuvre du PARE vise l'implication communautaire par la réalisation de projets concrets, tel que le projet de décontamination d'un secteur de la zone portuaire de Montréal à l'initiative d'un Comité ZIP de la région de Montréal. En suscitant la concertation et les débats publics, ce comité favorise la conciliation des intérêts divergents, ainsi que la négociation entourant le montage financier, le développement des options et des scénarios d'interventions, les discussions scientifiques portant sur le niveau de décontamination à atteindre et finalement l'évaluation environnementale du projet (L. Lepage, M. Gauthier, P. Champagne, 2002a ; L. Lepage *et al.*, 2002b). À ce jour, le Plan d'action Saint-Laurent Vision 2000 a, entre autres, permis la réduction importante des effluents toxiques rejetés par une centaine d'industries, la création d'un parc marin fédéral-provincial et la protection de 12 000 hectares d'habitats fauniques (Canada, 2001).

LA MISE EN ŒUVRE DE LA VILLE VIABLE SELON TROIS RÉFÉRENTIELS INTERVENTIONNISTES

La mise en œuvre de la ville viable renvoie aux modes de raisonnement qui président à l'élaboration des plans d'action et des politiques publiques en matière d'environnement urbain. Ainsi, pour signaler que les activités, les décisions ou les mesures prises par les décideurs à l'égard de la ville viable reposent sur des cadres de référence qui sont reconnaissables, nous avons recours à la notion de référentiel (P. Muller, 1995). Il y a, en effet, dans les politiques, les programmes et les initiatives relatives aux villes viables un « référentiel » qu'il importe de saisir pour ensuite mieux s'interroger sur leurs objectifs et leurs résultats. Nous distinguons, dans cette section, trois référentiels interventionnistes (par opposition au laissez-faire) : réglementaire-bureaucratique, écosystémique et intégrée. Ceux-ci se retrouvent autant dans les discours officiels que dans les débats au sein de la *policy community*, c'est-à-dire la communauté des spécialistes et des experts, voire des acteurs qui interagissent dans ce champ de politique et qui partagent, dans un contexte donné, une même « vision du monde ». Ils sont présentés en considérant les dimensions suivantes : processus décisionnel ; instruments d'action publique ; rôle de la science ; échelles spatio-temporelles ; participation publique (*cf. tableau page suivante*). Ces trois référentiels qui se dégagent de notre analyse de l'évolution de l'action publique autour de la relation entre la ville et l'écosystème fluvial, sont présentés à la manière de la méthode compréhensive des types-idéaux.

Le référentiel réglementaire-bureaucratique (mécaniste et instrumental)

Le référentiel réglementaire-bureaucratique s'inscrit essentiellement dans le prolongement de la prise en charge, au début des années soixante-dix, des problématiques environnementales par l'État, entre autres, *via* la création des ministères de l'Environnement et la mise en place d'un droit de l'environnement visant la protection

Référentiels de l'action publique	Réglementaire-bureaucratique (mécaniste et instrumental)	Écosystémique (holistique et systémique)	Intégrée (socio-politique)
Processus décisionnel	Politiques publiques centralisées. Planification rationnelle globale. Gestion par filières (transport, eaux usées, déchets, énergie, etc.). Logique verticale descendante du haut vers le bas (*top-down approach*). L'État « gendarme »	Prolongement de l'approche réglementaire-bureaucratique. Planification visant le maintien de l'intégrité écologique des écosystèmes et la diversité biologique. Planification s'inspirant des processus écologiques (*Design with nature*). Planification stratégique et interactive	Négociation entre différents types d'acteurs. Logique horizontale ascendante du bas vers le haut (*bottom-up approach*). L'État «facilitateur»
Instruments d'action publiques	Instruments économiques, réglementaires et techniques. Procédures administratives. Mesures contraignantes. Outils d'aide à la décision (ex. systèmes d'information géographique)	Dérivés des sciences naturelles (méthodes quantitatives et prédictives). Dynamique des systèmes naturels. Modélisation environnementale. Cadre écologique de référence	Gestion adaptée (adaptation à l'incertitude). Apprentissage et changement organisationnel. Gestion concertée
Rôle de la science	Science normale. Expertise professionnelle (aménagistes, planificateurs urbains, urbanistes, géographes, etc.). Instrumentale (outils d'aide à la décision)	Science appliquée (la science dans un contexte social, études des valeurs sociales). Perspective systémique (dynamique des écosystèmes, métaphore organiciste, santé des écosystèmes). Expertise scientifique (biologistes, écotoxicologistes, etc.). La « bonne science » au service de la décision (dimensions substantielles)	Science interdisciplinaire (sciences naturelles et sciences sociales). Expertises multiples. Science civique (citoyens-experts)
Échelles spatio-temporelles	Territoire politico-administratif. Horloge administrative (court terme). Enjeux délimités autour de projets spécifiques	Frontières écologiques et limites naturelles (écosystèmes, biorégions, etc.). Holistique (long terme, effets cumulatifs et globaux, etc.). Approche par problème ou par projet. Juxtaposition des multiples échelles spatio-temporelles	Approche par territoire (ex. bassin versant). En continu et permanent
Participation publique	Prédominance des professionnels (experts). Information et consultation publiques (enquêtes et audiences publiques). Validation et adhésion. Perspective instrumentale	Prédominance des scientifiques. Valeurs et priorités sociales. Éducation relative à l'environnement	Harmonisation des intérêts. Concertation multi-acteurs. Recherche de compromis. Coopération inter-organisationnelle. Démocratisation de la science. Perspective pluraliste

107

des milieux naturels. Selon ce référentiel, les nouveaux défis que pose le développement durable en milieu urbain peuvent être rencontrés en ajustant les politiques, les lois et les règlements existants. Dans ce mode de raisonnement, l'action publique repose sur une logique verticale du haut vers le bas selon un modèle de planification rationnelle classique qui suppose que l'on dispose des ressources humaines et financières pour faire l'inventaire et l'analyse de toutes les options afin de retenir la meilleure solution. Selon les tenants de ce modèle, les gouvernements nationaux et régionaux possèdent la légitimité, les moyens et désormais la responsabilité d'agir en faveur du développement urbain durable.

Ainsi, l'État « gendarme » doit utiliser les instruments d'action publique déjà à sa disposition – procédures d'évaluation environnementale, systèmes d'autorisation, outils économiques et réglementaires – pour contraindre les administrations locales à entreprendre des actions en matière de développement urbain durable. Selon ce raisonnement, les gouvernements nationaux doivent encadrer et outiller les pouvoirs locaux en termes de ressources humaines et financières afin qu'ils réalisent des bilans environnementaux et construisent des espaces de coopération pour que les acteurs locaux établissent des priorités et mettent en œuvre des plans d'action.

Selon ce mode de raisonnement, la bureaucratie impose une science normale et met en scène des experts officiels – planificateurs urbains, urbanistes, géographes, etc. – qui identifient à l'aide d'outils d'aide à la décision tels que les Systèmes d'information géographique (SIG) ce qu'il faut faire ou ne pas faire. Il s'agirait simplement d'ajuster une organisation bureaucratique et de réunir des compétences qui coopéreront facilement pour favoriser l'avènement de la ville viable.

Dans cette perspective, les échelles spatio-temporelles considérées correspondent au territoire politico-administratif et au temps organisationnel des administrations publiques. Les enjeux considérés sont biens délimités dans le temps et dans l'espace, notamment autour de problématiques sectorielles (matières résiduelles, eau potable, contrôle des nuisances, etc.) et de projets spécifiques (infrastructures routières, projets industriels, etc.).

La participation du public se résume selon cette approche à informer et à consulter les citoyens (enquêtes et audiences publiques) et n'intervient qu'à la fin du processus décisionnel dans une optique de validation et d'adhésion du public aux décisions. La participation du public s'inscrit dans le cadre de procédures gouvernementales formelles et institutionnalisées dans une perspective instrumentale. Elle apparaît comme une menace contre l'intérêt général parce qu'elle ouvre la porte à des comportements stratégiques d'intérêts particuliers et soulève des conflits, des controverses, des oppositions et des contestations (T. C. Beierle, 1998).

Cette vision de la ville viable s'inscrit parfaitement dans le paradigme qui considère que seule la puissance publique, par sa compétence et sa mission de service public, est à même de résoudre des problèmes complexes et nouveaux en matière de gestion de l'environnement (M. Falque, 1996). Cette approche de la ville viable renvoie à une conception substantialiste de l'action publique, parce qu'elle attribue à l'État un rôle de porteur de l'intérêt général, selon un modèle d'exécution mécaniste et instrumentale. Évidemment, ce modèle repose non seulement sur des hypothèses audacieuses quant à la rationalité et l'efficacité de l'appareil gouvernemental, mais il renvoie également à une vision déterministe de la coopération entre les acteurs. Il ne tient pas compte des incertitudes scientifiques liées aux modèles prévisionnels, des conflits d'intérêts et de valeurs entre les acteurs, de la fragmentation institutionnelle et inter-organisationnelle ainsi que des contraintes financières et humaines.

Le référentiel écosystémique (holistique et systémique)

Le référentiel écosystémique appliqué aux milieux urbains peut être défini comme « un nouvel ensemble d'idées raisonnablement cohérent sur la façon d'approcher l'aménagement du territoire en respectant les écosystèmes » (R. Tomalty, R. Gibson, D. Alexander, J. Fisher, 1994 : 4). Selon ce référentiel, les buts et les objectifs de la planification doivent être principalement liées au maintien de l'intégrité des écosystèmes afin de protéger la diversité biologique et les processus écologiques essentiels. Cette approche met l'accent sur la protection, la restauration, voire même la mise en valeur, des écosystèmes (espaces naturels, milieux dégradés, etc.), entre autres, en développant un réseau d'aires protégées et des initiatives de restauration écologique. L'approche s'inspire beaucoup du concept de *Design with nature* (I. McHarg, 1969), c'est-à-dire une planification s'inspirant des processus écologiques.

Les instruments d'action publique utilisés sont dérivés des sciences naturelles, en utilisant des méthodes quantitatives et prédictives qui renvoient à une gestion scientifique (*science-based management*) des problématiques environnementales urbaines (S. D. Slocombe, 1998). L'analyse de la dynamique des systèmes naturels et la modélisation environnementale, par exemple, sont appliquées pour appréhender la complexité des problématiques, faire des prévisions, évaluer les impacts et établir des scénarios. L'objectif visé est d'adapter les activités humaines et l'occupation du territoire en fonction des potentiels et des contraintes liés au maintien de la diversité biologique et des processus écologiques essentiels.

La démarche écosystémique renvoie à une approche de gestion dont l'objectif général est de mettre à profit les connaissances scientifiques des processus écologiques afin de protéger l'intégrité écologique des écosystèmes à long terme (R. E. Grumbine, 1994). Elle adopte une perspective systémique et holistique qui considère la ville comme un écosystème, c'est-à-dire comme une hiérarchie de systèmes imbriqués dont les parties sont interdépendantes. Au Canada et au Québec, les travaux réalisés par l'écologiste P. Dansereau (1987) s'inscrivent dans cette perspective visant à représenter la ville comme un écosystème. Une monographie récente sur le développement durable au Canada, résume bien la vision adoptée :

> La création d'une forme urbaine ne doit pas constituer l'étape initiale de l'aménagement urbain ; il faut d'abord reconnaître et définir la place qu'occupera la ville au sein de l'écosystème plus vaste, puis déterminer les composantes de l'écosystème qui seront laissées intactes, restaurées ou régénérées et élaborer une marche à suivre à cet égard. [...] Avant d'aménager un écosystème urbain, il faut tout d'abord délimiter les zones qui seront soustraites à toute activité de construction, dresser un

> plan d'aménagement et choisir les formes qui seront érigées de manière à créer un milieu harmonieux et à mettre en valeur les espaces non bâtis. [...] Le défi pour les urbanistes consiste à appliquer le modèle écosystémique, c'est-à-dire à délaisser les solutions technologiques qui asservissent la nature au profit de solutions qui en assure la pleine intégration. Ainsi des formes urbaines mieux adaptées et plus responsables et des solutions plus durables peuvent être appliquées pour construire un organisme vivant qui, non seulement prendra soin de ses propres habitants, mais aussi de la Terre. (Canada, 2000 : 6).

Dans cette perspective, la ville est envisagée comme un organisme vivant en utilisant la métaphore organiciste de la santé des écosystèmes (N. Ross, J. Eyles, D. Cole, A. Iannantuno, 1997). Cependant, comme le soulignent C. Emelianoff et J. Theys (2000 : 54), « la tentative de représenter la ville comme un écosystème n'a conduit qu'à réduire la complexité des activités urbaines à une vision systémique assez pauvre – limitée à des flux de matière et d'énergie. »

Les échelles spatio-temporelles de planification sont basées sur les limites naturelles plutôt que sur les limites politiques et administratives et comporte un horizon de planification plus large et à plus long terme en tenant compte notamment des effets cumulatifs et globaux. La démarche écosystémique définit les limites de l'écosystème, à l'échelle appropriée, selon des critères écologiques de façon à refléter les interactions entre les composantes de l'écosystème (dynamique des écosystèmes). Les échelles spatio-temporelles sont définies selon les spécificités du problème à traiter.

L'approche écosystémique envisage la participation publique comme une occasion de susciter l'allégeance aux objectifs de protection des milieux naturels. Dans un tel cadre de référence, la persuasion et l'adhésion des acteurs est en fait la finalité de l'implication du public. L'idée est d'influencer, jusqu'à un certain point, les comportements des agents sociaux, entre autres, par l'éducation relative à l'environnement.

En ce sens, l'approche écosystémique appliquée aux milieux urbains s'inscrit en continuité avec le modèle de la planification rationnelle classique, qui suppose un lien direct entre les connaissances scientifiques et l'action publique (P. Hamel, 1996). À l'instar de l'approche réglementaire-bureaucratique, la démarche écosystémique renvoie à une conception substantialiste et déterministe de l'action publique parce qu'elle cherche à faire coïncider les valeurs et les priorités sociales avec les impératifs écologiques. La dynamique des systèmes et la modélisation environnementale, par exemple, tendent à considérer que les sociétés humaines et les décisions peuvent être déterminées par les connaissances scientifiques (B. Barraqué, 1997). Cette conception comporte un grand danger de dérive technocratique, en raison de sa propension à vouloir soumettre les sociétés humaines à une nature codifiée.

De plus, cette façon d'aborder la gestion de l'environnement urbain tend à mésestimer la difficulté de passer de la connaissance à l'action, en négligeant les changements organisationnels que cela implique, la difficulté de concilier les intérêts divergents et les relations de pouvoir entre les acteurs. La mise en œuvre de la gestion écosystémique soulève un problème d'action publique – information, consultation, coordination, concertation, harmonisation des intérêts – qui ne va pas de soi. La collecte des données et des informations est non seulement longue et coûteuse, mais elle nécessite une coopération inter-juridictionnelle. La détermination des limites de la région implique des négociations et des compromis entre les frontières naturelles et les frontières politico-administratives. Elle implique une coopération et un partenariat entre des acteurs privé, public et associatif, une forme de coordination inter-organisationnelle, une certaine forme de consultation et de participation publique, la prise en compte des incertitudes, des apprentissages et des innovations organisationnelles (M. T. Imperial, 1999). Comme le suggère E. Roe (1996 : 672), les sciences sociales apparaissent plus importantes que l'écologie pour assurer la mise en œuvre de la gestion écosystémique, puisque l'enjeu est de s'entendre sur « *what set of interactions within the ecosystem are to be managed.* » En ce sens, comme le soulignent Mirenowicz et V. Garnier (voir V. Barnier et C. Tucoulet, 1999 : 7), la ville ne peut être considérée simplement comme un écosystème mais davantage comme un « éco-sociosystème. »

Le référentiel de la gestion intégrée (socio-politique)

Dans les revues spécialisées nord-américaines, la gestion de l'environnement axée sur la négociation entre des porteurs d'intérêts (*stakeholders*) est présentée sous le vocable de « gestion intégrée de l'environnement » (S. M. Born et W. C. Sonzogni, 1995 ; R. D. Margerum, 1999 ; R. D. Margerum et S. M. Born, 1995). Cette approche, contrairement à la posture écosystémique, est plus centrée sur la dynamique sociale que sur les processus naturels. Elle s'inscrit dans le prolongement des procédures d'évaluation environnementale, reconnaît la pluralité des acteurs et des rationalités, et vise simultanément l'harmonisation des intérêts divergents et la protection de l'environnement (J. E. Gardner, 1989 ; M. Gauthier, 1998 ; D. P. Lawrence, 2000). Elle vise également à aborder de façon concertée les questions de planification, d'évaluation et de mise en œuvre (A. Cornford, J. O'Riordan, B. Sadler, 1985).

La gestion intégrée s'apparente au concept français de gestion patrimoniale qui s'est formé progressivement au contact de plusieurs disciplines, dont la sociologie des organisations et les sciences sociales rurales (G. Barouch, 1989 ; M. Falque, 1996 ; L. Mermet, 1992 ; J. Montgolfier et J.-M. Natali, 1987 ; H. Ollagnon, 1989). Les promoteurs de cette approche estime que « seule l'implication de tous les acteurs privés ou publics est à même de faire face à la complexité extrême des systèmes à gérer » (M. Falque, 1996 : 112). À l'instar du concept nord-américain de gestion intégrée, la gestion patrimoniale « met l'accent sur l'action commune et la recherche d'une coopération à travers la négociation » (*idem*). Elle débouche sur la notion d'audit patrimonial de type « système acteurs » qui « s'inscrit clairement dans la perspective d'une connaissance pensée en fonction de l'action » (H. Ollagnon, 1989 : 258). Dans la résolution de problèmes concrets, l'approche intégrée appelle la construction de compromis entre des enjeux écologiques, économiques et sociaux. Ce cadre de référence conduit à une conception procédurale de l'action publique, en ce sens que l'intérêt général n'est pas donné d'avance – ni par la science, ni par l'État – mais à construire dans l'interaction des acteurs, ce qui implique des débats publics et des négociations.

Les instruments d'action publique qui s'y rattachent sont basés sur l'interaction entre les acteurs en favorisant la négociation, la concertation, la collaboration et la résolution de conflits (M. Gauthier, 1998). Selon ce raisonnement, l'interaction entre les acteurs représente la meilleure façon d'assurer le passage des connaissances scientifiques dans l'action publique. Les connaissances étant dispersées et éclatées, le dialogue entre les acteurs apparaît essentiel à la compréhension et à la résolution des problématiques environnementales urbaines. Les grandes orientations et les objectifs prioritaires sont induits des problèmes concrets, tels que la décontamination d'un site spécifique, la restauration d'un espace dégradé ou la mise en valeur d'un espace vert. La planification devient « la solution négociée » plutôt que « la meilleure solution ». Le changement passe par des apprentissages ainsi que des innovations institutionnelles et organisationnelles.

Dans cette perspective, la reconnaissance des incertitudes scientifiques qui caractérisent les décisions relatives à la gestion de l'environnement conduit au développement d'une « gestion adaptée » (E. A. Parson, 2001). Sous cet angle, la résolution des problèmes environnementaux reposent sur le développement de connaissances interdisciplinaires (sciences naturelles et sciences sociales) afin de faire la synthèse entre une bonne connaissance des systèmes naturels, la délibération démocratique et la prise de décision responsable (E. A. Parson, 2001). Ainsi, la résolution des problèmes environnementaux passe par une interaction entre une multitude d'acteurs compétents possédant non seulement des aptitudes en gestion des écosystèmes, mais également en communication, en négociation et en résolution de conflits.

La gestion intégrée s'inscrit dans une perspective de juxtaposition des multiples échelles spatio-temporelles se situant au-delà des enjeux délimités dans le temps et dans l'espace et en développant une approche par territoire. Elle implique un élargissement du champ d'action en amont des décisions à l'étape des politiques, plans et programmes et en aval au moment de l'exécution, de la mise en œuvre et du suivi.

L'approche s'inscrit dans une tendance à l'élargissement de l'action environnementale et à l'implication plus poussée des citoyens en amont et en aval des décisions (A. H. J. Dorcey et T. McDaniels, 2001). Dans la pratique, ce référentiel met en avant une conception de la science qui repose sur sa démocratisation (une science civique) avec l'émergence d'un militantisme expert et du citoyen-expert apte à construire une action collective basée sur des connaissances scientifiques approfondies (F. Fisher, 2000 ; S. Ollitrault, 2001).

CONCLUSION

La tendance à l'élargissement de l'implication des citoyens à la gestion des problématiques environnementales urbaines peut être considérée comme une nouvelle forme de gouvernance. Le recours de plus en plus important à la consultation, à la négociation et à la concertation en matière d'élaboration des politiques se traduit en effet par la transformation des rapports entre l'État et la société civile. Les citoyens sont de plus en plus amenés à intervenir en amont des décisions à l'étape de l'élaboration des politiques et dans des domaines qui relevaient traditionnellement de l'autorité de l'État. L'action publique en environnement prend de plus en plus la forme d'un État « facilitateur », voir même « metteur en scène », ayant recours à des procédures d'ajustement des intérêts divergents et de recherche de consensus afin de permettre aux acteurs intéressés de concevoir une entente négociée autour de problèmes complexes. Aussi, les problématiques « d'environnement urbain » ou « d'écosystèmes urbains » sont aujourd'hui resituées dans un contexte plus large de « développement durable », ce qui a pour effet d'élargir les débats aux enjeux sociaux et économiques et d'ouvrir les processus à une multitude d'intervenants privé, public et associatif.

Ainsi, la mise en œuvre de la ville viable soulève le formidable défi qui consiste à inventer de nouvelles formes d'action publique. Le problème qui doit être surmonté se pose en termes d'une re-conceptualisation des rapports entre les dimensions procédurales et substantielles de l'action publique. En termes simples, ce défi se pose comme suit : comment établir des objectifs environnementaux de viabilité urbaine pertinents, tout en laissant aux acteurs intéressés une latitude suffisante pour déterminer les moyens d'actions et les instruments pour y parvenir ? Afin de concilier ces deux facettes indissociables du développement durable en milieu urbain, il apparaît essentiel de réfléchir à de nouveaux mécanismes d'interaction entre les acteurs sur une base permanente et continue, tout en prenant en compte les objectifs environnementaux reconnus de la viabilité urbaine – intégrité écologique des écosystèmes, équité sociale et développement économique. En effet, l'espoir d'un monde socialement et écologiquement meilleur à travers des villes viables appelle le développement d'une action publique pilotée selon la nature des problématiques, ce qui pose un défi considérable aux institutions publiques et aux organisations. Pour ce faire, les trois référentiels que nous avons présentés – bureaucratique-réglementaire, écosystémique et de gestion intégrée – fournissent une « boîte à outils » pour orienter l'action. Le défi consiste à choisir, à utiliser et à adapter ces outils en tenant compte des caractéristiques et des contingences des systèmes d'action dans lesquels ils s'insèrent (S. Wachter *et al.*, 2000 : 44-46).

Dans ce contexte, comment l'analyse scientifique interdisciplinaire peut-elle intervenir ? Pour répondre à cette question, il semble qu'une nouvelle synthèse s'impose entre la connaissance scientifique des écosystèmes, les mécanismes de délibération démocratique, le recours à la règle et la prise de décision responsable. Il s'agit d'inscrire désormais le fait écologique dans un processus décisionnel continu, adaptatif, itératif et d'apprentissage collectif. Toutefois, l'intégration des connaissances scientifiques interdisciplinaires (sciences naturelles et sciences sociales) au processus de gestion de l'environnement représente un défi considérable, qui implique, selon E. A. Parson (2001), de reconnaître au moins trois principes : les incertitudes scientifiques sont inévitables et inhérentes au processus de gestion environnementale ; les politiques et les décisions doivent être continuellement adaptée aux « connaissances à jour » ; la prise de décision doit se concevoir comme un processus itératif en recherchant les opportunités d'apprentissage et d'innovation. Le défi pour les institutions consiste à acquérir de nouvelles connaissances et à les appliquer adéquatement à la gestion de « l'environnement urbain » et des « écosystèmes urbains ». Pour ce faire, les expériences et les innovations en matière d'implication des citoyens à la gestion de l'environnement doivent être soigneusement évaluées en mettant l'accent non seulement sur les processus, mais également sur les résultats (A. H. J. Dorcey et T. McDaniels, 2001).

En définitive, refonder l'action publique pour favoriser l'avènement de la viabilité urbaine consiste davantage à orienter le changement qu'à contraindre ou à prescrire. Comme le souligne S. Wachter *et al.* (2000 : 97), « pour se traduire en actions concrètes, puis, le cas échéant par des résultats tangibles, une action publique doit avant tout qualifier, proposer une interprétation des réalités sur lesquelles elle entend agir, ou qu'elle se propose de transformer ». Cette « grille de lecture » doit comporter une analyse scientifique interdisciplinaire des problématiques, des enjeux et des acteurs interpellés par le projet de mise en œuvre de la ville viable. Dans les débats, les acteurs font l'économie d'une réflexion sur la nouvelle gouvernance environnementale urbaine ainsi que sur les modalités de l'organisation de l'action publique, c'est-à-dire sur les règles de coopération entre les acteurs public, privé et associatif. La mise en œuvre de la ville viable implique de répondre adéquatement aux problèmes de la fragmentation, de l'incohérence, de la gestion sectorielle, aussi bien qu'aux modalités de la collaboration et de la coordination entre les acteurs. En ce sens, le projet de ville viable renvoie à l'organisation d'une nouvelle action publique.

RÉFÉRENCES BIBLIOGRAPHIQUES

BARNIER V., TUCOULET C., 1999, « Ville et environnement. De l'écologie urbaine à la ville durable », *Problèmes politiques et sociaux,* 829, Paris, La Documentation Française, 88 p.

BARRAQUÉ B., 1997, « Spécificité et difficulté de la modélisation dans le domaine de la gestion de l'environnement » *in* BLASCO F. (dir.), *Tendances nouvelles en modélisation pour l'environnement,* Journées du Programme Environnement, Vie et Sociétés du CNRS (textes sélectionnés), Paris, Elsevier, p. 385-399.

BAROUCH G., 1989, *La décision en miettes : systèmes de pensée et d'action à l'œuvre dans la gestion des milieux naturels,* Paris, L'Harmattan, 237 p.

BEIERLE T. C., 1998, *Public participation in environmental decisions: an evaluation framework using social goals,* Discussion Paper 99-06, Resource for the Future, Washington, 31 p.

BERNIER L., LACHANCE P., QUILLIAM L., GINGRAS D., 1998, *Rapport sur l'état du Saint-Laurent. La contribution des activités urbaines à la détérioration du Saint-Laurent.* Équipe conjointe bilan, composée de représentants d'Environnement Canada, de Pêches et Océans Canada et du ministère de l'Environnement et de la Faune du Québec, Rapport technique, Sainte-Foy.

BORN S. M., SONZOGNI W. C., 1995, « Integrated Environmental Management: Strengthening the Conceptualization ». *Environmental Management,* 19, 2, p. 167-181.

Groupe de travail sur l'approche écosystémique et la science des écosystèmes, 1996, *L'approche écosystémique : au-delà de la rhétorique,* Environnement Canada, Ottawa, 23 p.

Ministère des Affaires étrangères et du Commerce international, 2000, *Leçons de la nature : l'approche écosystémique et la gestion intégrée des terres au Canada*, Environnement Canada, Collection de monographies sur le développement durable au Canada 13, Ottawa, 34 p.

Ministère des travaux publics et des Services gouvernementaux, 2001, *Rapport de la commissaire à l'environnement et au développement durable à la Chambre des communes. Le bassin des Grands Lacs et du Saint-Laurent*, Ottawa, 361 p.

Cornford A., O'Riordan J., Sadler B., 1985, « Planning, assessment and implementation: a strategy for integration », *in* B. Sadler (Ed.), *Environmental Protection and Resource Development*, Calgary, University of Calgary Press, p. 47-75.

Dansereau P., 1987, « Les dimensions écologiques de l'espace urbain », *Cahiers de géographie du Québec*, 31, p. 333-395.

Dartois J., Daboval B., 1999, *Vingt-cinq ans d'assainissement des eaux usées industrielles au Québec : un bilan*, Ministère de l'Environnement du Québec, Québec, 81 p.

Domon G., Gariépy M., Jacobs P., 1992, *Développement viable en milieu urbain: vers une stratégie de gestion des interventions*, Plan Canada 1, p. 8-17.

Dorcey A. H. J., McDaniels T., 2001, « L'implication des citoyens en environnement : attentes élevées et résultats incertains », *in* E. A. Parson (dir.) *Gérer l'environnement : défis constants, solutions incertaines*, Montréal, Presses de l'Université de Montréal, p. 249-301.

Duran P., 1999, *Penser l'action publique*, Maison des Sciences de l'Homme, Paris, Librairie générale de droit et de jurisprudence, Collection droit et société, 212 p.

Duran P., Thoenig J-C., 1996, « L'État et la gestion publique territoriale », *Revue française de science politique*, 41, p. 580-623.

Emelianoff C., Theys J., 2000, « Les contradictions de la ville durable » *in* J. Theys (Éd.), *Développement durable, villes et territoires. Notes du Centre de prospective et de veille scientifique*, Paris, Ministère de l'Équipement, des Transports et du Logement, p. 53-63.

Falque M., 1996, « Gestion patrimoniale et nouvelle économie de l'environnement », *in* F. Lacasse, J-C. Thoenig (dir.) *L'action publique : morceaux choisis de la Revue politiques et management public* (PMP), Paris, L'Harmattan, p. 111-141.

Fisher F., 2000, *Citizens, experts and the environment. The politics of local knowledge*, Durham, Duke University Press, 336 p.

Gardner J. E., 1989, « Decision making for sustainable development: Selected approaches to environmental assessment and management », *Environmental Impact Assessment Review*, 9, p. 337-366.

Gariépy M., 1995, « Le développement durable en milieu urbain : des enjeux convergents avec ceux de l'évaluation environnementale » *in* J. Theys (dir.) Le développement durable urbain en débat : réflexions à partir de l'exemple canadien, Paris, Ministère de l'Équipement, du Logement, des Transports et du Tourisme, CPVS, coll. Techniques, Territoires et Sociétés, 30, p. 17-27.

Gauthier M., 1998, *Participation du public à l'évaluation environnementale: une analyse comparative d'études de cas de médiation environnementale*, Thèse de doctorat en études urbaines, Université du Québec à Montréal, Montréal, 317 p.

Grumbine R. E., 1994, « What is Ecosystem Management? », *Environmental Management*, 8, p. 27-38.

Hamel P., 1996, « Crise de la rationalité : le modèle de la planification rationnelle et les rapports entre connaissance et action » *in* R. Tessier, J- G. Vaillancourt (dir.), *La recherche sociale en environnement : nouveaux paradigmes*, Montréal, Presses de l'Université de Montréal, p. 61-74.

Imperial M. T., 1999, « Institutional Analysis and Ecosystem-Based Management », *Environmental Management*, 24, p. 449-465.

JOBERT B., MULLER P., 1987, *L'État en action. Politiques publiques et corporatismes*, Paris, Presses universitaires de France, 242 p.

JOUVE B., 2002, *La gouvernance en questions*, Paris, Elsevier, 124 p.

LASCOUMES P., 1994, *L'éco-pouvoir : environnements et politiques*, Paris, La Découverte, 317 p.

LASCOUMES P., LE BOURHIS J-P., 1998, « Les politiques de l'eau : enjeux et problématiques », *Regards sur l'actualité*, n° 241, Paris, La Documentation Française, p. 33-41.

LAWRENCE D. P., 2000, « Planning theories and environmental impact assessment », *Environmental Impact Assessment Review* 20, p. 607-625.

LEPAGE L., 1997, « Note sur l'administration de l'environnement », *in* P. P. TREMBLAY (dir.), *L'État administrateur : modes et émergences*, Sainte-Foy, Presses de l'Université du Québec, p. 401-418.

LEPAGE L., GAUTHIER M., CHAMPAGNE P., 2002a, «Le projet de restauration du fleuve Saint-Laurent : de l'approche technocratique à l'implication des communautés riveraines », *Sociologies Pratiques, 7.*

LEPAGE L., BRUNET N., GAUTHIER M., MILLER F., TREMBLAY S., 2002b, *La gestion de l'eau au Canada et au Québec : acteurs, enjeux, problématiques et action publique*, Rapport final soumis à Environnement Canada – Région Québec, Chaire d'études sur les écosystèmes urbains, Université du Québec à Montréal, Montréal, 71 p.

MACLAREN V. W., 1993, *Pour un développement urbain durable au Canada : la mise en œuvre du concept*, Toronto, Centre intergouvernemental de recherche urbaines et régionales.

MARGERUM R. D., 1999, « Integrated environmental management: the Foundation for successful practice ». *Environmental Management, 24*, p. 151-166.

MARGERUM R. D., BORN S. M., 1995, « Integrated Environmental Management: Moving from Theory to Practice », *Journal of Environmental Planning and Management, 38*, p. 371-390.

MERMET L., 1992, *Stratégies pour la gestion de l'environnement. La nature comme jeu de société ?* Paris, L'Harmattan, 221 p.

MCHARG I., 1969, *Design with Nature*, New York, Doubleday-Natural History Press, 198 p.

MONTGOLFIER J., NATALI J-M., 1987, *Le patrimoine du futur : approches pour une gestion patrimoniale des ressources*, Paris, Economica, 249 p.

MULLER P., 1995, « Les politiques publiques comme construction d'un rapport au monde », *in* A. FAURE, G. POLLET, P. WARRIN, *La construction du sens dans les politiques publiques. Débats autour de la notion de référentiel*, Paris, L'Harmattan, p. 153-179.

OLLAGNON H., 1989, « Une approche patrimoniale de la qualité du milieu naturel », *in* N. MATHIEU, M. JOLLIVET (dir.), *Du rural à l'environnement : la question de la nature aujourd'hui*, Paris, ARF/L'Harmattan, p. 258-268.

OLLITRAULT S., 2001, « Les écologistes français, des experts en action », *Revue française de science politique,* 51, p. 105-130.

PADIOLEAU J.-G., 2000, « Prospective de l'aménagement du territoire : refondations liminaires de l'action publique conventionnelle ». *in* S. WACHTER *et al.* (dir.) *Repenser le territoire. Un dictionnaire critique*, Paris, DATAR/Éditions de l'Aube, p. 113-138.

PARSON E. A. (dir.), 2001, *Gérer l'environnement : défis constats, solutions incertaines*, Montréal, Presses de l'Université de Montréal, 420 p.

Québec, 1978, « Pour un fleuve de qualité: synthèse du rapport final du comite d'étude sur le fleuve Saint-Laurent », Supplément du magazine *Québec Science*, 17, 3, 50 p.

ROE E., 1996, « Why ecosystem management can't work without social science: an example from the California northern spotted owl controversy », *Environmental Management*, 20, p. 667-674.

ROSS N., EYLES J., COLE D., IANNANTUNO A., 1997, « The ecosystem health metaphor in science and policy », *The Canadian Geographer*, 41, p. 114-127.

SENÉCAL G., 1996, « Champs urbains et développement durable : les approches canadiennes de la ville écologique », *Natures Sciences Sociétés*, 4, p. 61-74.

SLOCOMBE S. D., 1998, « Defining Goals and Criteria for Ecosystem-Based Management ». *Environmental Management*, 22, p. 483-493.

STOKER G., 1998, « Cinq propositions pour une théorie de la gouvernance », *Revue internationale des sciences sociales* 1, p. 19-30.

THEYS J., (dir.), 1995, « Le développement durable urbain en débat : réflexions à partir de l'exemple canadien », *Techniques, Territoires et Sociétés*, Paris, Ministère de l'Équipement, du Logement, des Transports et du Tourisme, 30, 74 p.

THEYS J., 2001, « Un nouveau principe d'action pour l'aménagement du territoire ? Le développement durable et la confusion des (bons) sentiments », *in* S. WACHTER *et al.* (dir.), *Repenser le territoire : un dictionnaire critique*, Paris, DATAR/Éditions de l'Aube, p. 225-284.

TOMALTY R., GIBSON R., ALEXANDER D., FISHER J., 1994, *Planification écosystémique des régions urbaines du Canada*, Toronto, Centre intergouvernemental de recherche urbaines et régionales, 202 p.

WACHTER S., BOURDIN A., LEVY J., OFFNER J.-M., PADIOLEAU J.-G., SCHERRER F. et THEYS J., 2000, *Repenser le territoire : un dictionnaire critique*, Paris, DATAR/Éditions de l'Aube, 287 p.

Chapitre 8

Sociologie du compteur d'eau*

Ce qui coûte cher, ce n'est pas l'eau elle-même, mais ce sont les investissements et aussi l'information sur sa gestion. La plupart des coûts des services d'eau sont des coûts fixes qu'on doit forcément répartir sur les mètres cubes vendus, même si ces volumes baissent, comme c'est le cas pour la première fois en Europe (J.-M. Barbier, 2000). Il résulte de ce constat que tout ensemble de consommateurs d'eau faisant de substantielles économies subira, à court terme, une augmentation inversement proportionnelle de son prix de l'eau (et il risque de ne pas être content). C'est pourquoi, il faut accompagner les efforts demandés pas une information, voire des aides (M.-A. Dickinson, 2000).

IL Y A « DU GAZ DANS L'EAU »

Les services publics d'eau et d'assainissement constituent à n'en pas douter un élément lourd de la gestion durable des villes. Or, dans plusieurs pays européens, et notamment en France, depuis le début des années quatre-vingt-dix, la concomitance de phénomènes climatiques, du renchérissement du prix de l'eau (lié en partie aux Directives européennes, et en partie au besoin de renouveler des installations devenues vétustes), et enfin de quelques affaires de corruption ou d'abus liés à la privatisation, ont conduit à développer une contestation du public, en rupture avec des décennies de fonctionnement dans l'ombre et dans la satisfaction ignorante. Mais cette contestation se fait souvent dans une perspective consumériste qui ne s'inscrit pas dans la problématique de la durabilité. Les associations de consommateurs elles-mêmes, et les élus qui représentent les couches moyennes, ne s'en rendent guère compte. Le développement durable est un concept philosophique qu'on a bien envie de laisser aux générations futures (!), alors que les concepts des économistes de l'environnement, eux, leur paraissent d'une légitimité irrésistible. Recouvrement des coûts (plus de subventions), principe pollueur payeur (dans la Taxe générale sur les activités polluantes – TGAP – et pas dans des ressources affectées aux relents mutualistes, *cf.* M. Matheu *et al.*, 1997), privatisation ou libéralisation, compensée par la mise en place de régulateurs centraux (le modèle anglais) et par des garanties de service minimum pour les pauvres (le fameux service universel) ; et

---

* Chapitre rédigé par Bernard BARRAQUÉ

certains vont même fantasmer sur le développement de marchés de l'eau sur la ressource elle-même (le Chili de Pinochet)... tout cela paraît si solide qu'il n'y aurait qu'à s'adapter comme les autres Européens, et mettre à la poubelle deux cents ans de gestion municipaliste (pour l'Europe) et de service public à la française.

Cette contribution vise à mettre le doigt là où les économistes devraient avoir mal, et même à montrer la schizoïdie de la Commission européenne. Par exemple, les hauts cris poussés par tous les pays, surtout les Espagnols, devant la tentative d'imposer la tarification au coût complet, me paraissaient justifiés : on ne sait même pas aujourd'hui si les pays les plus avancés pourront facturer aux consommateurs l'entretien à long terme de leurs infrastructures d'eau (par exemple en Angleterre), alors pourquoi voudrions-nous imposer aux pays du Sud une tarification au coût complet que nous n'avons pas pratiquée chez nous pendant toute la période de mise en place de l'infrastructure (150 ans...) ? Mais, en fait, le problème est bien plus compliqué, car l'inachèvement des réseaux publics d'eau et d'assainissement est en partie dû au fait que c'est la grande hydraulique d'irrigation qui était privilégiée. Or, ce que les Espagnols ont obtenu dans la négociation finale de la Directive cadre, c'est l'atténuation du principe du recouvrement des coûts, mais c'est alors aussi la poursuite des subventions européennes les plus perverses : celles qui leur permettront d'apporter de l'eau de l'Ebre ou du Rhône à Almeria, à un prix nettement supérieur à celui du dessalement de l'eau de mer, avec des impacts écologiques dramatiques, alors que toute l'eau dont les villes du sud de l'Espagne ont besoin est là sur place, mais se trouve utilisée, voire gaspillée, par une irrigation qui ne paye presque rien ! Cette pratique typique des dictatures (appliquer Wittfogel à Franco) se poursuit au mépris du droit espagnol de l'eau qui accorde la priorité à l'eau potable sur tous les autres usages ! Si j'étais économiste travaillant pour la DG Environnement ou pour la Banque européenne d'investissement (BEI), j'aurais du mal à me regarder dans une glace. Et aussi si je savais ce que deviennent les subventions européennes en Grèce : construction de stations d'épuration où n'arrivent pas de réseau d'égout, ou qui ne sont faites que pour être inaugurées. Mais les économistes sont trop occupés à calculer l'élasticité de la demande par rapport au prix, car ils pensent que l'on doit faire baisser la demande pour faire baisser le coût du service, et que la seule façon de le faire est d'augmenter les prix. Peut-être ont-ils raison à long terme, sauf qu'à court et à moyen terme, ils sont en train de tuer le service public de l'eau, et de nous ramener dans la situation des grandes villes du Tiers Monde, où on a bien évidemment intérêt à être riche et bien portant (M.-H. Zérah, 1997) : en effet, A. Euzen (2002) a montré que la confiance globale des usagers est au cœur du bon fonctionnement du service, et cette politique économiciste crée la défiance en consumérisant abusivement la relation de service.

LA DURABILITÉ DES SERVICES DE L'EAU, QU'EST-CE QUE C'EST ?

Comme nous avons tenté de le montrer dans une comparaison européenne conduite avec un financement de la DG XII (recherche Water 21), la durabilité des services d'eau appelle une approche interdisciplinaire, parce qu'elle conduit à chercher des réponses à trois questions à la fois :

– les modes de financement actuels, et en particulier les factures d'eau lorsqu'il y en a, permettent-ils de maintenir le patrimoine technique en bon état, une fois l'équipement initial réalisé ? Cette formulation nous paraît plus précise que la notion de tarification au coût complet (*full cost pricing*) proposée dans la Directive cadre européenne ;

– quels investissements supplémentaires faut-il consentir pour améliorer les performances environnementales et sanitaires des services ? Dans chaque pays européen, les Directives nombreuses sur l'eau potable, l'assainissement et l'épuration, et désormais le milieu aquatique, viennent s'ajouter aux politiques nationales plus anciennes ou plus spécifiques, et se traduisent par des investissements importants. Par exemple, la Directive sur les eaux résiduaires urbaines (CEE 271/91) a été évaluée à 10 milliards d'euros pour les Britanniques, 12 pour les Français, 28 pour les Italiens, et jusqu'à 65 pour l'Allemagne (dont près de la moitié pour les *Länder* de l'ancienne RDA). Ces sommes considérables conduisent à se demander si, dans certains cas, des solutions techniques alternatives à la *end of pipe technology* ne seraient pas plus appropriées. Mais, contrairement à ce que certains romantiques croient, il y aura encore des villes dans dix ans, et donc il faudra des réseaux d'eau, d'égout et des stations d'épuration ;

– si tous ces investissements et ces coûts de fonctionnement accrus se répercutent sur les factures d'eau ou les *rates,* les usagers peuvent-ils encore payer, et l'accepteront-ils ? Quelle va être l'attitude des élus, soumis qu'ils sont à la pression des médias ?

Or, on doit admettre que c'est sur ce dernier point qu'on en sait le moins. On ne sait pas ce que les gens font avec l'eau du robinet, ni ce qui fait évoluer leurs pratiques ! Or, comme pour la première fois, les volumes vendus stagnent ou diminuent un peu partout en Europe, les distributeurs d'eau publics et privés doivent faire face à des baisses de recettes ; ils se demandent si l'on ne va pas rentrer dans une spirale infernale de baisse des consommations entraînant des hausses de prix et réciproquement. Pourtant, les études économiques en termes d'élasticité par rapport au prix ne sont pas concluantes, et cela, même en Californie où pourtant la consommation par habitant est quatre fois supérieure à la moyenne européenne, et où par conséquent des potentiels d'économie importants existent. Si les gros usagers répondent à l'augmentation des prix, les usagers domestiques sont en fait plutôt sensibles aux conseils donnés gratuitement à domicile par des agents publics auxquels ils font confiance : en effet, c'est surtout en maîtrisant des fuites anciennes ou en changeant des appareils pour d'autres plus économes que les économies se font, mais pas dans une moralisation de pratiques quotidiennes qui restent assez inconscientes (M.-A. Dickinson, 2000). On notera au passage l'importance du maintien des collectivités locales comme acteurs de la gestion des services, puisqu'elles apportent leur légitimité à la confiance globale des usagers envers le service public. Dans plusieurs pays européens, les distributeurs d'eau ou des institutions publiques commencent à faire des études sociologiques ou anthropologiques sur les usages de l'eau du robinet (A. Euzen, 2002).

LES *STADTWERKE* ALLEMANDS, LES RÉGIES FRANÇAISES

Il y a quelques années, le responsable des services d'eau de la Banque mondiale, John Briscoe, est venu en Allemagne pour étudier la performance de la formule de gestion dominante de ce pays, c'est-à-dire la privatisation formelle des services publics dans des sociétés transversales à plusieurs services, mais appartenant aux villes. Sur la base d'informations fournies par les Allemands eux-mêmes, il a trouvé que la réponse était non, et a surtout pensé que la re-municipalisation des services des *Länder* de l'Est lors de l'unification de 1990 était un échec, se traduisant par une forte augmentation de prix et par une forte baisse de la consommation, donc de confort. Selon J. Briscoe, il aurait mieux valu garder les entreprises régionales de distribution d'eau et les privatiser ; et bien qu'il s'en défende, cela venait à proposer le modèle anglais : entreprises privées régionales, régulateur étatique central. En regardant attentivement le document, j'ai découvert que les données sur lesquelles il s'était basé étaient fausses, ou en tout cas non vérifiées : on comparait ainsi le prix de l'eau allemand de 1994 avec celui des autres pays d'années antérieures, on comparait des prix par m^3 au lieu de comparer des factures annuelles ; et surtout, un homme venu d'un grand pays neuf (Afrique du Sud) où la consommation domestique, comme aux États-Unis et en Russie, est à l'échelle du pays, c'est-à-dire à plus de 500 l/hab/jour, ne pouvait pas comprendre que la baisse de consommation de l'Allemagne de l'Est ramenait simplement celle-ci au niveau des consommations de l'Europe de l'Ouest. Et que je sache, avec 120 à 190 l/hab/jour (variation entre le Danemark ou les Pays Bas et l'Italie ou l'Espagne), les Européens n'ont pas l'impression de manquer de confort ! Ma réponse à J. Briscoe a été publiée dans le *Journal des ingénieurs de l'eau allemands* (B. Barraqué, 1998).

Il y a donc un préjugé tenace chez les économistes contre la gestion municipale, alors que celle-ci représente encore la majorité des services publics. En France par exemple, ceux qui vantent le « modèle français » de délégation aux grands groupes privés se gardent bien de rappeler que subsistent de nombreuses régies municipales, et même de très grandes qui sont particulièrement performantes, et qui, par leur existence même, empêchent les sociétés privées d'abuser de leur situation privilégiée dans notre pays.

Ce qu'on ignore de surcroît, c'est que les villes qui choisissent la délégation le font parce qu'elles n'ont pas le choix : lorsqu'on doit faire d'importants investissements de renouvellement du patrimoine vétuste, et que la comptabilité publique interdit aux communes de faire des provisions et même des amortissements, la délégation aux sociétés privées, qui, elles peuvent le faire, permet d'éviter un envol à terme du prix de l'eau ! C'est donc l'administration centrale qui, bien que d'une manière passive, aura été responsable de la délégation au privé jusqu'en 1994 (introduction de la circulaire M49 qui permet au contraire d'amortir).

Il ne faut pas non plus oublier de rappeler que les Anglais, ayant privatisé entièrement les services publics d'eau, pratiquent apparemment le « recouvrement complet des coûts ». À ceci près que, lors de la privatisation en 1989, le gouvernement a annulé la dette des Regional Water Authorities et offert une « dot verte », le tout pour rendre la privatisation attractive… et pour un total de 65 milliards de francs ! Soit une subvention en une fois représentant de l'ordre de 20 fois le total de l'argent public injecté chaque année en France dans les flux financiers de l'eau (de 3 à 5 MdF sur un chiffre d'affaires de 85 MdF au moins[1]).

LA SUBLIMATION RÉPRESSIVE ?

Il y a trente ans, Herbert Marcuse était à la mode, et on apprenait que la société capitaliste nous offrait la « désublimation répressive ». C'est-à-dire que les tabous d'avant la révolution libérale sautaient, mais on vous faisait payer la liberté, si bien que seuls les plus aisés pouvaient « dé-sublimer ». On donnait l'exemple de l'avortement, où le voyage en Angleterre ou aux Pays-Bas était finalement réservé aux riches. Or que se passe-t-il aujourd'hui ? On a persuadé, depuis des années, les usagers des services publics d'eau qu'ils la gaspillaient, qu'il fallait l'économiser, ne serait ce que par solidarité avec les peuples sans eau, etc. En Suisse, où pourtant on ne manque pas d'eau, la consommation a vraiment baissé depuis 1976, année d'un pic historique de consommation dû à la sécheresse. Le résultat, c'est que, pour faire face à leurs annuités d'emprunts liées aux investissements de sur-capacité qu'ils avaient crus nécessaires, les distributeurs d'eau publics qui en vendaient moins, ont été obligés d'augmenter les prix unitaires. Donc, on fait des économies et on paye plus cher. C'est de la sublimation répressive. Très fort le capitalisme… C'est pourquoi, quand on entend des économistes essayer de démontrer qu'il faut augmenter les prix pour faire baisser la demande, et « jouer à l'élasticité », on doit crier au fou ; on peut vite leur montrer qu'en fait, c'est de la mauvaise économie qui cache un argumentaire purement moral.

En Flandres belges, on a décidé d'appliquer à la lettre la décision de Rio, avec 40 l/hab/jour gratuits, et augmentation des prix par tranches au-delà, le tout calculé de telle façon que les distributeurs s'y retrouvent. Comme il est impossible de mesurer la consommation chaque jour, on a adopté 15 m^3/hab/an gratuits. Et on peut savoir à peu près combien de personnes vivent derrière un compteur, puisque c'est déclaré aux impôts locaux. À la conférence Lille 1 des Agences de l'eau (1999), les gestionnaires des services d'eau belges sont venus dire leur inquiétude, parce que cette mesure déstabilisait la régularité des volumes vendus, alors que ceux-ci étaient déjà parmi les plus faibles d'Europe. Ils pensaient que des particuliers cherchaient à utiliser à nouveau l'eau de leurs puits privés. Et six mois plus tard, à la conférence de Sintra organisée par la DG Environnement sur le prix de l'eau (EC, 2001), un universitaire qui avait fait un audit pour le gouvernement flamand est venu présenter une étude sous embargo : il avait trouvé que les 15 premiers m^3 gratuits avantageaient les familles riches ! En effet, il se trouve que, dans cette région, les plus riches ont plus d'enfants, et qu'à partir d'un certain nombre, un enfant supplémentaire ne consomme pas assez pour que le coût marginal arrive dans les tranches les plus élevées. Donc, les familles riches sont plus subventionnées que les pauvres (le texte de P. Van Humbeeck, de 1998, a été republié dans le livre d'A. Dinar, *Banque*

---

1. Soit 0,46 à 0,76 milliards d'euros sur un chiffre de 12,96 milliards d'euros.

mondiale : The Political Economy of Water Pricing Reforms). Cet exemple devrait être médité par tous ceux qui ont oublié de faire le minimum d'enquête sociologique avant d'imaginer des usines à gaz de tarification, uniquement pour faire accepter en fait la dé-municipalisation des services publics et leur consumérisation. Cela ne se passe pas qu'en France, mais dans toute l'Europe. Le comble c'est qu'à la conférence de Lille 2, un an après Sintra, c'est la commissaire européenne à l'Environnement, Margot Wallström en personne, qui est venu nous dire qu'il fallait qu'on fasse tous l'expérience des Flandres belges… On se demande si les économistes qui la conseillent ont le temps de lire les actes des conférences qu'ils organisent. Aux États-Unis, des collègues urbanistes ont montré pourquoi on ne pouvait pas remplacer le système de tarification archaïque (on paye selon le linéaire de façade sur la rue) par des compteurs : les loyers sont déjà trop élevés (D. Netzer, M. Schill et S. Dunn, 2001).

LE COMPTEUR D'EAU

Un autre élément qui illustre bien le simplisme de l'approche économiciste par rapport à la réalité, c'est le compteur individuel. Pour l'économiste, le compteur est indispensable pour permettre le choix rationnel du consommateur. Influencé par des députés consuméristes, des médias et des associations de locataires, le gouvernement de la Gauche plurielle souhaitait le généraliser à tous les appartements. Or, on peut montrer que, s'il est tout à fait justifié pour les maisons individuelles, notamment du fait de l'élasticité des consommations extérieures au logement, ce n'est guère le cas en appartement ; dans la plupart des petits immeubles, il coûte plus cher qu'il ne rapporte, et il va même parfois à l'encontre du souci de justice sociale qui semble animer ses partisans. Le débat à son sujet est révélateur du décalage entre un discours général sur la gestion durable et sa mise en pratique dans des solidarités au bon niveau. Il n'y a aucun mal à vivre en cultivant une certaine confiance réciproque entre voisins d'un immeuble, surtout si elle coûte moins cher que la consumérisation individualisée. Par ailleurs, on manque d'analyses précises, mais il est bien possible que les tenants du compteur individuel soient en fait des gens bien élevés de couches moyennes qui découvrent tout soudain qu'ils payent (l'eau) pour les autres, mais seulement le lendemain du jour où leurs enfants sont partis du foyer parental pour vivre leur vie. Quelle belle solidarité inter-générationnelle ! Les groupes de l'eau ont été les champions du comptage individuel : ils sont punis eux aussi par là où ils ont péché, car le comptage individuel va leur coûter cher à eux aussi.

À l'inverse, certains organismes d'Habitation à loyer modéré (HLM) français qui se sont lancés dans les LQCM (Logements de qualité à coûts maîtrisés, pour une population à faibles revenus) ont été conduits à supprimer les compteurs et à faire payer les charges d'électricité et de gaz par des forfaits mensuels : ces derniers sont prévisibles et donc acceptables par les gens modestes qui n'ont jamais de quoi payer une facture variable et venant à l'improviste. Cet exemple (dont il faut encore vérifier s'il a été étendu au comptage de l'eau) devrait faire encore davantage méditer tous ceux qui confondent justice sociale et consumérisme.

UN NÉCESSAIRE RECUL HISTORIQUE

Le recul historique montre que les services de l'eau se sont avant tout développés à l'échelle locale, mais grâce à des financements publics, donc des subventions, dans le cadre des convictions de l'époque : les infrastructures étant des industries de coûts fixes élevés et de coûts marginaux très faibles, il paraissait logique qu'elles soient financées par l'impôt. À la longue cependant, les dysfonctionnements de ce modèle « municipaliste », tourné uniquement vers l'offre, sont apparus, et ont attiré des formes de gestion modernisées plus proches des critères du secteur privé. Pourtant, l'exemple actuel des pays du sud de l'Europe montre qu'il est impossible de rationaliser la gestion des services d'eau (en se rapprochant de la « vérité des coûts et des prix ») tant qu'ils demeurent rationnés (que la population n'est pas presque entièrement desservie). Et par ailleurs, la gestion de la demande n'en est qu'à ses balbutiements, contrairement à ce qui est la règle dans l'approche par le marché.

C'est bien entendu parce qu'on a peur qu'une tarification au coût complet, ainsi qu'un découpage en segments de marché (pas besoin d'eau potable pour les WC ou le jardin) n'entraîne des conséquences sanitaires et financières aussi graves qu'imprévisibles, tant sont nombreux les acteurs de l'eau à ne pas avoir la culture technique de base ; sans parler des usagers domestiques.

Il existe maintenant de nombreux instruments économiques permettant d'infléchir la gestion de l'eau dans un sens plus respectueux de l'environnement. Cependant, ils doivent tenir compte de la spécificité du secteur :
– le coût très élevé du renouvellement et de l'amélioration des infrastructures, mais qui a lieu rarement et par à-coups, incite les Européens à mettre en place diverses formes de péréquation et de transferts réciproques, allant de la simple concentration des services (spatialement ou transversalement) à la création de mutuelles de financement (les Agences de l'eau françaises), sans oublier les anciennes formes de solidarité sociale, éventuellement renouvelées. Le sujet est considéré comme de grande importance par la direction de l'eau du ministère de l'Écologie qui y consacre un groupe de travail permanent ;
– le coût très élevé de l'information nécessaire pour conduire une politique économiquement rationnelle (surtout quand les acteurs sont restés très nombreux, c'est-à-dire partout sauf en Angleterre), conduit à développer des approches économiques conventionnelles entre diverses catégories d'usagers, appliquant pragmatiquement le théorème de Coase : ainsi faire racheter par les usagers des réseaux publics la réextensification de l'agriculture pour protéger les ressources souterraines est-il non seulement un jeu à somme positive, mais une stratégie efficace à long terme, puisqu'elle permet de développer un apprentissage collectif en direction des agriculteurs. Or c'est bien un des problèmes clés de demain : pendant que certains gouvernements inventent des dispositifs compliqués pour faire payer les pollueurs et pour garantir une justice des prix entre usagers domestiques, ils ne font rien sur les transferts entre catégories d'usagers, et notamment rien en direction des prélèvements et des rejets de l'agriculture, qui continuent d'augmenter à coups de subventions publiques.

CONCLUSION

C'est ici que je crois voir une contradiction majeure dans la Directive cadre qu'on vient d'adopter : d'un côté, on veut faire une gestion intégrée par bassin, et de l'autre on enferme la discussion du recouvrement des coûts dans une analyse par secteur. Et en plus on a une vision très traditionnelle de la participation. Alors qu'un soutien aux formes coutumières et communautaires de gestion de l'eau que l'Europe connaît depuis l'aube de son histoire, même si elle ne rentre pas dans la logique du « libéralisme étatique » (voyez le modèle anglais qui fascine tous les ministres des Finances d'Europe) serait un gage de durabilité par l'apprentissage collectif de ce qu'est un service public d'eau. Insistons sur le fait que, dans plusieurs pays d'Europe qui se préoccupent de la pollution diffuse de l'agriculture et de ses conséquences sur les ressources à potabiliser, les services publics n'hésitent plus à passer des contrats avec les agriculteurs pour leur payer le manque à gagner d'une ré-extensification des pratiques, qui elles, protègent les aquifères sur de grandes surfaces.

En tout état de cause, la gestion locale des services publics ne paraît pas du tout condamnée, si elle sait combiner la légitimité forte des élus locaux, avec diverses formes de modernisation de la gestion (amortissements, regroupements à des échelles techniquement plus viables). En France, on délègue à des grands groupes, qui ont dans l'ensemble un excellent savoir-faire. Mais dans les pays voisins, ce sont les collectivités locales elles-mêmes qui créent des sociétés privées dont elles sont actionnaires quasi-uniques pour moderniser la gestion. Quant à la consommation des ménages, il est évident qu'il est préférable de développer l'emploi d'appareils économes, mais il faut conduire cette évolution avec mesure et prudence, pour ne pas mettre les services publics en difficultés financières. C'est notamment quand on approche de la pleine capacité des installations de production et de distribution qu'il est vital de lancer des modes de gestion « par la demande », pour repousser dans le temps des investissements coûteux et souvent irréversibles.

RÉFÉRENCES BIBLIOGRAPHIQUES

Agences de l'eau, Région Nord-pas-de-Calais, et Commission européenne, 1999, 2000, *L'Europe de l'eau, l'eau des Européens*, actes de la conférence.

BARBIER J.-M. (dir.), 2000, dossier « Évolution des consommations d'eau », TSM – Génie Urbain – Génie Rural, *periodical of the AGHTM*, 2.

BARRAQUÉ B., 1998, « Europäisches Antwort auf John Briscoes Bewertung der Deutschen Wasserwirtschaft », *GWF Wasser-Abwasser*, 139, 6.

BARRAQUÉ B., 2001, « De l'eau dans le gaz à l'usine à gaz », *Hydrotop 2001*, colloque scientifique et technique, Marseille, 24-26 avril, Recueil des Communications, C-068.

DICKINSON M.-A., 2000, « Water conservation in the United States: a decade of progress » *in* A. ESTEVAN & V. VIÑUALES, *La efficiencia del agua en las ciudades*, Bilbao, col. Nueva Cultura del Agua, Bakeaz/Fundacion Ecologia y Desarrollo.

DINAR A. (Ed.), 2000, *The Political Economy of Water Pricing Reforms*, Oxford university Press, World bank, 416 p.

EUROPEAN COMMISSION, 2001, *Pricing water, economics, environment and Society*, proceedings of the Sintra conference, Office of publications of the European Union, Luxembourg.

EUZEN A., 2002, *L'eau du robinet : une question de confiance. Approche anthropologique des pratiques liées aux usages de l'eau du robinet dans l'espace domestique à Paris*, thèse, LATTS-SAGEP.

MATHEU M. *et al.*, 1997, *Évaluation du dispositif des Agences de l'eau*, rapport du Commissariat Général du Plan, La Documentation Française.

NETZER D., M. SCHILL, S. DUNN, 2001, « Changing Water and Sewer Finance, distributional impacts and effects on the Viability of Affordable Housing », *Journal of American Planning Association*, Autumn, 67, 4, p. 420-436.

VAN HUMBEECK P., 1998, *An assessment of the distributive effects of the wastewater charge and drinking-water tariffs reform on households in the Flanders Region in Belgium*, Report of the SERV (Sociaal-Economische Raad Van Vlandern), mai.

ZERAH, M.-H., 1997, « Inconstances de la distribution d'eau dans les villes du Tiers-Monde : le cas de Delhi ». *Flux, cahiers scientifiques internationaux Réseaux et Territoires*, 30, oct.-déc., p. 5-15.

Chapitre 9

La ville durable en quête de transversalité*

INTRODUCTION

Le domaine de l'environnement a toujours mis en évidence la carence des réflexions et des politiques en matière de transversalité. Dès les premiers Protocoles de l'environnement, institués en 1983 par Huguette Bouchardeau et de manière récurrente depuis, la question du décloisonnement de l'action publique se pose, et reste irrésolue. Ni les Plans municipaux d'environnement ni les Chartes d'écologie urbaine ne parviendront à surmonter la sectorisation des politiques municipales (eau, espaces verts, déchets…), bien que l'intégration des différentes variables environnementales soit leur mot d'ordre, et simultanément, leur pierre d'achoppement.

Les approches plus récentes qui se réclament du développement durable accentuent encore cette difficulté en complexifiant nettement le problème. L'exigence d'intégration ne porte plus en effet sur un seul niveau – celui de l'articulation de toutes les composantes de l'environnement urbain (eau, air, énergie, déchets, bruit, espaces verts, paysages...) – mais sur deux autres niveaux, jugés plus importants : d'une part, l'intégration des dimensions écologiques, économiques et sociales, d'autre part, la prise en compte et l'articulation des échelles spatio-temporelles, du court terme au long terme, du local au global.

L'irruption dans le temps de la décision politique des enjeux écologiques planétaires et à long terme pose d'une façon inédite le problème de la responsabilité des pouvoirs publics dans la préservation des conditions de vie sur Terre. Elle remet simultanément en question le fonctionnement de l'action publique, marqué par le cloisonnement des compétences et des délégations. Comme le souligne Graham Haughton (1999), sectorisation et responsabilité ne marchent pas ensemble. Le constat peut être opéré à diverses échelles, mais ce sont les politiques urbaines qui retiendront notre attention. Cette étude repose en effet sur une série d'entretiens non directifs conduits sur la période 1995-2002 auprès de collectivités locales engagées dans une démarche de développement urbain durable.

** Chapitre rédigé par Cyria EMELIANOFF*

Une insaisissable transversalité

Lorsqu'on cherche à identifier les traductions opérationnelles du développement durable urbain en France, la question de la transversalité de l'action municipale ou communautaire s'interpose, à la fois comme un obstacle et un préalable à l'action. Nulle progression possible, aux dires des acteurs, sans l'implication de plusieurs services et l'élaboration de projets portés en commun. Les services, dans une démarche de développement durable, sont amenés à prendre en considération les interactions et les effets induits de leurs politiques dans des domaines qui ne relèvent pas de leur responsabilité directe. Le service des espaces verts, par exemple, en usant de produits phytosanitaires, contribue à la pollution de l'eau. Ce regard transversal, ou oblique, met donc en lumière des effets secondaires indésirables dans le déroulement de l'action publique (U. Beck, 2001). Résorber ou éviter ces effets implique des changements de pratiques qui perturbent le fonctionnement routinier des services. Deuxième difficulté, la transversalité suppose de déconstruire la hiérarchie sédimentée au fil du temps, avec, au centre de l'action publique, les services du développement économique ou de la voirie, et à sa périphérie, les services satellisés de l'environnement ou des relations avec le public, par exemple.

La difficulté d'intégrer des domaines d'intervention et des échelles spatio-temporelles assez étanches constitue un frein considérable à la mise en œuvre de stratégies de développement durable dotées de quelque envergure. Elle se situe au point focal des questions de méthodologie de l'action, puisque l'intégration suppose d'évaluer l'économique à l'aune de l'écologie, l'écologique à l'aune du social, l'action locale au regard de ses impacts globaux, les consommations de ressources et les émissions de polluants eu égard aux générations futures : une succession de décentrements qui laisse de prime abord perplexe ou sceptique devant cette nouvelle complexité.

Pour quelques-uns que le défi stimule parce qu'il redonne un sens certain à l'action publique, beaucoup renâclent et font par inertie de l'obstruction. On comprend dès lors le caractère forcément graduel d'une politique de développement durable, nécessitant la construction d'une adhésion en interne, à un rythme lent : un travail que plusieurs collectivités françaises ont jugé prioritaire, devant conduire à instaurer une culture du développement durable au sein des services. La communauté d'agglomération du Pays de Lorient a par exemple choisi cette approche.

Ces difficultés ne sont pas propres au contexte français. En Europe, la sectorisation de l'action publique est bien identifiée comme une des principales limites à l'impact des Agendas 21 locaux, aux côtés du déficit d'engagement politique et financier (W. M. Lafferty, 2001). On observe souvent un repli des Agendas 21 vers la sphère environnementale, faute de parvenir à entraîner les élus et les services en charge du développement économique et social, parfois même au détriment des enjeux écologiques globaux. Inversement, lorsque les services municipaux travaillent en intelligence et sont aguerris à la transversalité, comme dans nombre de villes suédoises ou danoises, le bilan des Agendas 21 locaux est plutôt positif (W. M. Lafferty, 2001).

Un cercle vertueux qui ne l'est pas

La désarticulation entre les objectifs économiques, sociaux et environnementaux n'est pas seulement imputable à un défaut de transversalité. Comme le souligne S. Campbell (1996), ces objectifs sont conflictuels, ce qui fait tout l'intérêt d'une démarche de développement durable dans la seule mesure où elle explicite ces contradictions. Ces contradictions jonchent la vie quotidienne, par exemple lorsque les citadins s'établissent en milieu rurbain pour respirer de l'air pur, lorsque les médias répètent à qui veut l'entendre que la guerre est bénéfique pour la croissance, ou que le marché de la dépollution s'oppose aux mesures préventives avec un raisonnement qui n'est pas très éloigné : plus les destructions et les réparations augmentent, plus le Produit intérieur brut (PIB) s'accroît. Un développement ne peut dès lors être durable sans éviter une transformation profonde de l'économie, prenant la mesure de ses propres externalités, se réinsérant dans un monde de responsabilités écologiques et sociales.

Les objectifs écologiques et sociaux ne s'harmonisent pas non plus très simplement. Les demandes de qualité de vie s'assortissent d'une ségrégation sociale grandissante et de l'offre, par les promoteurs privés, d'environnements sécurisés, jouant la carte du « sur mesure » et de la qualité environnementale, qu'il s'agisse de parcs résidentiels ou de loisirs. Considérées en revanche depuis le bas de l'échelle sociale, les questions écologique et sociale s'imbriquent, les populations socialement vulnérables étant souvent surexposées aux nuisances et aux risques, que ce soit au sein d'une agglomération ou à l'échelle planétaire. Pendant que la recherche de standing écologique transforme les paysages suburbains, les inégalités écologiques s'accroissent, préoccupantes en milieu métropolitain. Elles ne sont toujours pas devenues un champ d'action politique. L'étanchéité entre « l'urgence sociale » et « l'amélioration de la qualité de vie » demeure, ainsi que l'ordre des représentations.

Certaines villes essayent pourtant de rapprocher ces domaines d'intervention. Les clauses sociales et écologiques dans les marchés publics, les campagnes de promotion des produits « verts », « bios » ou « équitables », développées d'abord en Europe du Nord, sont des pratiques qui se diffusent lentement. Des centres « d'Écoprofit » ont été ouverts dans certaines villes germaniques pour inciter les entreprises à adopter des écotechnologies, tandis que d'autres éditent des publications à destination des Petites et moyennes entreprises (PME), etc. Ces actions peuvent peser sur l'économie locale. Dans les villes néerlandaises et danoises, elles ont joué un effet de levier sur les entreprises et exploitations agricoles, en accompagnement des réglementations et incitations nationales. Plus largement, la réflexion sur les modes de production et de consommation « durables » en vigueur dans les villes scandinaves, ouvre un champ de politiques transversales. La responsabilisation du secteur économique devient un domaine d'intervention politique au niveau local, qui oscille entre amélioration des performances écologiques et économiques et marketing territorial. Les questions sociales sont plus difficiles à aborder dans ce cadre.

L'articulation écologie/économie progresse aussi en interne, au sein des municipalités. En témoigne l'essor, ces dernières années, de la comptabilité environnementale et des écobudgets dans les villes de l'Europe du Nord (Royaume-Uni inclus), ou encore, de la certification environnementale des municipalités. Cette sensibilisation ne descend pas souvent jusqu'au citadin, bien que les « choix individuels » soient un terrain propice à ce type d'exercice. Les critères de localisation résidentielle des ménages évolueraient probablement si, par exemple, le budget consacré aux transports quotidiens était associé aux dépenses affectées au logement, permettant de relativiser le coût décroissant du foncier selon un schéma centre/périphérie (J.-P. Orfeuil, 2000).

Le décloisonnement peut donc être opéré à de multiples échelles, jusqu'à celle du citadin. Il porte aussi bien sur la manière de concevoir les problèmes que sur les liens à établir entre les acteurs et les niveaux d'intervention. Si économie et écologie commencent à dialoguer au niveau local, les relations entre secteurs social et écologique sont plutôt gelées, tandis que le champ de la responsabilité sociale des entreprises s'entrouvre par quelques effets d'annonce.

DES OBSTACLES EN SÉRIE

Dans une administration municipale ou de communauté de communes, des obstacles d'ordre structurel s'opposent au décloisonnement de l'action publique. Ils expliquent l'accueil souvent très réservé des chargés de mission « développement durable » au sein des services. On reproche généralement à ces agents de transversalité d'empiéter sur des domaines de compétences qui ne sont pas les leurs, de plaquer un mot d'ordre extérieur – le développement durable – sur des politiques en ignorant les contraintes respectives de chaque service (leurs cultures professionnelles, en fait), et d'occasionner enfin un surcroît de travail, la transversalité s'ajoutant au mode de fonctionnement habituel sans s'y substituer. Ces critiques révèlent à elles seules la nature des obstacles en jeu : les enjeux et les territoires de pouvoir, les résistances des cultures professionnelles et les inerties organisationnelles.

Cloisonnement et territoires de pouvoir

Les enjeux de pouvoir sont les premiers à s'opposer à l'idée de transversalité. Les élus ou les chefs de service ne sont pas toujours enclins à partager, ou même à accepter des interférences dans des domaines d'intervention parfois âprement négociés, qui sont à la mesure de leurs pouvoirs respectifs. Les délégations d'adjoints sont souvent des chasses gardées, rendant indésirables les regards et les évaluations croisés, qui tendent à être perçus comme des ingérences. Les frontières des territoires sectoriels délimitent et garantissent le pouvoir de chacun.

Chez les élus, la collégialité n'est pas souvent de mise, et travailler avec un collègue d'une autre couleur politique, dans le cadre d'une majorité plurielle par exemple, peut être mission impossible. Pour les élus de même conviction politique, les rivalités de pouvoir tendent à exacerber les différences de points de vue, et il reste difficile de soumettre des attributions thématiques à des jugements collectifs. Les relations entre les chefs de service sont moins compétitives, mais souvent réduites à des échanges plus formels.

Les pouvoirs institués s'opposent à l'idée même de politiques transversales, tout comme ils s'opposent à l'interdisciplinarité dans le domaine universitaire. Les disciplines scientifiques affirment leur pouvoir en défendant leurs frontières, la pertinence particulière de leur approche ou de leur méthode, souvent en rivalité avec les disciplines connexes dans la course aux crédits et aux postes. Les mécanismes institutionnels tendent donc à bloquer l'innovation interdisciplinaire, même s'ils ne l'interdisent pas, se contentant souvent de la marginaliser ou de l'affaiblir.

Une logique similaire est en œuvre dans le monde politique, où les arbitrages budgétaires sont plus aigus encore, où la taylorisation des tâches peut garantir aussi une certaine forme d'efficacité. Réaliser des actions visibles dans l'intervalle d'un mandat est la base de tout électoralisme qui se respecte. La course aux réalisations, permettant de donner une visibilité à l'action politique, bride les initiatives aux retombées non immédiates ou non locales qui pourraient répondre aux enjeux du développement durable. Pour œuvrer vers le long terme, il faudrait en effet accepter de ne pas recevoir les fruits de son travail, admettre les bénéfices différés. Or, l'accélération des temps sociaux, les « obligations de résultats » et l'éclipse des idéaux poussent à travailler en sens contraire, en nourrissant une sorte de productivisme politique. D'autre part, réalisations et changement tendent à être confondus, alors que l'on peut penser que ces deux notions s'éloignent aujourd'hui vertigineusement. L'évolution rapide des budgets voués à la communication montre la même tendance à vouloir relégitimer l'action politique en la rendant simplement plus visible.

Des inerties organisationnelles

Une deuxième série d'obstacles est due au mode d'organisation hiérarchique de l'administration, qui renforce les cloisonnements entre les niveaux de décision et entre les domaines connexes. Le fait est d'autant plus manifeste, et les difficultés d'autant plus grandes, que la taille des villes augmente. Paris et Marseille l'illustrent. La ville de Paris comprend 60 000 agents municipaux et cette seule donnée suscite une réelle perplexité sur la manière de distiller du développement durable dans l'action quotidienne des services, au-delà des quelques initiatives censées l'incarner (Plan local d'urbanisme, projet d'Agenda 21). À Marseille, on compte 12 000 agents municipaux et pas moins de dix échelons hiérarchiques.

La ville de Marseille a initié récemment un travail de réforme de l'administration municipale, visant à décloisonner l'action, à accroître le sens des responsabilités et la subsidiarité. Ce travail est censé préparer la mise en place d'un Agenda 21 local. Même si « le concept de développement durable est déclinable à l'infini pour donner du sens à l'action publique », juge un responsable marseillais, « le premier obstacle, c'est cette rigidité ». Afin de surmonter la démotivation ambiante, liée au sentiment d'impuissance devant cette hiérarchie, la formation de groupes de volontaires comportant plus de 400 personnes a été appuyée pour impulser de nouveaux projets de service.

Les administrations qui ne souffrent pas d'un tel gigantisme sont souvent aux prises avec leur passé. Ainsi à Strasbourg, après l'arrivée de l'ancien maire Catherine Trautmann :

> Avant 1989, l'organigramme n'avait pas changé depuis Bismark. Il y a eu une grosse restructuration interne, pour établir plus de transversalité. Les obstacles, c'était les prérogatives de chacun, sur son territoire. Il fallait réviser la division du travail, ne plus tayloriser.

Encadré 1. Le service de l'Écologie urbaine de la Communauté urbaine de Strasbourg (1990-98) : une transversalité par défaut

Le service de l'Écologie urbaine, dont peu de municipalités ou de communautés urbaines sont alors dotées, prend le relais du service Environnement et Forêts après le changement électoral de 1989. La compétence forêts sera rattachée en 1992 au service des espaces verts. Le nouveau service est composé d'une juriste, un hydrogéologue, un chimiste, un docteur en géographie et un architecte. La diversité de ses compétences répond surtout au caractère très composite de ses missions : « Le service Écologie urbaine est un fourre-tout. Nous traitons tout ce dont ne traitent pas les autres services », explique un de ses membres, à savoir : le respect du périmètre Seveso, la protection des captages, le plan de prévention des risques d'inondation, la cartographie du végétal (les arbres remarquables sont inscrits au POS), celle du bruit routier, etc. Dans le domaine des risques industriels, le service surveille les installations classées ; en matière d'urbanisme, il émet des avis sur les permis de construire ; dans le domaine de l'air, il suit le plan transfrontalier de protection atmosphérique ; dans celui de l'eau, l'observatoire de la nappe phréatique et le futur Plan Bleu ; enfin, dans le champ de la communication, il a en charge les « opérations de médiatisation », l'accueil des scolaires, les relations avec les associations, le suivi des réseaux de villes écologiques.

Le chef de service constate : « On intervient après coup, on éponge le passé, le passif. Nous sommes des pompiers, on n'empêche pas le feu de s'allumer. Après, on réfléchira de manière plus prospective ». Un responsable de la direction de l'Environnement juge qu'il aurait fallu donner un nom différent à ce service, dont les activités ne correspondent pas spécifiquement à l'écologie urbaine. À ses yeux, c'est un service qui vient en appui aux élus et aux autres services, de manière transversale (Entretiens, 1995-97).

Comment travailler de manière horizontale, en effet, lorsque les décisions suivent des parcours verticaux et que les informations s'arrêtent en chemin (soit qu'elles « ne descendent pas », soit qu'elles « ne remontent pas ») ? L'organisation pyramidale, littéralement retranscrite dans l'architecture des Hôtels de ville ou d'agglomération construits à l'époque moderne, est un facteur d'inertie. Elle fige d'autre part la hiérarchisation des problèmes établie à une époque donnée. Dans l'édifice très pyramidal de la communauté urbaine de Strasbourg, par exemple, se trouvent au dernier étage les bureaux du premier adjoint et du maire, un peu en dessous le service Études et programmation, puis celui du Développement économique, tandis que le service du Développement social urbain loge au rez-de-chaussée, et celui de l'Écologie urbaine au sous-sol (*cf. encadré 1*). Le deuxième mandat de Catherine Trautmann (1995-2001) a permis toutefois à l'Écologie urbaine de gagner quelques étages... (*cf. idem*). Toutes les villes qui tentent d'introduire de la transversalité dans les services sont confrontées à la réalité de leur organigramme et à la disposition de leurs bureaux.

Des cultures professionnelles très réticentes

La quête de transversalité se heurte aussi à des résistances culturelles qui apparaissent à plusieurs niveaux, des cadres conceptuels de l'action aux cultures et pratiques professionnelles. Ces résistances grandissent lorsque les exigences du développement durable remettent en question les savoir-faire et les acquis professionnels, ce qui est fréquent. Dans de nombreux domaines – espaces verts, transports, urbanisme et aménagement par exemple –, les requêtes du développement durable sont plutôt contraires à l'expérience des services, fondée sur une vision fonctionnaliste et hygiéniste de la ville en voie d'obsolescence.

Le besoin d'opérer un retour critique sur les anciennes pratiques, ou même d'apprendre à faire le contraire de ce que l'on a appris dans certains cas, ne peut pas être facilement admis par les services. Les élus ont beau jeu de se rassurer en déclarant parfois « faire du développement durable sans le savoir », le doute n'est pas levé. En outre, « le développement durable confronte les décideurs à la complexité de la décision. Il leur montre ce qu'ils ne maîtrisent pas ». Cette complexité n'est pas bien acceptée par les responsables politiques ou administratifs, qui pensaient détenir des réponses et ne sont pas toujours prêts à des remises en question ; d'autant que, les incertitudes scientifiques aidant, on peut toujours douter de la légitimité des enjeux et des problèmes pointés par le développement durable, une position bien plus confortable.

Il est toutefois des domaines où les renversements d'optique sont déjà à l'œuvre. La politique des espaces verts en constitue une figure de proue. La recherche d'une nature plus « naturelle », ou moins contrainte, plus diverse aussi, en ville, conduit de nombreuses municipalités à adopter une « gestion différenciée des espaces verts » qui bouleverse la gestion horticole classique. Le savoir-faire traditionnel des jardiniers, leur formation vouée à l'art de maîtriser la nature, voire de l'artialiser, entre en contradiction avec les nouvelles pratiques plus naturalistes. Les villes qui font ce choix doivent s'organiser pour faire face aux réticences du personnel des espaces verts, et souvent à celles du public.

L'espacement des tailles ou des coupes, l'herbe haute et les pieds d'arbre non défrichés heurtent la culture et la sensibilité des jardiniers. Il s'agit, pour les services des espaces verts, d'entériner ce qui aurait été perçu, peu de temps auparavant, comme un non entretien de l'espace public, une négligence, voire une faute professionnelle. Les agents municipaux sont en outre exposés aux remarques, aux plaintes ou à l'agressivité du public, qui voit initialement dans les espaces non fauchés ou non désherbés des délaissés plutôt insécurisants.

Afin de surmonter ces oppositions, la ville de Nantes, qui introduit la gestion différenciée en 1998, aura recours à un médiateur : un psychologue qui travaille une année durant avec le personnel du service des espaces verts, pour accompagner le changement de culture professionnelle. Les jardiniers craignent de perdre leur savoir-faire et leur emploi. En réalité, la charge de travail ne diminue pas, mais change de nature. Ils ont également le sentiment de se défaire d'une part d'autodétermination dans leur travail, d'autant que le chef de service reste très acquis à la gestion horticole et est en conflit avec l'élu.

Le dialogue avec le psychologue, les cadres du service et les jardiniers a permis d'expliciter à la fois les appréhensions des jardiniers et les attentes de l'équipe politique. « Il a géré un psychodrame. Il a fait ressortir les tensions, les craintes. » Une fois les éléments « objectivés » de part et d'autre, les positions pourront se débloquer. L'appropriation du projet par les jardiniers ne s'est pas jouée en un an, mais la plupart des jardiniers accepteront finalement la démarche. D'autant que les demandes politiques s'assoupliront, en concédant des marges de liberté dans les modalités d'application de cette gestion. On ne parle d'ailleurs pas à Nantes de gestion différenciée, mais de gestion « optimisée »…

Quant aux habitants, si l'on en croit l'expérience rennaise, ce n'est qu'au terme d'un travail d'information et de sensibilisation qu'ils accepteront ces nouvelles méthodes et en apprécieront les bénéfices. La diversité des paysages végétaux, qui autorise de nouveaux usages (jeux d'enfants dans des espaces moins contraints, détente, découverte de la nature en milieu urbain, cueillettes, etc.), améliore en effet sensiblement le cadre de vie, ce qui apparaît au fil du temps. Sur le plan de l'écologie scientifique, la gestion différenciée permet de réduire les traitements phytosanitaires et la pollution, de réintroduire des espèces locales favorisant la biodiversité, autant d'arguments qui peuvent être également entendus par la population.

La municipalité de Rennes, pionnière dans la gestion différenciée des espaces verts en France, avait rencontré quelques années auparavant des difficultés similaires, résolues par une intense politique de communication et la réalisation d'un film vidéo valorisant le travail des jardiniers. Les résistances des techniciens sont aisément compréhensibles. Au-delà des appréhensions quant à leur avenir professionnel et des désagréments liés à la remise en question de leurs pratiques, c'est la légitimité de leur savoir-faire horticole qui est en question. Or, ces compétences acquises sont un élément structurant de leur identité, de leur fierté et de leur satisfaction professionnelles.

Ces conflits sont instructifs parce qu'ils mettent en exergue d'une part les renversements de perspective induits bien souvent par les politiques de développement durable, d'autre part les difficultés d'adaptation face à ce qui est réellement en jeu : une remise en cause et un changement de culture professionnelle. Or, ces problèmes sont généralement sous-estimés. En prendre acte implique d'accompagner les services dans cette phase de transition, par l'ouverture d'un dialogue, par l'explicitation du changement et par un travail de médiation déterminant pour l'appropriation d'une politique de développement durable.

Une réelle pédagogie du développement durable reviendrait ainsi à construire démocratiquement de nouvelles cultures professionnelles, en mettant en débat aussi bien les acquis professionnels que l'intérêt du changement. On observe souvent, à l'inverse, des évolutions qui ne sont pas vraiment explicitées ni accompagnées, et qui, pourtant, ne mettent pas seulement en jeu un infléchissement des pratiques, mais aussi des regards, des représentations et des univers de valeurs. Ce qui fut et qui est encore majoritairement dévalorisé, acquiert une valeur nouvelle dans certains cas, comme la nature « sauvage » en ville, la densité urbaine, ou même la congestion, qui peut devenir un élément de régulation et de dissuasion du trafic automobile en ville. L'absence de débat sur ces renversements optiques nourrit beaucoup d'incompréhensions, de décalages entre les acteurs, et quelques dialogues de sourds.

APPRENDRE LA TRANSVERSALITÉ

Les obstacles mentionnés ont un effet relativement paralysant, mais certaines collectivités locales font preuve de persévérance. Même si la transversalité est un casse-tête, un jeu de patience, elle est aussi un élément essentiel du dégrippage de l'action publique. À ce titre et aux yeux de quelques acteurs, le jeu peut en valoir la chandelle. La quête de transversalité emprunte des voies tâtonnantes : beaucoup de municipalités en sont au stade de l'expérimentation qui se prolonge, faute de solutions structurantes. Modifier l'organigramme, territorialiser l'action publique, créer des missions transversales ou prospectives, développer des projets inter-services sont quelques unes des stratégies employées.

La réorganisation des services

Au cours des années quatre-vingt-dix, différentes collectivités locales se sont lancées dans une « modernisation de l'administration », dans l'idée de favoriser la transversalité entre les services, la cohérence de l'action et une plus grande adéquation avec les orientations politiques des nouvelles équipes. La recherche de transversalité s'est traduite par le réagencement des services au sein de nouvelles directions, censées rapprocher des services complémentaires, comme la direction de l'Environnement de la communauté urbaine de Strasbourg ou la direction de l'Urbanisme à Poitiers. La création de directions territoriales, par exemple à Nantes et Strasbourg, devait elle aussi favoriser les relations horizontales entre les services travaillant sur un même territoire ou quartier, tout en permettant de se rapprocher des électeurs, par l'intermédiaire des élus de quartier. Enfin, pour clore cette recomposition, la hiérarchie administrative a été adoucie dans certains cas par le renforcement du taux d'encadrement.

Chercher la transversalité par les voies de l'organigramme a pu permettre d'établir une meilleure communication entre les cadres de l'administration, les responsables des nouvelles directions étant plus sensibles à la cohérence des politiques dont ils avaient la charge. Mais cette approche reste trop surplombante pour engager de nouvelles pratiques au sein des services. Or, c'est à ce niveau principalement que les obstacles doivent être levés.

Les missions transversales

Une seconde stratégie, plus efficace mais paradoxale, consiste à contourner la difficulté en créant des structures spécifiques en charge des politiques transversales que l'on souhaite conduire. Afin de leur donner la légitimité nécessaire, ces missions sont en général directement reliées au secrétaire général ou au directeur des services techniques.

Cette stratégie a été adoptée par la communauté urbaine de Strasbourg pour mettre en place le tramway à partir de 1989, ce qui a permis de tenir à distance le service de la voirie, qualifié d'« État dans l'État ». La Di'tram, Direction tramway, a piloté l'opération du tramway qui devait être réalisée rapidement (ouverture de la première ligne dans l'échéance du premier mandat), tout en étant fortement transversale puisqu'elle réorganisait aussi bien les déplacements urbains que l'espace public sur le parcours du tramway, sans compter des opérations de communication et de concertation de grande envergure. La Di'tram a bien orchestré l'intervention des services communautaires concernés par le chantier du tramway (environ la moitié d'entre eux), en s'appuyant sur des correspondants « tramway » au sein de chaque service, différents des chefs de service pour se dégager de leur autorité.

Cette stratégie de contournement ou de court-circuitage des services, aux dires de ses protagonistes, montre l'étendue des difficultés pour conduire une politique transversale forte dans le cadre des organisations existantes, mais elle montre aussi les tensions, voire la défiance existant entre les mondes politique et administratif. Elle reste paradoxale, car on ne peut envisager la multiplication de ces structures, qui finiraient tôt ou tard par se substituer aux services, à moins d'organiser un roulement du personnel entre des structures transversales liées à un projet et des services thématiques. Cette fluidité pourrait atténuer les rentes de position. Elle ne relèverait pas toutefois d'une modernisation, mais d'une révolution organisationnelle.

Un deuxième exemple de mission transversale, pionnière dans le domaine de l'environnement, est la Mission interservices pour le respect de l'environnement (MIRE), créée en 1991 par la ville de Mulhouse. Cette instance ne s'est pas substituée aux services qui traitent des questions environnementales, mais elle assure leur coordination transversale. La MIRE pilote les politiques contractualisées avec l'État et a une fonction plus large de sensibilisation, d'information, de formation et de communication, en interne comme en externe, particulièrement en direction du monde industriel. La mission a par exemple aidé à la mise en place d'un crédit à taux préférentiel fixe pour les PME désirant améliorer leurs performances environnementales. En 1997, la politique environnementale a été transférée à la communauté d'agglomération et la MIRE s'est transformée, assez naturellement, en « Mission du développement durable », préparant actuellement un Agenda 21 d'agglomération.

Durant ces dernières années, d'autres missions Développement durable ont été créées avec une vocation transversale, comme celle de la ville d'Angers, en 1999, rattachée au directeur général des services techniques et au maire. L'Agenda 21 local angevin élaboré par cette mission, avec le concours d'une ingénieur de l'Agence de l'environnement et de la maîtrise de l'énergie (Ademe), consiste en une série d'actions assez pragmatiques (une quarantaine pour 2002), définies en concertation avec les services concernés et à vocation de sensibilisation interne et externe. L'optique est d'entraîner l'adhésion des services, en avançant sur des dossiers concrets, et par petits pas. La sensibilisation du personnel administratif et des élus est bien engagée. Mais cette politique a un revers : elle néglige les grandes questions de planification et de transports qui sont au cœur du développement durable urbain. La création en 2001 de la communauté d'agglomération du Grand Angers pourrait toutefois permettre d'aborder ces enjeux à l'échelle où ils se posent, l'agence d'urbanisme ayant engagé une réflexion sur un Agenda 21 d'agglomération

L'efficacité de ces missions transversales, dotées d'effectifs restreints, mérite d'être soulignée. Elle tient à leur légitimité, puisqu'elles incarnent avant tout une volonté et une stratégie politiques. Le rattachement au secrétaire général ou au directeur des services techniques leur confère aussi une autonomie d'action par rapport aux services. Ces structures sont en revanche dépendantes des responsables qui les appuient et de leur longévité.

Les approches prospectives

Il est encore possible de favoriser la transversalité en s'appuyant sur une démarche prospective, capable de faire le lien entre des enjeux fonctionnellement dissociés et de nourrir une planification transversale. Le développement durable est d'ailleurs une notion qui appelle en elle-même une vision prospective. Cette approche présente néanmoins le risque de s'arrêter à un cadrage amont, sans parvenir à entraîner les services et les élus dans des phases plus opérationnelles.

La mission Stratégie de la communauté urbaine de Dunkerque a conduit ces dernières années une véritable réflexion transversale lors de la phase d'élaboration du projet et du contrat d'agglomération dont elle avait la charge. Une liaison systématique a été effectuée notamment entre préoccupations sociales et écologiques. Pour faciliter la lecture de cette transversalité, les incidences sociales des politiques proposées ont été soulignées dans les documents préparatoires en bleu, les incidences environnementales en vert. Cette transversalité se voulait didactique. Mais comment la mettre en œuvre au niveau opérationnel ?

La mission a d'abord envisagé la mise en place de « correspondants développement durable » dans chaque service communautaire, sur la base du volontariat. En fait, certains relais ont été effectivement trouvés, comme au sein du service de l'Habitat, mais sans que cette règle ne se généralise. Les cadres sont sensibilisés par la politique de communication interne sur le développement durable, qui reflète une volonté politique explicite, et surtout par les projets concrets de développement durable montés au sein de divers services, avec l'assistance de la mission Environnement et développement durable. Prospective et opérationnalité parviennent donc à s'articuler à travers ce dispositif transversal d'aide au montage de projets validés par l'équipe politique.

Le plus souvent, les villes misent sur des correspondants internes d'une manière informelle (Nantes, Poitiers), tandis que d'autres, comme Harslev au Danemark, emploient des responsables de l'Agenda 21 local dans tous les services municipaux. En France, la difficulté est de trouver des correspondants, qui bénéficient en outre d'un bon « relationnel ». La conviction ne suffit pas, le militantisme peut s'avérer contre productif, la diplomatie est de rigueur. Cette approche, très dépendante des relations interpersonnelles, ne peut porter ses fruits qu'à moyen terme. Or, les changements de responsables ou d'équipes politiques peuvent déstabiliser le travail de mise en réseau des acteurs. La mission Développement durable de la commune de Grande-Synthe, qui avait par exemple essayé de construire ce type de « relationnel », dans le cadre de son Agenda 21, en allant à la rencontre des chefs de service et des techniciens pour pousser des projets transversaux, s'est dissoute suite à un changement électoral qui a mis un terme à la démarche de l'Agenda 21.

Les projets inter-services : l'expérience de Poitiers

Une autre option consiste à ne pas déléguer la mise en œuvre de la transversalité à une structure ou à quelques personnes clés. Le district de Poitiers, devenu communauté d'agglomération, tente ainsi de s'appuyer sur les services administratifs pour développer des politiques transversales. L'originalité de la démarche de Poitiers est double : d'une part, la transversalité a bien été identifiée comme la condition *sine qua non* de la mise en œuvre opérationnelle d'un développement urbain durable, ce qui conduit à parler localement de « service public durable » ; d'autre part, la démarche a cherché à entraîner la base des services, parallèlement au travail de sensibilisation entrepris auprès des décideurs, sans emprunter la voie hiérarchique.

Le service Recherche et Développement, doté d'une mission Prospective, est en charge du contrat d'agglomération, qui relaie un Projet d'agglomération ayant intégré des perspectives de développement durable : polycentrisme et compacité, parc naturel urbain, valorisation des potentiels locaux en s'appuyant sur l'Université, économie solidaire, etc. La mise en place d'un Conseil de développement durable comprenant un collège d'acteurs locaux à dominante associative, dont les membres ont été élus après une large consultation du monde associatif poitevin (soit 900 associations), va permettre de poursuivre et d'élargir cette réflexion.

Mais aux yeux du service Recherche et Développement, le développement durable ne doit pas rester une philosophie ou une matrice intellectuelle. La mission Prospective souhaite en faire un levier d'action pour les services qui doivent pouvoir s'approprier le concept de manière pragmatique. Au début de l'année 1997, une démarche « projets de services » est lancée dans le cadre de la modernisation de l'administration territoriale, visant à responsabiliser chaque service autour d'une mission, à l'aider à développer une vision globale de son travail, inséré dans l'action communautaire. Le développement durable est alors présenté aux services comme un nouvel outil de management municipal, impliquant une nouvelle façon de travailler, plutôt que comme un enjeu environnemental et social. Il doit permettre de mesurer les impacts des actions engagées par les municipalités pour renforcer leur cohérence. Cinq services vont se porter volontaires pour développer, à titre expérimental, des projets de développement durable qui se prêtent à un travail transversal.

Ces projets sont relatifs à la mise en place de la gestion différenciée des espaces verts, au cycle de l'eau, à la prise en compte du bruit dans l'aménagement, à la révision du Plan d'occupation des sols (POS) et à l'accueil éducatif post-scolaire des enfants. La gestion différenciée des espaces verts concerne par exemple le service des sports, qui gère des terrains appartenant au parc naturel urbain, le service propreté et le service eau et assainissement. Le personnel de ces différents services suit une formation de deux jours sur le développement durable. Des réunions entre la mission Prospective, le comité de direction et les services permettent de dégager les principes qui seront suivis, ainsi que leurs traductions opérationnelles : précaution (identification des impacts), réversibilité (éléments d'adaptation du projet dans le temps) et participation (de tous les acteurs concernés par le projet). Ces principes redéfinissent l'action publique, conçue comme globale, évolutive et participative.

Le premier exercice auquel se livrent les services est d'expliciter les impacts des projets retenus sur le service, sur les autres services communautaires et sur les partenaires extérieurs, en dessinant une rosace qui permet de visualiser les liens de transversalité avec tous les partenaires. Une grille est ensuite établie, qui analyse les actions envisagées en fonction des trois principes retenus, dans les domaines économique, social et environnemental. Ce questionnement permet d'éclairer plus largement le choix des élus. Une fois ce travail réalisé, les services présentent leur projet aux autres services concernés, afin de les faire participer à la démarche.

Les services s'impliquent inégalement dans cette démarche. Le faible taux d'encadrement administratif ne facilite pas la mobilisation des équipes sur un travail qui sort du quotidien. Le service du Développement urbain rencontre des difficultés sur la question du POS districal, un dossier dont les arbitrages devraient être politiques mais restent indéfinis, chaque commune souhaitant garder des marges de manœuvre sur son territoire. Les principes de qualité, densité et mixité sont retenus et validés mais leur mise en œuvre concrète n'avance pas. L'élaboration du Plan local d'urbanisme et un projet de Schéma de cohérence territoriale (SCOT) couvrant les deux aires urbaines de Poitiers et Chatellerault, soit la moitié du département, permettent néanmoins de continuer la démarche.

D'une manière générale, il s'avère moins difficile de travailler de façon transversale sur un plan technique que sur un plan politique, où la collégialité fait défaut et où l'orientation vers le développement durable ne constitue pas une priorité politique. En l'absence de portage politique fort, la sensibilisation des services et des élus plafonne. Le parti pris du service Recherche et Développement est de penser que ce travail de fond sera peut-être plus structurant à terme que quelques actions à forte visibilité.

CONCLUSION

Les intégrations multiples qui sont à la base de l'idée de développement durable restent lettre morte sans de fortes pratiques de transversalité. Au point que pour un certain nombre d'acteurs, le développement durable devient synonyme d'une nouvelle façon de travailler, avant même de désigner un changement de référentiel pour l'action. Ces deux appréhensions sont en effet solidaires. Elles impliquent chacune à leur manière un élargissement sensible du champ de vision politique, soit en direction d'un espace-temps bien plus vaste que celui du mandat, soit en direction des services qui gèrent les conséquences collatérales d'une politique sectorielle.

Malgré la multiplicité des voies, des tentatives, les difficultés pour atteindre cette transversalité, au moins en partie, sont considérables. Les expériences actuelles reposent sur des porteurs assez isolés, le plus souvent dans le monde administratif, rarement dans le champ politique. La taylorisation de l'action, comme celle des représentations, est loin d'être battue en brèche, en raison, d'abord, du manque de volonté et d'appui politiques qui pourraient aider à transgresser un certain nombre de frontières ; ensuite, parce que les services administratifs opposent leur fonctionnement et leurs rythmes d'évolution aux nouveaux mots d'ordre, que les cultures issues de cette taylorisation sont très vivaces, que les domaines des services et les délégations d'adjoints sont des territoires de pouvoir qui ne se laissent pas aisément partager.

Si l'on tente de tirer les enseignements des expériences des villes françaises aujourd'hui en cours, on peut penser :

1. qu'il est important de mieux expliciter les changements de pratiques, de savoir-faire et de cultures professionnelles qui sont en jeu dans les politiques de développement durable ;

2. que le bien-fondé de ces évolutions demande lui aussi à être soumis à de vastes débats internes, localement, qui n'ont pas été franchement ouverts, sauf en coulisse ;

3. que les changements concrets demandent à être accompagnés par un travail de médiation, des dispositifs de concertation interne et de la formation continue, susceptible de nourrir la réactivité des services, et d'éviter des blocages.

Ces mesures sont peut-être plus décisives que d'autres, telle l'élaboration d'indicateurs de développement durable censés mesurer les progrès vers la durabilité. À moins, bien entendu, que la capacité de remise en question ne devienne le premier indicateur d'une politique de développement durable…

RÉFÉRENCES BIBLIOGRAPHIQUES

Beck U., 2001, *La Société du risque. Sur la voie d'une autre modernité*, Paris, Aubier.

Campbell S., 1996, « Planning: Green Cities, Growing Cities, Just Cities? Urban Planning and the Contradictions of Sustainable Development », *Journal of the American Planning Association*, 62, 3, summer, p. 296-312. Article repris dans D. Satterthwaite (Ed.), 1999 (*cf.* ci-dessous).

Haughton G., 1999, « Environmental Justice and the Sustainable City », *in* D. Satterthwaite (Ed.), *The Earthscan Reader in Sustainable Cities*, London, Earthscan Publications Ltd, p. 62-79.

Lafferty W. M. (Ed.), 2001, *Sustainable communities in Europe*, London, Earthscan Publications Ltd.

Orfeuil J.-P., 2000, *Stratégies de localisation. Ménages et services dans l'espace urbain.* Predit, La Documentation Française.

Confronter l'utopie aux villes réelles. Pour une évaluation locale de la durabilité

Chapitre 10

L'insoutenable légèreté de la ville durable : la preuve par l'Inde ?*

À problèmes globaux, remèdes globaux proposait le rapport Brundtland (1987) qui a popularisé la notion de « développement durable ». En effet, face aux divers aspects d'une même crise (catastrophes écologiques et accentuation des disparités économiques et sociales), une nouvelle voie de développement semblait indispensable. Elle devait s'appuyer sur des recommandations visant la satisfaction des besoins essentiels, des réformes permettant d'intégrer des considérations relatives à l'environnement et de nouvelles formes de coopérations économiques et financières. Au moment où l'avenir des humains, en tant qu'espèce, semblait menacé par leur mode de développement, l'environnement se présentait comme un évident dénominateur commun pour que les citoyens de la planète deviennent plus solidaires.

La déclinaison urbaine du développement durable : la ville durable, qui nous concerne plus directement ici, après avoir soulevé un certain engouement, comme en témoigne, par exemple, une première augmentation vertigineuse du nombre des Agendas 21, connaît désormais un tassement (C. Emelianoff, 2002), qui, ajouté à une série de critiques, tempère la portée d'une utopie que certains refusent de créditer sur la liste des concepts scientifiques. On ne trouvera pas ici une compilation de critiques, maintes fois réalisée, mais plutôt une série de matériaux, issus de travaux menés en Union indienne qui permettent de replacer l'utopie de la ville durable dans des lieux. Autrement dit, de tester en Inde cette *U-topia*, terme étymologiquement défini, on le sait, comme un lieu idéal et imaginaire, de nulle part. Cette position ne signifie pas que les tensions utopiques soient inutiles mais qu'elles ne sont pas nécessairement universelles, qu'il faut construire leur géographie pour mieux les comprendre.

On pourrait ainsi, par goût de l'impertinence, soutenir que le nouvel idéal urbain de la charte d'Ålborg se réalise déjà dans le quasi-continent indien, comme dans tous les pays pauvres. En effet, faute de moyens de transport, les villes compactes ne « consomment » pas d'espace superflu, l'urbanisme participant se rencontre dans tous les quartiers de bidonvilles où les édiles accablés prônent le *self help*, la gestion des eaux urbaines se réalise déjà à ciel ouvert. De même, personne ne

---

* Chapitre rédigé par Alain VAGUET, Sandrine BRISSET, Emmanuel ELIOT

peut s'y plaindre de l'imperméabilisation des sols par le macadam, les espaces végétalisés suivent bel et bien les trames aquatiques, les marais et autres canaux favorisant « l'humide »… Finalement, les villes des pays pauvres affichent presque un temps d'avance en ce qu'elles n'ont guère relégué la nature à leur porte et qu'elles font montre d'une grande capacité à rester hors de l'hygiénisme, réalité reniée par celles qui en bénéficient déjà.

Ironie mise à part, nous voilà bien face au paradoxe majeur qui agace ceux qui travaillent dans les pays les plus pauvres : au nom de la santé des habitants de la planète, l'éco-développement prône une éthique nouvelle pour le développement, une autre forme d'organisation des villes qui n'est d'ailleurs pas sans éveiller notre sympathie. Mais dans le même temps, l'espérance de vie des citadins du Tiers Monde ne décolle pas, voire régresse du fait des maladies transmissibles que l'on sait fort bien contenir dans les pays riches. Tout dépend donc des enjeux que l'on considère comme prioritaires. A-t-on besoin de nouvelles recettes, de nouvelles croyances, voire de nouvelles techniques ? Pourquoi ne pas commencer par respecter les anciennes ?

Comme on le voit, les aspects sanitaires dominent les argumentaires, au moins implicitement, c'est la raison pour laquelle nous développerons notre réflexion à partir d'eux. Nous proposerons ici d'illustrer notre réticence vis-à-vis du concept en synthétisant plusieurs thèses sur les questions sanitaires en Inde urbaine. Car les grands modèles doivent être confrontés tout d'abord au niveau fin du terrain, dans les niveaux d'interaction bien observés (A. Appadurai, 2001). Nous limiterons la perspective en organisant ce texte autour de l'idée de ville mortifère. Comme on le sait, ce terme qualifiait les villes d'Occident, à une période où la conjugaison de l'urbanisation rapide et l'industrialisation avait transformé les cités européennes en « tombeau des espèces » (Y. Lequin, 1983), phénomène qui persistera et ne connaîtra quelques améliorations qu'au sortir du XIXe siècle. Bien des raisons nous poussent à reprendre le terme sans pour autant croire que l'histoire se répète ou que la situation des Pays en voie de développement (PVD) soit désespérée. D'ailleurs, les taux de mortalité en Inde urbaine, plus favorables que dans les campagnes, témoignent plus du niveau social de la population qui la compose que d'avantages proprement environnementaux ou d'accessibilité des services.

Pour commencer, nous rappellerons brièvement comment les délocalisations, faisant fi des bons sentiments, jouent des différentiels de législation ou des capacités à les faire respecter. Le laxisme des réglementations constitue une caractéristique bien connue des pays pauvres où l'État demeure faible. C'est ainsi qu'il est envisageable, d'exporter, sans crainte de représailles, les procédés à hauts risques industriels des pays dits industrialisés et de contribuer à créer des organisations spatiales particulièrement dangereuses, comme la catastrophe industrielle de Bhopal nous le remémore.

Les deux autres exemples, celui du sida et celui du choléra, nous aiderons à montrer que les meilleures intentions ne remplacent pas la mise en place d'un minimum vital pour une majorité des citoyens et que, parfois même, elles aggravent le mal développement en ajoutant des effets délétères : les fameuses contreparties pathogènes des grands projets de développement.

ON PENSE LA NATURE ET LA VILLE AVEC SA RELIGION

Dans son ensemble, l'Inde reste nettement à dominante rurale (73,22 % en 2001), le rythme plutôt lent de la croissance urbaine diminue au fil des derniers recensements traduisant l'enracinement des paysans à leurs terres. Pour autant, les masses en question (217 millions) dépassent la population totale du quatrième pays de la planète (Indonésie : 200 millions) (F. Landy, 2002). De la sorte, on comprend que les questions urbaines prennent en Inde un aspect paradoxal.

Il semble impossible de présenter l'environnement urbain sans l'introduire par une brève description des perceptions religieuses de la nature. Bien que l'Inde soit le pays comptant le plus grand nombre de musulmans au monde et que ceux-ci aient dominé plus de mille ans le quasi continent, ils demeurent une minorité et ce sont les représentations hindoues qui prévalent dans les traités sur l'environnement. Il faut dire que ceux-ci proposent une interprétation originale de la crise écologique contemporaine qu'ils considèrent comme une incapacité de la science occidentale à proposer un système viable à long terme. Pour eux, leur héritage culturel loin d'être irrationnel, contenait déjà implicitement l'idée de développement durable puisqu'il impliquait un respect religieux du milieu. La rupture coloniale serait intervenue pour « mettre en valeur » une nature désormais perçue séparément de cette culture, ce qu'on appelle parfois l'interprétation chrétienne dualiste. L'esprit « cartésien » s'est acharné contre l'agriculture sur brûlis, contre les droits d'usage collectifs auxquels il a voulu substituer une agriculture de rente et la propriété individuelle. Le résultat est diversement interprété selon les auteurs. Certains qualifient cette période d'écocide (J. Pouchepadass, 1993) : raréfaction de la faune et de la flore, arasement de la forêt primaire au profit de plantations spécialisées etc. La colonisation est ainsi vue comme la diffusion mondiale des valeurs chrétiennes et du capitalisme. Non pas que l'agriculture intensive ait été absente avant la colonisation, mais elle aurait été gérée dans le cadre de critères sacrés et dans une éthique de la frugalité.

On comprend mieux pourquoi, dans ce contexte, les villes, considérablement développées au fil de la colonisation, peuvent être interprétées comme un dévoiement de la civilisation agraire (Mahatma Gandhi). La méfiance à l'égard de la ville ne repose pas que sur la seule observation de ses miasmes, elle fait référence à un idéal agreste où se réalise une co-présence avec les éléments naturels déifiés dont dépend le bien-être des hommes. Le mode de vie hindou déterminé par ses plus anciens textes, Véda et code de Manou, accorde le droit au plaisir, à la richesse, mais en échange demande l'observation de devoirs et d'obligations relatives aux plantes et aux animaux puisqu'il existe, selon les hindous, un lien *via* la métempsycose, entre toutes les formes de vie. Dans ce contexte, l'étude des conflits environnementaux en tant que révélateur des perceptions, induit une dose d'interprétation culturelle qu'il convient de prendre en compte. On a déjà eu l'occasion de préciser ailleurs (A. Vaguet, F. Rihouet, E. Eliot, 1995) que pour les Indiens de religion hindoue, l'idée de souillure dépassait la simple notion d'hygiène et contenait une dimension religieuse qui alimente les représentations collectives et motive les groupes de protestation. Le soin accordé aux biens privés diffère de celui qu'on prête aux biens publics, mais il semble qu'en Inde, cette dichotomie soit exacerbée ; il y a des castes spécialisées pour prendre en charge le sale.

En pratique, l'éthique religieuse dominante, pourtant pro-environnementale (A. Galey, 1993), ne donne pas de meilleurs résultats que les autres. Même si la ville durable devait devenir une nouvelle religion, on se doute de ce qu'il en adviendrait. Les nouvelles velléités d'introduire de l'éthique dans le développement pour le rendre durable, risquent tout simplement d'aboutir à la même absence de résultat que les proscriptions religieuses.

Pour ce qui concerne les recherches de géographie urbaine, on s'interroge sur la notion de crise urbaine des pays qui, comme l'Inde, présentent les stigmates du mal développement (A. Vaguet, 1993). Pollution et bidonvilles reproduisent-ils partiellement des situations que l'Europe aurait connues dans son passé ? Autrement dit, la situation indienne constitue-t-elle une crise passagère ou un état stable ? Évoluera t-elle dans une sorte de transition vers ce que l'on connaît dans les pays les plus riches ? Restera t-elle en décalage ? Des options culturelles différentes donneront-elles le jour à des orientations originales ?

Aujourd'hui, la proportion de citadins indiens vivant dans des *slums* oscille entre 30 et 50 %, selon les lieux et les définitions. La situation aurait tendance à se dégrader, en particulier dans les grandes villes. Inutile de lire les traités d'épidémiologie pour se douter des ravages sanitaires occasionnés par cette situation exceptionnelle. Mais en fait, les images changent vite. Calcutta était considérée au début du XXe siècle comme la plus belle ville de l'Asie alors qu'on parle d'elle aujourd'hui, comme d'une ville qui se meurt. Dans les deux cas, des faits mondiaux ont interféré, soit la colonisation, soit la décolonisation… Qui sait si demain, la nouvelle organisation du travail ne va pas accélérer la diffusion de techniques *high-tech* dans des nouvelles villes indiennes mondialisées ? Mumbai, prochaine ville globale ?

Quoi qu'il en soit, on voit bien que, quelle que soit la culture observée, le niveau sanitaire des villes des pays pauvres reste médiocre. Il existe bel et bien une sphère des idées, ouverte sur une éthique souvent généreuse, qui se lie très peu à la sphère matérielle. Voyons, par exemple, comment les textes juridiques indiens, souvent bons élèves du développement durable, plient quotidiennement face aux logiques de l'esprit d'entreprise et aux nécessités du développement.

ON PENSE LES STRATÉGIES INDUSTRIELLES EN FONCTION DE SES INTÉRÊTS

Puisque les défauts du mal développement pénalisent les habitants du Tiers Monde, pourquoi ne pas appliquer d'urgence toutes les solutions incluses dans le développement durable ? La réponse est malheureusement visible devant nous, lapidaire : les acteurs principaux et même la masse de la population n'en ont pas envie. Ingrats, ils semblent préférer le développement tout court au développement durable. La première déclinaison pratique dans les grandes conférences internationales, dès 1992 à

Rio, s'est heurtée aux résistances des pays pauvres qui le percevaient comme un moyen néo-colonial irrecevable, employé par les pays avancés pour limiter leur développement.

Toutefois, là encore, les déclarations des plus faibles ne changent guère le cours des processus. Le développement « autocentré », sans les multinationales, a bel et bien constitué la base du *credo* indien dès le début de la décolonisation (1947) : était-ce du développement local avant la lettre ? On connaît le lien qui se noue progressivement entre développement durable et développement local. Malheureusement, l'Union indienne, toujours rebelle (G. Deleury, 2000), se détache de ce type de modèle au moment où il est mis à la mode. Il semblerait que les intentions indiennes, lancées par Nehru, aient plié face aux pressions des bailleurs de fond internationaux qui ont imposé l'ouverture au marché. Ce n'est pas forcément la perspective d'enrichissement attribuée à l'ouverture qui a entraîné la libéralisation, mais l'ardente nécessité de payer ses dettes. Les bonnes recettes, comme, par exemple, le développement local, lui-même sensé faciliter un développement durable, peut ainsi être une figure imposée. Encore un pas, et la démocratie se trouvera imposée par les armes.

Personne n'a jamais prétendu que les inégalités de richesse constituaient une valeur en soi, que l'échange inégal était souhaitable et pourtant ? Les outils permettant de réguler les grands écarts de richesse, comme les impôts ou des textes juridiques par exemple, existent souvent déjà mais c'est aux entreprises de les mettre en œuvre sous la pression des États ou des collectivités locales (B. Zuindeau, 1995). Et les rapports de force s'avèrent souvent défavorables aux plus faibles. Les uns promulguent au nom de l'éthique, les autres appliquent, si leurs intérêts n'en souffrent pas. Cette distorsion restreint d'entrée toute matérialisation d'une utopie généreuse, car tous les acteurs n'ont ni la même notion de l'intérêt général, ni le même pouvoir.

Dans la Fédération indienne, les politiques en matière d'environnement sont conduites, comme il se doit, à deux niveaux, l'un national et l'autre, celui des États. Le Central Pollution Control Board (CPCB) met au point les standards environnementaux pour toutes les infrastructures du pays et coordonne les activités des différents State Pollution Control Boards (SPBCs). L'exécution des normes environnementales et leur mise en vigueur restent cependant de la responsabilité des États. Il existe donc une très grande disparité en termes d'application. Même si les États peuvent difficilement ne pas mettre en place les lois fixées par le gouvernement central, ils peuvent toutefois les contourner pour attirer les investissements (S. Gupta, 1996).

Des années cinquante au début des années quatre-vingt-dix, pendant la période du développement endogène, la localisation des investissements industriels privés était régulée par un système de licences industrielles. Ainsi, bien que l'Inde n'ait pas eu une politique environnementale clairement définie et une mise en pratique réelle au cours de ces décennies, ce système permettait toutefois de contrôler, dans une certaine mesure, la localisation des entreprises. Depuis la libéralisation du début des années quatre-vingt-dix – engendrant la dérégulation par une abrogation des licences – les firmes recherchent les États mettant en place des politiques attractives pour les investisseurs ; ce qui sous-entend bien souvent ceux appliquant de manière modérée les normes environnementales fixées par le gouvernement central.

En fait, depuis l'ouverture économique, plusieurs facteurs se sont mis en place pour jouer un rôle dans la stratégie de localisation des entreprises (M. Mani, S. Pargal, M. Hup, 1997). L'existence d'infrastructures préexistantes (réseaux de communication denses, réseaux télématiques…) ou des aides financières directes du gouvernement central ou des États pour l'installation ont tout d'abord des effets attractifs sur les investisseurs. À ces deux premiers facteurs, s'ajoute aussi la disponibilité énergétique des États, plus que son coût, et surtout la possibilité de fournir l'électricité en continu.

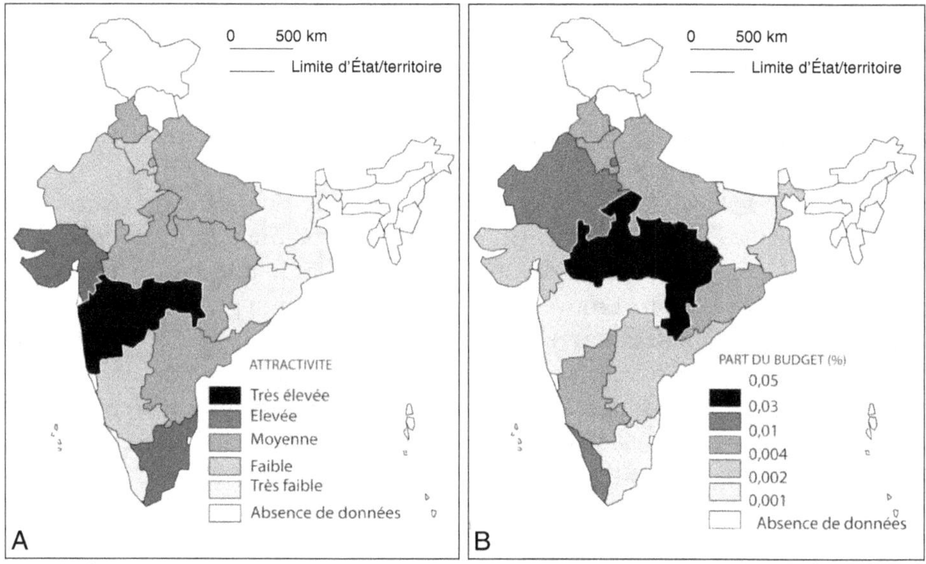

D'après les données sources : Environment Policy Research Working Paper, World Bank, n° 567, 1997.

Figures 1A. Attractivité des investissements industriels privés. Inde par État, 1995 et 1B. Dépenses budgétaires allouées pour l'environnement. Inde par État, 1993-94.
Carte : E. Eliot, FRE CNRS 2795, Université du Havre

Enfin, la qualité de la main-d'œuvre locale, en particulier la proximité de fortes densités de pôles éducatifs et sa « docilité », sont les deux derniers atouts pour attirer les entreprises (*figures 1A et 1B*). La prise en compte de ces différents facteurs permet de dresser une typologie par État en termes d'attractivité. Ainsi, l'ensemble Tamil Nadu, Gujerat et Maharashtra semble être le plus attractif. L'industrialisation et son organisation sont anciennes, les réseaux de communication relativement bien organisés, une production énergétique de qualité en comparaison avec les autres États du pays et des mesures incitatives nombreuses de la part des municipalités. Au contraire, l'Est et le Kerala sont très peu attractifs. En effet, le secteur primaire joue dans ces États le rôle prédominant. Le secteur industriel, quant à lui, même s'il peut être issu d'une tradition ancienne est cependant fondé sur la mono production, comme la sidérurgie au Bihar, ou est très marqué par les mouvements syndicalistes, comme au Kerala et au Bengale occidental (gouvernements communistes élus). Enfin, les autres États de l'Union se caractérisent par une attractivité faible ou moyenne. Quelques pôles sont cependant plus attractifs, la région de Bangalore au Karnataka, haut lieu de l'industrie *high-tech*, ou celle de Hyderabad plus récemment avec les mesures fiscales mises en place par le Premier ministre de l'Andhra Pradesh pour développer un centre de hautes technologies.

Tous ces facteurs existaient avant la libéralisation de l'économie, mais la mondialisation accompagnée de son corollaire, la métropolisation, induisent des concurrences territoriales renforcées, où l'État central a perdu une grande partie de ses capacités de décisions de rééquilibrage. Dans ce contexte, les mesures environnementales ne semblent pas constituer une priorité des différents États. Au milieu des années quatre-vingt-dix, les parts du budget qui leur sont dédiées sont faibles (entre 0,001 % et 0,05 % du total), même si les sommes en jeu varient fortement selon le poids économique des États. Toutefois, les plus attractifs et les plus riches ne sont pas les plus prompts à destiner une part importante de leur budget à l'environnement (Maharashtra, Gujerat, Tamil Nadu). L'étude des inspections conduites au cours de la décennie quatre-vingt-dix semble, en outre, montrer que les contrôles effectués sont particulièrement faibles (entre 0,1 et 2,5 % de la totalité des sites ont été inspectés au cours de la période selon les États). Ces contrôles sont davantage dus à des pressions effectuées par des Organisations non gouvernementales sur les autorités indiennes, que liées à une volonté réelle de la part des responsables des administrations en charge de la politique environnementale. Dans un contexte de corruption des inspecteurs locaux ou de procédures bureaucratiques complexes et interminables, les inspections conduites sont rarement efficaces et sont par ailleurs plus souvent menées à la suite d'accidents ou de catastrophes que dans un but préventif.

Ces remarques nous poussent à conclure cette partie en soulignant que de nouveaux textes réglementaires en faveur de l'environnement n'ajouteront rien et qu'il faut certainement mieux se demander pourquoi les anciens ne sont pas appliqués. Voilà un fil d'Ariane qui peut nous aider à comprendre, voire, de là, à agir. Cependant, la première période où le pays était tourné sur lui-même permettait vraisemblablement un meilleur contrôle que la période actuelle de mondialisation qui exacerbe les concurrences.

QUAND ON PENSE VILLE DURABLE, IL FAUDRAIT PENSER DÉVELOPPEMENT

Si l'on veut bien dépasser les formes visibles et prendre en compte les dimensions réticulaires, la séparation entre villes et campagnes n'a guère de sens en général et encore moins en matière d'environnement. L'air et l'eau déterminent des systèmes d'écoulement et de diffusion à plusieurs niveaux. Il faut cesser de considérer les villes comme des pollueuses et les villages comme des modèles de vertu. Cette typologie ne permet d'ailleurs pas non plus de comprendre les interactions et les échanges continuels des rurbains (V. Dupont, 1997) ou des migrants plus ou moins permanents qui composent des réseaux entre des villages et des métropoles parfois éloignées (F. Landy, J.-L. Racine, 1997).

Quoi qu'il en soit, si l'on se réfère aux plaintes des citadins, ils ressentent bel et bien des nuisances. Il faut toutefois rappeler que les nuisances perçues ne correspondent pas souvent aux pires dangers. C'est l'une des limites opérationnelles des modes d'actions « écologiques » puisqu'on ne peut guère s'attendre à voir des groupes se mettre à défendre des territoires qui leur sont étrangers ou à se mobiliser face à un danger encore inconnu, très abstrait ou très rare, indépendamment d'un incident. Les odeurs nauséabondes occasionnent plus de récriminations que les risques de fuite de gaz toxique. Celles-ci sont tolérées comme une éventualité en échange de laquelle on espère trouver un travail, celles-là empoisonnent l'air tous les jours. Les moustiques qui pullulent autour des bidonvilles et autres lieux mal assainis déclenchent plus de plaintes pour l'inconfort des nuits que pour les risques sanitaires qu'ils font encourir aux populations résidantes. Les articles de journaux regorgent de plaintes des citadins ulcérés que l'environnement soit à ce point délaissé. Finalement, étudier l'environnement urbain isolément reviendrait à élaborer une écologie limitée par le filtre des représentations des groupes humains qui prêtent une grande attention à des limites vécues, mais pas forcément pertinentes pour la recherche. Pour autant, il convient également de savoir rester dans le cadre des demandes sociales, c'est cette logique qui rendrait légitime la problématique de la ville durable à nos yeux.

En dépit de la relative faiblesse de l'urbanisation indienne, du ralentissement récent de sa progression, de la libéralisation économique, des programmes internationaux, rien n'a permis de contrôler l'environnement urbain et la montée de la violence entre groupes sociaux et communautés. Il est vrai que le facteur déterminant, la pauvreté individuelle et collective, demeure. La leçon que l'on peut tirer du cas indien, c'est qu'au regard du milliard d'habitants, les problèmes d'environnement peuvent se comparer avec ceux des autres pays pauvres dont l'indice d'urbanisation ou de primatialité du réseau urbain est pourtant plus élevé. À concentration importante de populations, correspond concentration de difficultés, mais aussi concentration de richesses. On ne peut pas dire que le gradient de taille des cités corresponde à celui des difficultés d'environnement, ce serait nier l'importance du rôle des lieux. S. Patel et A. Thorner (1996) insistent pour dénoncer l'extrême pauvreté de Bombay que certains voient pourtant déjà comme une potentielle ville globale. De la même façon, on développera plus loin l'exemple de l'approvisionnement en eau, les pires difficultés se rencontrent dans l'une des plus petites métropoles, Chennai (ex. Madras) dont la croissance demeure peu spectaculaire.

Tout le monde connaît les affres de Kolkatta (ex. Calcutta), ou plutôt de ses banlieues, mais comment pouvait-il en être autrement dès lors que des millions de personnes s'y sont réfugiées dans des conditions souvent pourtant très précaires pour se tenir à l'écart d'un conflit international (1971, création du Bangladesh) ? Quelle ville pourrait absorber brutalement des millions d'habitants, misérables qui plus est, sans en être durablement affecté ? Une fois encore, c'est plutôt miraculeux que ces situations records correspondent à des situations de moindre violence. Les explications mécanistes liant densité et désordre ne fonctionnent pas plus que la recherche d'une taille optimale de ville. Différentiation et variabilité dominent, surtout régulées par le facteur économique.

Les synthèses présentant les questions d'environnement dans les villes de l'Inde dégagent en général trois types de préoccupations : l'eau, l'air et les déchets. Curieusement, les quartiers précaires demeurent souvent traités séparément. Sans doute du fait que ce problème est plus envisagé comme une question de logement que comme une question de société.

Les normes internationales délimitant des seuils de sécurité et de confort ne sont quasiment jamais atteintes et à l'inverse les rares indicateurs de pollutions montrent toujours des concentrations trop élevées. Un article sur Bangalore, pourtant la ville de la haute technologie, fierté de l'Inde, *silicon valley* indienne, décrit des concentrations de plomb dans le sang des citadins deux fois supérieur aux standards autorisés. Des crises d'asthme affectent un quart des jeunes entre 7 et 15 ans, les déchets ne sont plus collectés une fois les portes de la ville régulière franchie (V. Nadkarni *et al.*, 1999).

Ce type de catalogue pourrait se répéter pour toutes les villes, il n'aurait que peu d'intérêt. Voyons plutôt, dans l'exemple suivant, comment des financements internationaux, à n'en pas douter fidèles au concept de ville durable, échouent à stabiliser la situation épidémiologique.

L'EAU À CHENNAI : UNE « REVIVISCENCE » CHOLÉRIQUE ÉQUIVOQUE

Aussi sales qu'elles puissent paraître si on les compare à l'état des villes des pays riches, les cités indiennes ressemblent encore, dans certains quartiers, aux cloaques que les historiens ont décrits pour l'Europe du XIXe siècle. Leurs taux de mortalité présentent des situations contrastées, mais globalement meilleures que les campagnes, encore que de nombreux auteurs ont montré qu'elles exagéraient simplement les tendances démographiques de leur *hinterland*. Les faits régionaux sont plus significatifs que les tendances urbaines.

En étudiant au début des années quatre-vingt la question de l'eau et du choléra dans la ville d'Hyderabad en Inde centrale (A. Vaguet, 1986), il semblait improbable que, plus de vingt ans après, S. Brisset décrierait dans une autre cité indienne, une situation encore plus grave.

Chennai, autrefois baptisée Madras, présente du point de vue de l'alimentation en eau, une situation paroxystique qui montre comment il est impossible d'intervenir rapidement, même avec le soutien de la Banque mondiale, pour corriger des difficultés qui tiennent plus au sous-développement, qu'aux contraintes du site ou au climat. Pourquoi l'environnement sanitaire se détériore-t-il au cours des années quatre-vingt-dix, alors que, paradoxalement, les efforts et les capitaux déployés se multiplient pour trouver une solution durable au manque d'eau ?

La première grande thèse qui replaçait habilement la ville dans sa région concluait à « un site inapproprié du point de vue de l'urbanisme » (J. Dupuis, 1960). Voilà certainement ce qui en fait aujourd'hui la première métropole indienne à problèmes. Chennai enregistre en effet un bien bas niveau de desserte

(68 l par jour) et une réception journalière de seulement 3 heures, contre 10 à Calcutta. En période sèche, l'eau ne coule plus qu'un jour sur deux et la dotation moyenne tombe même à 32 litres par personne, voire 26 dans la banlieue. En 1987 et 1993, le système de distribution d'eau a même été interrompu faute de réserves pour les six millions d'habitants et il a alors été question d'évacuer une partie des citadins ! Avec une disponibilité annuelle de moins de 500 m³/hab./an – soit bien inférieure au seuil de pauvreté hydrique définit par Falkenmark (1986) – et des pluies concentrées sur une trop courte période (60 % d'octobre à décembre), le risque de pénurie d'eau y est absolu et ce malgré des siècles de stratégies hydrauliques.

Lorsque au début des années quatre-vingt, le projet d'alimentation de la ville par les eaux du fleuve Krishna, détournées sur plusieurs centaines de kilomètres, est enfin lancé, les habitants de Chennai reprennent espoir. D'ici 2011, 930 millions de litres d'eau supplémentaires desserviront quotidiennement la capitale. Malheureusement, on sait d'ores et déjà que ce sera insuffisant pour satisfaire une demande hydrique exponentielle. De fait, plus d'un demi-siècle se sera écoulé entre le projet et sa réalisation. Malgré tout, cet aménagement d'envergure va progressivement permettre à Chennai de repenser tout son espace hydraulique et même d'emprunter une voie originale en matière d'économies d'eau.

Loin d'apporter une solution à court terme, le Telugu Ganga, selon la dénomination du Premier ministre de l'Andhra Pradesh, a au contraire aggravé une situation déjà très précaire. L'absorption d'eau contaminée serait même devenue le principal déterminant de la morbidité (L. Vasudha, 1996). L'aggravation des épidémies de choléra et de gastro-entérites aiguës (*tableau 1*), comme la recrudescence des affections liées à la gestion de l'eau, et en particulier des maladies nées de l'eau contaminée, constituent des indicateurs significatifs de la dégradation des conditions de salubrité consécutive aux travaux prioritaires et à l'arrivée mal contrôlée de l'eau de la Krishna. Les années quatre-vingt-dix sont de fait marquées par une morbidité diarrhéique sans précédent et surtout par deux pics successifs – 1992/1993 puis 1996/1997 – qui se détachent des anciennes crises essentiellement calquées sur les évènements climatiques, pour suivre l'inscription du Telugu Ganga dans l'espace urbain. En bref, « l'accident météorologique » n'est plus ici le facteur qui déclenche les crises (*figure 2*).

Tableau 1. Aggravation des épidémies diarrhéiques à Chennai

	Nombre d'hospitalisations notifié et taux d'incidence pour ‰ habitants									
	1987		1992-93		1996-97		1981-90		1991-2000	
Gastro-entérites aiguës	3 898	1,08	12 979	3,33	13 898	3,38	19 955	6,5	52 311	11,5
Choléra	6 122	1,70	8 443	2,17	2 630	0,64	22 766	5,6	19 111	4,7
Mobidité diarrhéique	10 020	2,78	21 422	5,50	16 528	4,02	42 718	12,1	71 422	16,2

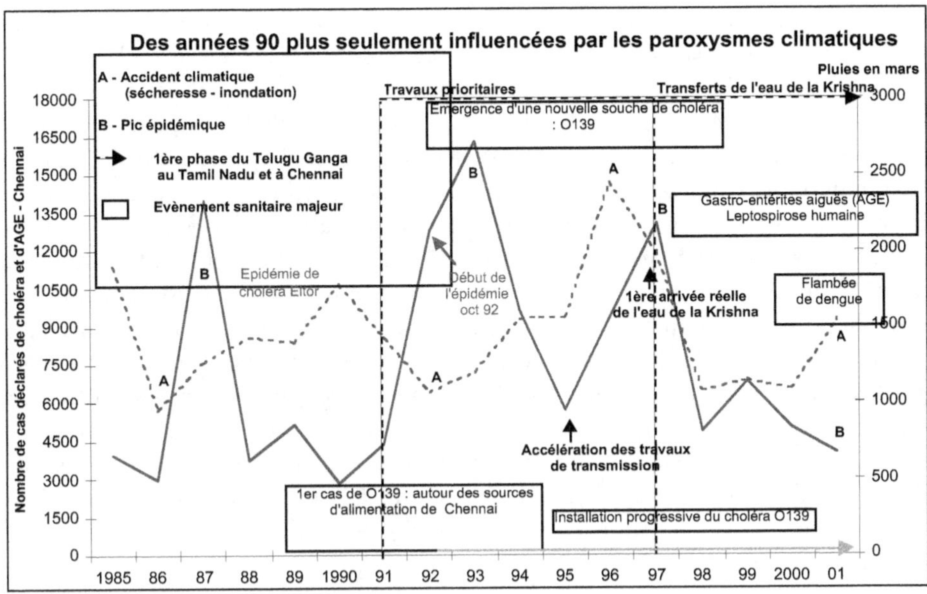

D'après les données sources : Communicable Diseases Hospital, Chennai.

Figure 2. Évolution des crises climatiques et épidémiques à Chennai

Si l'épidémie de choléra 0139 a certes débuté en octobre 1992, les premiers cas suspectés ont émergé bien avant l'installation de la sécheresse, début 1992, voire courant 1991, en pleine période de travaux sur le cours de la Korttalaiyar surtout destinés à renflouer la paléorivière, largement mise à contribution dans l'alimentation de la capitale. Or, le choléra 0139 s'est déclaré dans la banlieue industrielle nord, elle-même en partie desservie par l'aquifère septentrional de Tamaraipakkam, comme d'ailleurs le nord-est de la ville. Difficile alors d'incriminer le manque de pluie, en un mot les dieux, ou même de raisonner en termes de fâcheux concours de circonstances ! La nouvelle souche cholérique va alors longuement (21 mois) frapper une population non immune. Les quartiers les plus anciens, comme George Town, Tondiarpet, et les plus densément peuplés seront les plus touchés par le tri-nôme gastro-entérites, choléra 0139 et Eltor. Une nouvelle spatialité de ces systèmes pathogènes s'installe néanmoins. De fait, Vyasarpadi, comme les pôles religieux de Triplicane – Mylapore, trois endroits classiquement très touchés par Eltor, consti-tuent alors des lieux comparativement épargnés.

En 1997, le choix d'apporter sans délais plus d'eau à la métropole va s'avérer particulièrement préjudiciable en augmentant l'infectiosité du milieu sans pour autant améliorer la desserte municipale. Heureusement, les quantités transférées, n'ont en réalité pas atteint les 400 millions de litres par jour prévus initialement ; cela aurait aggravé une situation déjà bien accablante et même renforcé l'émergence de nouveaux espaces pathogènes. Cette année là, les gastro-entérites aiguës et le choléra se concentrent toujours dans les quartiers les plus anciens (toujours à l'ex-ception de Triplicane et de Mylapore), avec cependant une diffusion et une accentuation prononcée au sud-ouest de la ville. En définitive, la situation s'est améliorée dans les premiers quartiers desservis par l'eau municipale au temps de la colonisation, qui ont fait l'objet de rénovations prioritaires et dans lesquels les canalisations les plus anciennes ont été remplacées. À l'inverse, l'ouest de la ville, par où l'eau de la Krishna est concrètement arrivée, est devenu plus pathogène. Difficile une fois encore de ne pas souligner la concordance des événements. La coïncidence est en effet révélatrice, puisqu'en juillet 1997, l'arrivée de la nouvelle ressource s'accompagne d'un pic diarrhéique important et indépendant de la pluviosité. Lorsque l'eau de la Krishna a rejoint les Red-Hills, réservoir terminal d'approvisionnement de la capitale, la morbidité diarrhéique s'est en effet accrue non seulement au point d'alimentation initial, mais le mois suivant dans les zones desservies par les trois principales stations de distribution, dont l'eau provient également des Red-Hills. Des analyses simultanées (A. K. Manju, 1998) y ont alors confirmé la forte présence de bactéries pathogènes (vibrion notamment) ! Inversement, les quartiers situés en fin de réseau (Triplicane-Mylapore), ou peu raccordés à l'eau municipale, ont enregistré une diminution des affections diarrhéiques (*figure 3*). Ce qui ne constitue pas le moindre des paradoxes.

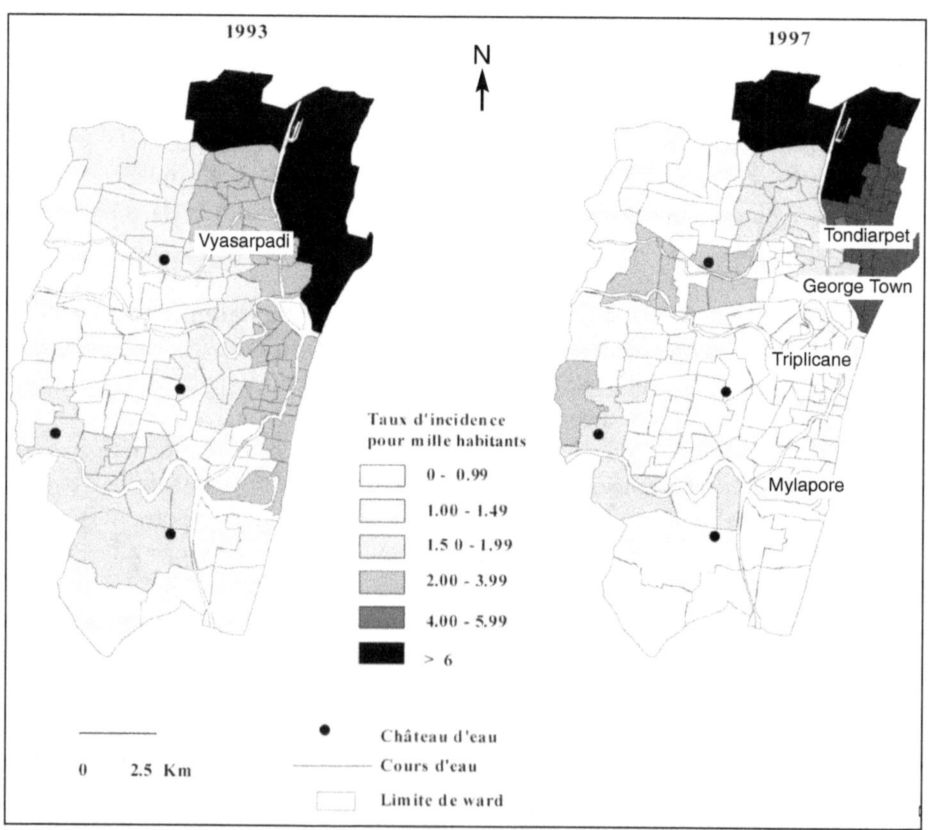

Figure 3. Évolution de la morbidité diarrhéique à Chennai. Carte S. Brisset, UMR 6063, CNRS

La métropole et tous les systèmes interconnectés n'étaient donc pas prêts à recevoir le surplus puisqu'en 1991, seule une infime partie de l'aire urbanisée était connectée et qu'ensuite le projet de la Krishna a nécessité un arrêt de 15 mois (janvier 1993-mars 1994) pour ne pas accentuer l'épidémie de choléra qui sévissait alors. Le choléra O139 pourrait malgré tout avoir trouvé les conditions propices à une véritable épidémisation. Dans cette quête d'eau, il semble que l'on ait tout simplement oublié les spécificités hydrauliques des métropoles sous-développées. Les efforts ont, de fait, essentiellement touché la distribution hydrique moderne, alors que 55 % des habitants consomment exclusivement l'eau souterraine, davantage encore en été, et surtout depuis l'arrivée de la nouvelle ressource qui a encore accru le mal fonctionnement.

En définitive, la réémergence de certaines affections traceuses résume ce qui s'est passé tout en soulignant le processus de rétroactions. Ainsi, sans être nouvelle, la leptospirose humaine, cette anthropozoonose transmise par les rongeurs (rats en particulier), risque de devenir un problème de santé majeur, car l'eau de boisson est de plus en plus souvent souillée, via les décharges, les cours d'eau assimilés à de véritables « égouts à ciel ouvertv » ou encore le reflux des eaux usées. Quant à la dengue, elle s'est intensifiée en 2001, parallèlement à l'accroissement du stockage de l'eau potable. Face à l'augmentation de l'eau distribuée, les habitants de Chennai, éprouvés par des sècheresses à répétition, ont en effet davantage stocké l'eau dans des réservoirs non fermés, véritables terrains de prédilection pour la reproduction des moustiques.

Il est certes primordial de restructurer tout le secteur de l'eau et d'adopter une gestion hydrique plus intégrée, encore faut-il considérer les particularismes locaux, comme la dynamique interne de la société impliquée. Une métropole d'un pays pauvre peut donc tout à la fois, manquer d'eau et ne pas être en mesure d'en assimiler davantage.

ANCIENNES MALADIES, NOUVELLE PANDÉMIE : LA PERMANENCE DES ESPACES PATHOGÈNES À MUMBAI

Malgré une introduction plus récente du Virus d'immunodéficience humaine (VIH) au sein des populations indiennes que dans d'autres régions du monde, l'épidémie a progressé rapidement. Les métropoles du pays ont été dans ce contexte particulièrement affectées en raison de leur position de carrefour, d'interface. Une métropole comme Mumbai est ainsi, en ce début de XXIe siècle, l'un des épicentres majeurs du pays. Toutefois, les inégalités spatiales sont fortes à l'échelle intra-urbaine. Les arrondissements centraux ont ainsi été les premiers touchés par l'épidémie et l'on y relevait dès le milieu des années quatre-vingt les taux moyens de séropositivité les plus élevés de la métropole. Ils ont d'ailleurs maintenu cette caractéristique au cours des années qui suivirent. Très densément peuplés et issus de la vague d'industrialisation du début du XXe siècle, les quartiers intégrés dans ces arrondissements sont malgré tout assez hétérogènes en termes d'infection. Certains systèmes sociaux semblent ainsi avoir constitué des relais privilégiés de l'épidémie. Ceux qui sont fondés sur une forte mobilité spatiale (prostitution, migration temporaire liée au travail, sous-traitance de la pègre *mumbaykhar*) et ceux qui sont caractérisés par une forte précarité (individus isolés, populations d'un statut socio-économique peu élevé) semblent ainsi avoir constitué les principaux relais humains de l'épidémie dans ces arrondissements centraux. Ces systèmes sociaux s'intègrent dans des espaces ségrégés : lieux d'accueil temporaire de population, *slums* ou chawls. En résumé, l'épidémie semble avoir touché plus sévèrement certains « milieux » dans le sens d'une configuration socio-spatiale : populations d'un statut socio-économique peu élevé ou migrantes, associées à un bâti ancien taudifié et sous-intégré.

Au cours des deux derniers siècles, ces mêmes espaces présentaient déjà, spécifiquement, des situations sanitaires critiques. À la fin du XIXe siècle, les officiers de santé britanniques qualifiaient en effet le contexte sanitaire d'« intolérable ». Les taux de mortalité, essentiellement dus aux pathologies parasitaires et de carence dépassaient les 50 décès pour mille habitants, tandis qu'ils étaient très inférieurs dans les autres parties de la ville en création. L'accueil de nouveaux migrants venus pour travailler dans l'industrie textile et fuyant les famines du début du XXe siècle ainsi que des problèmes d'insalubrité chroniques semblaient responsables de cette situation. Pourtant, au cours du siècle, malgré une augmentation de l'espérance de vie, ces quartiers centraux de Mumbai ont toujours relevé des taux de mortalité très supérieurs à ceux du reste de la ville (R. Ramassuban, N. Crook, 1996). Malgré une transformation progressive des causes de décès dans un contexte de transition épidémiologique, ils accueillent toujours les taux de mortalité les plus élevés de la métropole (proches de 15 pour mille). Dans ces lieux, on assiste même depuis le début des années quatre-vingt-dix à une recrudescence des pathologies parasitaires, en particulier des tuberculoses multirésistantes, en liaison avec l'épidémie de sida.

L'absence de relevés rigoureux et réguliers des cas de sida dans la métropole de Mumbai ne permet pas de construire une géographie fine de sa diffusion. Toutefois, nous avons tenté de relever des marqueurs de l'épidémie au sein des données portant sur les décès de deux années. À partir d'une série de 43 causes de décès répertoriées par les services sanitaires de la municipalité, quatre groupes constituant des maladies directement associées au VIH ont été identifiés : pathologies pulmonaires, digestives, tuberculoses et hépatite B. Tout changement de la proportion de ces marqueurs au cours de la période étudiée pouvant constituer un indicateur d'une épidémisation du sida. Certains arrondissements centraux (E, B, G Sud et D) semblent ainsi connaître une nette progression de ces marqueurs. L'arrondissement E semble particulièrement atteint par cette évolution puisque la part de ces marqueurs au sein du total des décès de l'arrondissement est passée de 18 % à plus de 40 % (*figure 4*) ! La dynamique de croissance des cas séropositifs dépistés dans ces arrondissements peut être, par ailleurs, mise en parallèle au cours de la période étudiée. Même si la relation statistique ne permet pas de définir cette progression des marqueurs comme étant directement liée à une épidémisation du sida, la coïncidence ne semble cependant pas fortuite.

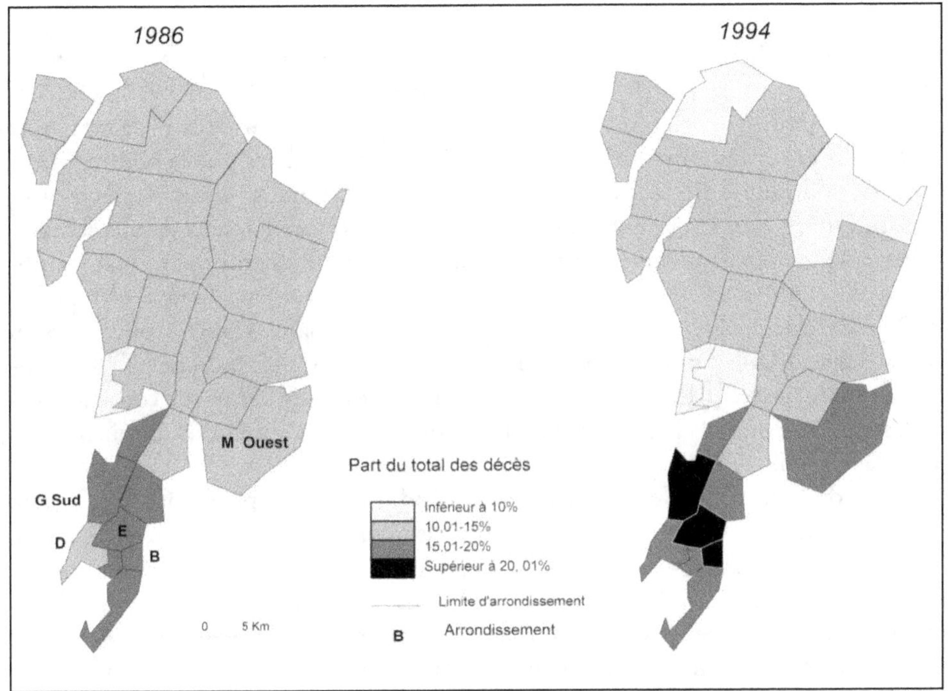

Figure 4. Évolution des marqueurs du sida. Mumbai 1986-1994.
Carte : E. Eliot, FRE CNRS2795, université du Havre

En somme, en plus d'un siècle, les espaces fortement pathogènes sont restés les mêmes, seules les pathologies s'ajoutent. Les lieux des risques épidémiologiques perdurent dans des configurations socio-spatiales semblables avec des crises plus ou moins fortes. Le sida, maladie nouvelle au début des années quatre-vingt, est apparu en Inde dans ces types d'espaces et s'y est propagé facilement. Il faut bien dire que les investissements publics ou privés sont toujours restés faibles et les politiques sanitaires mises en place tiennent bien souvent à l'écart ces espaces contribuant ainsi à renforcer les difficultés.

Les pathologies constituent des témoins qui débordent les discours, les bonnes intentions. La permanence de leur répartition confirme une stabilité des espaces de relégation de la pauvreté, cette dernière, sous diverses formes, demeurant le principal déterminant des maladies. On ne voit pas, dans les préceptes de la ville durable, d'éléments capables de transformer les situations en profondeur.

DISCUSSION, CONCLUSION

La ville, très dépendante de la fonction politique et donc de la volonté des princes, n'a jamais été durable en Inde. Le site de la capitale Delhi a changé sept fois. Vijayanagar, l'une des plus grandes villes du monde en son temps a été totalement abandonnée après la défaite contre les musulmans en 1565 (bataille de Tadikota). Beaucoup des grandes villes contemporaines sont de fondation beaucoup plus récente qu'en Europe, cités climatiques (les sanitoires comme les appelait Elysée Reclus), portuaires, ferroviaires, coloniales... Elles seront les principales mégapoles de demain, mais la plupart d'entre elles offrent aujourd'hui un profil sanitaire inquiétant pour leurs citadins et peut-être même pour l'avenir de la planète. L'Inde a toujours été et reste un « réservoir » de miasmes pathogènes que la science médicale sait pourtant le plus souvent vaincre facilement. Or, nous l'avons vu, les espaces sinistrés sur le plan sanitaire perdurent et c'est sur eux que viennent se caler les maladies émergentes. Il ne faut pas trop craindre les maladies tropicales, mais plutôt celles des oubliés du développement, fauchés par l'antique choléra reviviscent. Inutile de calculer des Indices de développement humain (IDH) sophistiqués, il suffit de regarder la limite des pandémies de choléra ; à toutes les échelles elles résument, pour qui veut le voir, la médiocrité des niveaux de vie et ses conséquences néfastes. Le véritable chantier n'est-il pas plus là, dans la limitation des inégalités, que dans la ville durable ?

Des décennies de développement et d'aide au développement n'ont guère modifié la donne. L'ouverture économique, la mondialisation, proposent quant à elles, des solutions très ambivalentes. Leurs éventuels bienfaits, autrefois appelés partage des miettes, risquent d'augmenter les disparités sociales en proposant quelques emplois mieux rémunérés que la moyenne. Mais les lieux ayant bénéficié le plus tôt des implantations nouvelles et autres délocalisations, souffrent parfois aussi des pollutions les plus importantes. Car, c'est précisément pour bénéficier de tolérances et des avantages comparatifs, entre autres en matière environnementale, que les implantations se sont réalisées. Comment, dès lors, rendre crédibles les inspections ? N'est-ce pas ce qui explique que le plus grave accident industriel (à Bhopal avec au moins deux fois plus de tués que dans les tours jumelles à New York) de l'histoire se situe en Inde ? Le marché indien, aux yeux des investisseurs, ne s'ouvre pas assez, mais on peut observer que les interventions des sociétés privées, ou les crédits des organismes internationaux ne peuvent pallier à eux seuls le sous-développement.

Lorsqu'on a voulu considérablement augmenter les quantités d'eau d'approvisionnement de Paris, on a mis en place préalablement les fameux égouts et aucune épidémie ne s'est déclarée, c'était il y a plus d'un siècle, la ville durable n'existait pas encore...

On nous a déjà fait remarquer que pour combattre la dimension mortifère des villes de l'Inde, rien ne valait les recettes de la ville durable. Ce texte tente de faire comprendre que nous sommes tout à la fois enthousiastes à cette perspective mais également contraints de considérer une réalité très brutale qui s'inscrit totalement en faux avec cet idéal. Ardente mais inaccessible nécessité, le développement durable ressemble à la démocratie : il est aussi souhaitable qu'il est rare. Cette comparaison n'est pas anodine car J. Assayag (1995) a démontré que la société indienne, traditionnellement inégalitaire, se construisait aussi dans l'Inde démocratique, *via* les castes, alors même qu'elles sont présentées négativement par les démocrates. Peut-on parler de démocratie et de développement durable si une grande partie de la population demeure en deçà du niveau de pauvreté ? La croissance économique de l'Asie du Sud non seulement ne réduit pas considérablement les inégalités, mais crée une aggravation de la situation environnementale. Ne peut-on pas, dès lors, conclure que le concept de développement durable, tout comme celui de démocratie, brouille plus la compréhension de ce qui se joue aujourd'hui en Inde qu'il ne l'explique.

D'autres chercheurs sont allés dans le même sens. Galley (1993) interprète le très fameux mouvement « Chipko », où les villageois ont symboliquement protégé les arbres des tronçonneuses en les entourant de leurs bras, plus comme un combat contre les entrepreneurs de la région centre himalayenne que comme une défense de la nature.

Anil Agarwal (2000), « l'un des premiers écologistes du Sud », peu de temps avant son décès, commentait les accablants taux de pollution de l'air des villes indiennes (publiés par le Central Pollution Control Board). Il comparait la situation de l'Inde contemporaine à celle des années soixante dans les pays riches, une même période de vive croissance économique sans respect pour l'environnement. Il constatait que la réduction de la pollution en Occident avait pris seulement 20 ans. Mais il ne croyait pas à cette possibilité dans son pays, parce que les mesures antipollution coûtent fort cher, et que l'Union indienne demeure plus pauvre aujourd'hui que les pays développés dans les années cinquante. Il observait que la tendance était à l'inaction ou, au mieux, à faire supporter les coûts de la lutte contre la pollution par les populations qui en souffraient.

On trouve le même écho dans une chronique du développement urbain indien (G. D. Verma, 2002), rédigé comme un pamphlet pour décrire un chaos qui alimente un processus continu de transformation en *slum* (ou bidonville). La lecture de ce livre précise l'équation paradoxale que représentent les actions en faveur de l'aménagement des cités. Les groupes de défense de l'environnement qui revendiquent une ville durable suscitent les évictions des quartiers de bidonville et la lutte contre les entreprises « informelles » pollueuses. Ce faisant, derrière l'insalubrité et le reverdissement, ils s'en prennent directement aux plus démunis qui perdent ainsi leur abri et leur emploi. Ils contribuent à créer un amalgame discriminatoire entre pauvreté, migration, pathologie, criminalité. Le retour à une bien vieille rengaine, documentée par les historiens depuis au moins la peste d'Athènes.

Ce livre dénonce également la vanité d'autres « solutions », comme la politisation de la société civile (organisme de charité, association…) qui « ONGise » le gouvernement, sans plus de résultat notable, tout en permettant à celui-ci d'externaliser les problèmes sociaux.

En conclusion, il en va de la légendaire ville bretonne d'Ys, engloutie sous les flots, comme des cités de l'Asie du Sud slummifiées : elles ne résistent pas à la trahison. La fille du roi qui dérobe la clef de la porte faisant barrage à la mer, pourrait être représentée dans une version indienne, par les autorités urbaines. Elles n'ont pas empêché les plus puissants de prendre plus que leur dû. Le plan directeur de développement urbain n'est tolérable à leurs yeux que « s'il ne demande pas que le futur lui ressemble et s'ils peuvent s'assurer qu'il correspond bien au passé ». Pour certains profiteurs, les inégalités constituent des poules aux œufs d'or que le gentil développement durable ne fera pas trembler.

Pour notre part, nous avons voulu montrer que les bonnes intentions se heurtent tout simplement au fait du sous-développement dont on ne peut pas décréter la réduction sans s'en donner les moyens. Ces questions, loin de demander plus de techniques, ou de mots d'ordre, requièrent une pensée politique.

On fait peut-être œuvre utile en voulant établir une transition écologique (comme on parle de transition démocratique), mais pour la recherche, comme pour l'action, il faut se défier du concept de ville durable qui risque de ne pas nous orienter vers la bonne cible.

RÉFÉRENCES BIBLIOGRAPHIQUES

AGARWAL A., 2000, *Centre for Science and Environment.* 41, Tuglaqabad Institutional area, New Delhi, 110062, India. En ligne : http://www.cseindia.org/.

APPADURAI A., 2001, *Après le colonialisme*, Paris, Payot.

ASSAYAG J., 1995, « The making of democratic inequality », *Pondy Papers in Social Sciences* n° 18.

BRISSET S., 2003, « L'alimentation en eau potable d'une métropole indienne, Chennai : un lutte coûteuse pour quel développement ? » Actes du Festival de Géographie de Saint Dié des Vosges, 11 p.

CHAVENT N., 2002, *Géographie de la santé d'un petit espace rural dense et Système d'information géographique : le cas de la zone d'étude de Niakhar (Sénégal).*

DELEURY G., 2000, *L'Inde continent rebelle*, Paris, Seuil.

DUPONT V., 1997, « Les rurbains de Delhi », *Espace, Populations, Sociétés*, n° 2/3.

DUPUIS J., 1960, *Madras et le Nord Coromandel*, thèse, Paris, Adrien Maisonneuve, 588 p.

EMELIANOFF C., 2002, *Enjeux politiques et environnementaux*, La Documentation Française, n° 306.

FALKENMARK M., 1986, « Fresh water: Time for a modified approach », *Ambio*, Vol. 15 n° 4.

GALEY A., 1993, « L'homme en nature, l'hindouisme, une autre manière d'être au monde », *in* D. BOURG, *Les sentiments de la nature*, Paris, L'Harmattan.

GREENPEACE INTERNATIONAL, 2000, « Steel and Toxic Wastes for Asia: Findings of a Greenpeace Study on Workplace and Environmental Contamination in Alang-Sosiya », *Shipbreaking Yards*, Gujarat, India, 33 p.

GUPTA S., 1996, *Environmental Policy and Fiscal Federalism in India*, National Institute of Public Finance and Policy, Mimeo, New Delhi.

Health officer reports, 1889-1892, *Report of sanitary measures in India*, Bombay, Abstract in House of Commons, account and papers.

LANDY F., 2002, *L'Union indienne*, Nantes, éditions du Temps.

LANDY F., RACINE J. L., 1997, « Croissance urbaine et enracinement villageois en Inde », *EPS*, n°2/3.

LEQUIN Y., 1983, « Mouroirs urbains ? Du cycle du choléra à la tuberculose », *Histoire de la France Urbaine*, t. 4.

MANJU A. K., 1998, *Bacteriological analysis of Potable water from reservoirs, treatment plant and distribution systems of Madras City*, Master of Sciences in applied microbiology.

MANI M., PARGAL S., HUP M., 1997, « Does environmental regulation matter? Determinants of the location of new manufacturing plants in India », *Policy Research Working Paper*, Washington, World Bank, February, n°1718.

MANI M., PARGAL S., HUP M., 1997, « Inspections and Emissions in India: Puzzling Survey Evidence on Industrial Water Pollution », *Policy Research Working Paper*, Washington, World Bank, August, n°1810.

NADKARNI M. V. *et al.*, 1999, « Environment in Karnataka: a status report ». (Ecological Economics Unit Institute for Social and Economic Change, Bangalore), *Economic and Political Weekly*, special article ou en ligne : http://www.epw.org.in/showIndex.php

PATEL S., THORNER A., 1996, *Bombay. Methaphor for Modern India*, Oxford University Press.

POUCHEPADASS J., 1993, « La nature au miroir colonial », *Revue française d'Histoire d'Outre-Mer*, n° 2.

RAMASSUBAN R., CROOK N., 1996, « Spatial patterns of health and mortality », *in* Patel S., Thorner A. (Ed.) (*cf.* ci-dessus).

VAGUET A., 1986, « Eau, ville et maladie, le choléra dans une métropole indienne : Hyderabad (Inde Centrale) », *Cahiers GEOS*, Montpellier, n° 7.

VAGUET O., A., 1993, « Du bidonville à l'épidémie, la crise urbaine indienne à Hyderabad », *Espaces Tropicaux*, CEGET/CNRS, n° 9.

VAGUET A., RIHOUET F., ELIOT E., 1995, « Santé et culture en contexte urbain indien », *Espace, Populations, Sociétés*, n° 1.

VASUDHA L., 1996, *Growth and spatial spread of résidentiel areas in Madras metropolitan area and the emergency environnemental headline issues*, These, Department of Geography, Madras University.

VERMA G. D., 2002, *Slumming India, a chronicle of slums and their saviours*, India, Penguin books.

ZUINDEAU B., 1995, « Développement durable et subsidiarité : une analyse à partir de contributions institutionnelles sur le développement durable », *Hommes et Terres du Nord*, n° 4.

163

Chapitre 11

« L'urbanisme sauvage » comme modèle du développement urbain : le cas polonais*

Les notions de « ville durable », de « développement urbain durable », comme sans doute bien d'autres très semblables, sont floues et à forte coloration idéologique. Elles sont utilisées dans la plupart des cas par les membres, participants et supporters, de différents mouvements écologiques ou para écologiques comme les mouvements de protestation de type *Nimby*. L'idée de développement urbain durable est aussi présente chez certains urbanistes qui sont opposées au modèle du développement urbain conçu dans la Charte d'Athènes.

La notion de « ville durable » est aussi utilisée très souvent dans les différents manifestes écologiques, dans les documents officiels gouvernementaux et municipaux, et, bien sûr, dans les moyens de communication de masse. Cette notion ayant un caractère fortement normatif est donc rarement utilisée dans les travaux des sociologues urbains. Ceux-ci préfèrent se servir de notions plutôt descriptives. L'autre problème qui se pose est la définition du terme « durabilité », ou « soutenabilité ». Cette notion initialement proposée pendant la conférence mondiale sur l'environnement à Rio de Janeiro a été alors définie en anglais. Depuis, elle est utilisée dans plusieurs langues et très souvent dans des sens différents. Par exemple en polonais, on a traduit le mot *sustainable* par « équilibré », et, en conséquence, ce dernier mot n'a aucun sens, car le développement peut être durable mais, en aucun cas, ne peut être « équilibré ».

Dans l'intéressant ouvrage de Camagni et Gibelli sur quatre métropoles européennes, on trouve, à mon avis, une bonne définition du développement urbain durable. Selon Roberto Camagni :

> C'est un processus basé sur l'apprentissage collectif, la capacité de règlement des conflits et la volonté de dessein stratégique, et non sur l'application d'un modèle prédéfini. Il s'agit de considérer ensemble les différents systèmes composants la ville (le système économique, le système social, le système physique – *built and cultural heritage* – et le système de l'environnement), dans leur co-évolution et leurs interactions dynamiques (externalité, *feed-back*, rendements croissants, synergies), et non simplement de faire la somme d'aspects et d'objectifs différents (R. Camagni et M. Gibelli, 1997, p. 11).

---

* Chapitre rédigé par Bohdan JALOWIECKI. Les photos sont de l'auteur.

Cette définition de Camagni semble pertinente pour un sociologue et peut être utilisée comme point de repère dans les analyses sociologiques sur le développement des villes. C'est la raison pour laquelle j'ai tenté de comparer le modèle de développement durable ainsi défini avec la réalité de développement de la ville de Varsovie depuis la « chute du mur », soit depuis les années quatre-vingt-dix jusqu'au début du troisième millénaire.

Pendant cinquante ans, les villes polonaises se sont développées, au moins dans la théorie, sous le régime de la planification rigoureuse selon les principes de la Charte d'Athènes. Certes, la réalité était plus complexe parce que la production de l'espace urbain était contrôlée strictement par le pouvoir politique selon les besoins conjoncturels. Après la chute du système socialiste, l'espace urbain est devenu la scène de jeu de différents acteurs. Un journaliste du principal quotidien polonais caractérise de la manière suivante la situation régnant à Varsovie :

> Juste après 1989, ce fut l'euphorie de la liberté et du libéralisme, y compris dans la planification de l'espace. Il arrivait que les élus des collectivités locales chargés des investissements disent que la planification est une invention bolchevique. Les plans étaient perçus comme des liens gênant l'investisseur et le propriétaire (le plus gros propriétaire est la commune du centre-ville). Nos urbanistes et architectes, très nombreux parmi les premiers élus des collectivités locales, devaient être du même avis. Nous rappelons que le premier président de Varsovie, à la suite des premières élections municipales libres en 1990, était un urbaniste. Lorsque je lui ai demandé, lors de la promotion de son livre *Demain, la grande Varsovie*, quand est-ce que viendra enfin ce demain, il m'a répondu sans hésitation : après-demain. Nous avons eu un président urbaniste, des vice-présidents urbanistes, ainsi que des maires et des adjoints au maire urbanistes. Ils donnent énergiquement l'alerte, mais malheureusement seulement après avoir cessé de gouverner[1].

C'est ainsi que l'administration s'est elle-même débarrassée d'un important outil de contrôle du mode de production de l'espace. On peut dire, sans exagération, que nous avons affaire à un nouveau modèle de développement urbain qui peut être défini par le terme d'« urbanisme sauvage ». En voici les principaux traits.

L'ESPACE D'AFFAIRES, FORME DOMINANTE DE LA PRODUCTION DE L'ESPACE

À Varsovie, l'essentiel de l'espace urbain nouveau est celui produit pour les affaires et le marché mondial ; il est aménagé surtout par les multinationales. Depuis le début des années quatre-vingt-dix, il a été édifié dans la capitale une centaine d'immeubles à usage de bureaux et une quinzaine d'autres sont en voie de réalisation[2]. Une partie d'entre eux – plus de 20 immeubles à très nombreux étages – se dressent

---

1. Quotidien *Gazeta Wyborcza* du 14/12/1999.

2. Depuis les années quatre-vingt-dix, il a été édifié à Varsovie plus de cent immeubles de bureaux de formes différentes. Au centre de la ville se construisent la plupart des immeubles à plusieurs étages. Les tours sont réservées aux hôtels. Dans les anciens quartiers industriels, certains promoteurs ont essayé de reconvertir les anciennes usines en bureaux pour les banques et en d'autres établissements.

dans le centre même, une quinzaine a été construite aux abords du centre-ville et le reste dans les quartiers périphériques (*cf. photos 1 et 2*). Presque tous ces bâtiments sont rangés dans la classe A, ce qui caractérise un standing d'exécution des plus élevés. Comme le constate l'une des sociétés de conseil, l'offre de locaux à usage de bureaux est toujours inférieure à la demande. La localisation de bureaux, qui sont le lieu de travail de milliers de personnes, ne s'accompagne d'aucun investissement routier. Il est vrai que l'investisseur est tenu de construire des parkings souterrains, mais les tarifs de stationnement qui y sont appliqués sont exorbitants. Cela est parfois la cause des encombrements de véhicules automobiles dans toutes les rues avoisinantes.

Photo 1. Ancienne usine de matériel électronique reconvertie en banque

Photo 2. Ancienne usine partiellement classée et bâtiment de bureau moderne superposé

UN NOUVEAU PAYSAGE : GRANDES SURFACES ET CENTRES COMMERCIAUX

Un phénomène tout à fait nouveau dans le paysage de la capitale, outre les immeubles de bureaux, ce sont les centres commerciaux et les grandes surfaces, construits dans la plupart des cas par les grands réseaux de distribution étrangers, comme les sociétés françaises Casino, Auchan et Carrefour, ou bien la société allemande Metro (*cf. photo 3*). La forme nouvelle de ces établissements se manifeste par la construction de centres polyfonctionnels de type *mall* américain. Sous le même toit on peut trouver super ou hyper marchés, des centaines de boutiques de tous niveaux de chalandise (selon les « quartiers » depuis le grand luxe jusqu'au magasin vendant à très bon marché), des cinémas, restaurants, cafés, centres médicaux, piscines et même hôtels. Come exemple récent de ce nouvel urbanisme commercial, on peut signaler le Centre Blue City (*cf. photo 4*).

Compte tenu de leurs grandes superficies de vente, d'entreposage et de stationnement, les centres commerciaux ont dû être localisés à la périphérie plus ou moins éloignée du centre de la ville, et même en dehors de Varsovie. Il y a actuellement en service à Varsovie et dans ses environs une quarantaine de centres commerciaux et de grandes surfaces (supermarchés et hypermarchés), d'autres sont en voie de construction. La demande de superficie commerciale est très forte, en raison du nombre croissant de sociétés étrangères désireuses de faire leur entrée sur le marché polonais[3]. Le développement ultérieur du réseau commercial dans tous les segments de la superficie commerciale – centres commerciaux, grands magasins, supermarchés, hypermarchés et galeries – dépend dans une grande mesure du taux de croissance du pouvoir d'achat des populations de l'agglomération varsovienne[4]. La particularité des magasins de grande distribu-

Photo 3. Centre commercial de type traditionnel

---

3. La superficie commerciale globale à Varsovie s'élève à environ 1,25 million de mètres carrés, ce qui donne 0,8 m^2 de surface commerciale par personne (en prenant en compte que l'agglomération varsovienne compte 2,7 millions habitants), alors que la moyenne européenne est de 2 m^2 par personne.

4. Selon la société Knight Frank Nieruchomosci, le revenu moyen par habitant s'est élevé en 1996 à 1 188 zlotys (396 euros), tandis que les dépenses par personne dans un ménage s'élevaient à 496 zlotys (121 euros).

tion de Varsovie est leur situation, entravant fortement la circulation dans les rues adjacentes. Le nombre insuffisant de voies, d'itinéraires de dégagement et de croisements à plusieurs niveaux provoque des embouteillages et crée de multiples situations conflictuelles susceptibles d'être la cause d'accidents de la route.

Photo 4. Centre commercial de type nouveau Blue City

UNE FAIBLE PRODUCTION D'IMMEUBLES À USAGE D'HABITATION

La production d'espace pour l'habitat et relativement faible. La baisse du PIB pendant presque toute la période de 1980 à 1995 et la renonciation quasi totale de l'État au soutien financier direct à la construction immobilière, de même que l'inexistence d'une demande solvable depuis le passage à l'économie de marché, ont conduit à l'effondrement de la construction d'immeubles à usage d'habitation en Pologne, y compris à Varsovie[5].

La demande de logements solvable concerne en tout premier lieu les personnes aux revenus très élevés, ce qui leur permet de faire l'acquisition d'un logement sur le marché de l'immobilier. Font partie de cette catégorie les jeunes hautement qualifiés et bien rémunérés qui entrent sur le marché du travail, ainsi que les familles dont les revenus ont fortement augmenté avec les processus de transformation, mais aussi les nouveaux venus, souvent des étrangers, engagés par les sociétés étrangères implantées à Varsovie. Les besoins en logements de la part des catégories susmentionnées d'habitants sont complétés par la demande des familles dont les moyens sont plus modestes, mais qui leur permettent cependant de procéder à un échange de logements pour agrandir leur espace d'habitation de plusieurs mètres carrés ou

---

5. En 1998, on a construit dans la capitale polonaise (qui compte environ 2 millions d'habitants) 6 053 logements, ce qui représente environ 40 % du niveau enregistré en 1976. Il convient néanmoins d'ajouter que la superficie moyenne d'un logement était alors de 51 m², contre 84 m² maintenant. Si l'on prend en compte l'accroissement considérable de la surface utile, les résultats effectifs de la construction de logement seront donc plus élevés.

améliorer leur localisation. Les investisseurs privés ne placent donc des capitaux, pour l'instant, que dans la construction d'appartements très coûteux, destinés aux plus fortunés. S'agissant de ce genre d'investissements, la période de remboursement des frais engagés est très courte. Les coopératives d'habitat, qui existaient déjà sous le régime socialiste, construisent des habitations bon marché, mais encore relativement chères par rapport aux capacités financières de la population. La construction – sur les fonds des collectivités – d'immeubles de rapport du type HLM, affectés aux foyers qui ont de faibles revenus, n'existe pratiquement pas, car même un loyer « rentable », qui ne couvrirait que les frais d'entretien de l'immeuble et son amortissement (donc sans aucun bénéfice), serait encore trop élevé pour cette catégorie de gens. Les tentatives de construction d'immeubles à usage locatif, qui avaient été faites par quelques municipalités de Varsovie, ont abouti à un échec, et dans plusieurs cas, les logements ont été vendus aux enchères à des prix relativement élevés[6].

L'emplacement des appartements de luxe résulte de la structure sociale et spatiale de la ville et de la valorisation subjective de l'espace de Varsovie. Pour la plupart, les appartements sont construits là où, jusqu'à présent, habitaient soi-disant « les classes sociales supérieures », ce qui correspondait auparavant aux personnes ayant une éducation supérieure. Actuellement, s'y ajoute la nouvelle couche sociale d'« enrichis » toujours en augmentation. L'un des motifs principaux d'habiter un appartement de luxe est le sentiment de sécurité (l'enceinte, les gardes, l'alarme). L'autre motif important c'est « d'être entre soi » et le prestige du lieu d'habitation (*cf. photo 5*).

Photo 5. Habitat de luxe au centre de Varsovie

---

6. Entre 1994 et 1997, les municipalités ont construit par leurs propres moyens 368 logements.

Plus de 70 % des enquêtés considèrent « le voisinage approprié » comme un motif très important ou important d'acheter un appartement de luxe. Le facteur « être entre soi » est l'un des plus importants dans le processus d'agrégation et de ségrégation. Il est également et peut-être encore plus important dans le cas des couches sociales aisées que dans les catégories plus pauvres (M. Pinçon, M. Pinçon-Charlot, 2000).

Plus que d'autres habitants riches de la capitale, les habitants des appartements de luxe vivent dans « un monde à part ». Outre le monde bien protégé de l'appartement, il y a le monde de la consommation, c'est-à-dire les boutiques de luxe, *mall*, les restaurants et les pubs, le monde des écoles privées, les lieux plus ou moins éloignés où l'on passe ses vacances d'été et d'hiver, sans compter les voyages d'affaire. Entre les divers points d'intérêt de la ville dans laquelle ils vivent, ils se déplacent à bord des voitures de luxe et n'ont qu'un contact limité avec ce qu'on appelle la vie urbaine.

Il est assez surprenant qu'une grande majorité des Varsoviens accepte la construction des appartements de luxe, c'est-à-dire la satisfaction non égalitaire des besoins en matière d'habitation, et par conséquent les inégalités sociales. Ne serait-ce pas un signe de la disparition du soi-disant « égalitarisme jaloux » ?

Les habitants de ces appartements appartiennent à l'élite financière de la ville, et souvent à l'élite tout court. Ils satisfont la plupart de leurs besoins dans la ville suivant les principes du marché, mais tous les besoins ne peuvent pas être satisfaits de cette manière. Parmi les besoins satisfaits par les caractéristiques écologiques favorables de Varsovie, en dehors de la marche, énumérons : l'air pur, l'eau, les espaces verts, le transport urbain commode, collectif (le métro) et individuel (les voies rapides, les parkings souterrains), l'esthétique de la ville et son caractère métropolitain. On peut dire que ce sont les besoins de tous les habitants de la ville, de ceux qui sont riches et de ceux qui sont pauvres, à ceci près que les premiers, s'ils ne trouvent pas des conditions qui leur conviennent, en tant qu'appartenant à la classe métropolitaine, surtout après l'intégration avec l'UE, quitteront tout simplement la ville. Ainsi donc, les autorités municipales doivent se soucier des habitants riches, car ils contribuent, aussi bien par leur travail que par leur consommation, à maintenir l'emploi dans les magasins de luxe, les restaurants, les pubs, etc. à la prospérité de la ville. Cette question est déjà prise en compte dans la proximité périurbaine de la ville où se regroupent des *gated communities* avec un espace urbain dense (*cf. photo 6*) ou autres communautés, comme à Konstancin qui n'est pas une « communauté fermée » au sens propre, qui rassemblent des villas somptueuses disposant en moyenne de plus de 5 000 m^2 de « nature », bien protégés par une police privée et une surveillance électronique.

Inversement, dans la ville comme à sa périphérie, l'habitat datant de la période socialiste ne cesse de se dégrader faute de moyens de ces habitants à l'entretenir et du désengagement de l'État, des collectivités locales et des coopératives. Par exemple (*cf. photo 7*), dans la Cité « Za Zelazna Brama » construite en 1960, on peut observer le processus d'invasion classique au sens de l'école de Chicago : les gens les plus aisés quittent leur logement et sont remplacés par des Vietnamiens récemment immigrés en Pologne.

Photo 6. Habitat de luxe *gated communities*

Photo 7. Habitat dégradé de la période socialiste

L'ESPACE URBAIN AUX MAINS DES INVESTISSEURS

Les principaux acteurs sociaux de la production d'espace à Varsovie sont donc les entreprises industrielles construisant leur siège social, les banques, les compagnies d'assurances et les sociétés de conseil. Elles investissent soit directement, soit par l'intermédiaire de promoteurs immobiliers. Grâce à leur force financière, elles arrivent à se procurer facilement des localisations avantageuses[7]. La force des acteurs privés et la faiblesse des pouvoirs publics font que ces derniers ne sont pas en mesure de mettre à la disposition des promoteurs des terrains dans le centre de la ville, car ils ne disposent pas des moyens nécessaires à leur viabilisation, par exemple en procédant à la démolition des constructions hors normes existantes. Les carences en matière d'infrastructure sont à l'origine de l'abaissement de l'attractivité et de la valeur de l'espace à Varsovie. La prédominance des acteurs privés étrangers face à la faiblesse de l'administration municipale, conduit inéluctablement à une sorte de « colonisation » de l'espace urbain, à la formation d'enclaves de modernité et parfois même de luxe dans le voisinage des espaces dégradés de la majeure partie de la capitale.

En fin de compte, un investisseur disposant de beaucoup d'argent peut pratiquement obtenir n'importe quel emplacement et construire ce qu'il veut sans avoir à se soucier des riverains. L'absence de plan d'occupation des sols joue certainement en faveur des investisseurs, mais convient également à l'administration municipale qui peut alors maximiser les bénéfices spéculatifs provenant de la vente des terrains à bâtir disponibles. Personne n'essaie même de maîtriser le chaos urbanistique régnant dans la capitale polonaise. Personne ne se soucie de l'esthétique ni non plus de la qualité des constructions, le poste d'architecte municipal et l'organe consultatif qu'était la Commission d'architecture et d'urbanisme ayant été entre temps liquidés.

En revanche, sur la scène urbaine, entrent les mouvements de protestation spontanés contre les nouveaux investissements À la base de ces actions, observées d'abord dans les pays anglo-saxons, se trouve le comportement *Nimby* (*Not in my back yard*), ce qui signifie que l'on peut tout faire, à la condition toutefois que « je ne voie ni n'entende rien à partir de ma cour ». La pratique du *Nimby* consiste en cela que des groupes de citoyens plus ou moins bien organisés s'opposent à l'implantation de bâtiments qui sont, selon eux, gênants pour les riverains :

> Le comportement *Nimby* est discuté dans la littérature spécialisée principalement en ce qui concerne la localisation des investissements à caractère social : habitations sociales, hospices de vieillards, maisons de correction, asiles pour les personnes sans domicile fixe, etc. Lorsqu'il est question de localisation des investissements pénibles de caractère industriel et de communication, on parle de *Lulu* (*Locally unwanted land use*), bien qu'il s'agisse du même mécanisme psychologique et sociologique. Dans le rapport présenté au président G. Bush en 1991 (commission spéciale mise sur pied par le département de l'Habitat et du Développement des villes), il est

---

7. Évidemment, cela n'exclut pas les diverses barrières bureaucratiques souvent dues aux querelles politiques au sein des conseils municipaux.

constaté que le *Nimby* est l'un des trois principaux obstacles au développement de la construction de logements à loyer modéré. Les auteurs ont défini le comportement *Nimby* comme une attitude « courante, profondément enracinée, passant facilement aux actions politiques, excluant (*exclusionary*) intentionnellement et en conséquence ralentissant le développement (W. Klembowski, 1999).

Les associations *Nimby*, remplaçant actuellement les mouvements sociaux urbains – au sens présenté jadis par M. Castells, (1972) – deviennent de plus en plus nombreuses dans les villes polonaises. Finalement, en l'absence de régulation du comportement des différents acteurs de la part du pouvoir public, nous pouvons observer dans cet univers chaotique le double jeu des acteurs en conflit : les particuliers contre les promoteurs.

Certains de ces processus, observés actuellement à Varsovie, et dans une moindre mesure dans plusieurs autres villes de Pologne, ont eu lieu 30-40 ans plus tôt dans les métropoles occidentales. La comparaison avec les villes de l'Europe occidentale fait cependant apparaître une différence importante. S'agissant des villes de l'Europe occidentale, les changements dans la production sociale de l'espace se sont déroulés dans une continuité sociale et spatiale déterminée. Dans les villes polonaises, cette continuité a été rompue par suite de la liquidation de la propriété privée des moyens de production et de l'élimination de la bourgeoisie en tant que classe sociale, mais aussi en conséquence du mode spécifique de production de l'espace qui donnait la préférence à l'industrie au détriment respectivement des investissements dans les transports, de service et dans la construction des espaces publics. En fin de compte, comme cela a déjà été évoqué ci-dessus, les enclaves de modernité actuellement mises en place se trouvent dans un environnement dégradé et délaissé. À cet égard, Varsovie commence à devenir semblable aux villes latino-américaines.

RÉFÉRENCES BIBLIOGRAPHIQUES

CAMAGNI R., GIBELLI M. C., 1997, *Développement urbain durable. Quatre métropoles européennes*, Paris, Éd. de l'Aube.

CASTELLS M. 1972, *La question urbaine*, Paris, François Maspero.

KLEMBOWSKI W., 1999, *Association « Ville amicale ». L'institutionnalisation du mouvement social urbain.* Thèse de licence, Varsovie, EUROREG.

PINÇON M., PINÇON-CHARLOT M., 2000, *Sociologie de la bourgeoisie*, Paris, La Découverte.

Chapitre 12

La dimension territoriale des nuisances aéroportuaires*

INTRODUCTION

Il est difficile de se retrouver dans le « dossier », qui a rebondi à plusieurs reprises ces dernières années, du bruit au voisinage des aéroports. En 1986, après plus d'une décennie de procès, des riverains de Roissy ont gagné contre les compagnies, puis celles-ci se sont retournées contre Aéroport de Paris (ADP) au tribunal administratif, et ont obtenu l'annulation du système de redevances et d'aide aux riverains par le Conseil d'État en 1987. On peut dater de cette période une remise en cause progressive du jeu des acteurs, qui pourrait aboutir à limiter le développement de Roissy Charles De Gaulle, et à créer un troisième aéroport. Pierre Zémor, président de la Commission nationale du débat public (CNDP), a conduit en six mois une *Démarche d'utilité collective pour le site de l'aéroport international* (DUCSAI), mais le choix d'un site (Chaulnes en Picardie) n'a pas convaincu. Le surlendemain de sa nomination au ministère des Transports dans le gouvernement Raffarin, Gilles de Robien, élu à Amiens, repousse ce choix de Chaulnes. Une « autorité administrative indépendante » a été créée pour trouver des solutions d'atténuation des nuisances et d'abord pour faire respecter les trajectoires et les horaires de couvre feu : l'ACNUSA (Autorité de contrôle des nuisances sonores aéroportuaires) développe son activité, notamment pour la réduction du bruit nocturne, mais la défiance des riverains des aéroports parisiens ne s'émousse pas vraiment car de nombreux responsables affirment que les aéroports parisiens sont sous-employés, et qu'il faut plutôt faire partir les riverains[1].

Dans une approche scientifique associée à l'élaboration d'une politique aéroportuaire plus durable (c'est-à-dire plus acceptable socialement), trois questions au moins se posent :
– peut-on écrire une histoire du conflit dans laquelle les acteurs se reconnaissent et se sentent moins mal compris ? Les renvois de responsabilités réciproques quant à

---

* Chapitre rédigé par Bernard BARRAQUÉ et Guillaume FABUREL

1. Pourtant, on a pu constater des évolutions plus positives sur le terrain dans cette même période récente : par exemple, la commission consultative d'environnement de Roissy CDG a profité du rebondissement récent du conflit pour adopter un mode de fonctionnement permanent, avec le soutien de la préfecture de Région. Et cette idée a été validée par les derniers articles de la loi qui créait l'ACNUSA.

l'antériorité de l'urbanisation au voisinage des aéroports ne doivent-ils pas céder à une analyse des faits passés et des limitations imposées par le choix des indices de gêne ?

– la gêne exprimée par rapport aux avions s'associe-t-elle simplement aux décibels qu'ils font, ou à un ensemble de conditions de vie qui ont évolué du fait de l'urbanisation et du développement du trafic aérien sur la durée ?

– si l'on admet que la gêne n'est pas complètement objectivable et individualisable, il est indispensable de tester la possibilité pour les parties en conflit de confronter leurs représentations de la gêne et du moyen de les rapprocher et de s'orienter vers une possible gestion partagée quoique conflictuelle, à un niveau décentralisé approprié.

Ces trois questions ont été traitées, chacune par une équipe : LATTS/ CRETEIL, IPSHA/ARIISE et CRESSON, dans une recherche commune financée par le comité Concertation Décision Environnement du ministère de l'Environnement[2]. De l'ensemble de ces travaux qui touchent bien évidemment la question de la ville durable, nous souhaitons choisir et traiter d'une dimension moins connue du conflit, qui oppose les scientifiques entre eux et qui concerne l'évaluation de la gêne sonore. Avec pour hypothèse que l'apaisement du conflit passera par l'élargissement de la notion de gêne, mais paradoxalement aussi par une mise en transparence du bruit réellement reçu au sol par les riverains, l'objectif de ce chapitre est de montrer pourquoi et comment il a fallu mobiliser des connaissances d'autres disciplines que l'économie pour pouvoir conduire une évaluation du « coût social » du bruit des avions qui en tienne compte. Il tente de rendre compte de l'effort fait pour tester des approches nouvelles de l'évaluation contingente (R. T. Carson, 1999 ; B. Hiron, 1999 ; F. D. Vivien et A. Pivot, 1999 ; M. Willinger, 1996), qui intègrent des dimensions ignorées dans les approches classiques, et en particulier ce que nous appelons la « dimension territoriale » du problème des nuisances aéroportuaires.

LA GÊNE SONORE, UNE QUESTION COMPLEXE

Dans le monde entier, l'approche dominante a consisté à relier la gêne, estimée par des interviews, à la quantité de bruit mesurée par des sonomètres ou calculée par des modèles. On a donc surtout cherché l'expertise des acousticiens, des psycho-acousticiens et des ingénieurs-économistes. En France cependant, des voix de plus en plus nombreuses au comité scientifique Bruit et Vibrations du ministère de l'Environnement estimaient qu'il fallait élargir l'appréhension de la gêne à d'autres dimensions que l'énergie sonore (B. Barraqué, 1999 ; J.-F. Augoyard, 2000). Mais ces discussions ont surtout concerné le bruit routier et ferroviaire, et, depuis la

---

2. Dans cette recherche, le travail historique, qui porte à la fois sur la politique publique nationale, sur l'urbanisation au voisinage des aéroports, et sur la construction des connaissances, a été conduit par les auteurs de l'article : B. Barraqué est membre du Conseil National du Bruit depuis douze ans et G. Faburel a fait une thèse d'économie urbaine sur le coût social du bruit des transports dans le département du Val-de-Marne, avec le soutien du PREDIT et du Conseil Général.

grande enquête par sondages conduite par l'IFOP en 1974-1975 à Orly et à Roissy, la gêne due au bruit des aéronefs n'a plus guère fait l'objet d'analyses scientifiques. Or, dès cette époque, l'IFOP concluait à un relatif échec à montrer un effet sur la santé physique ou mentale dans des zones de bruit reconnues. Et par ailleurs, de nombreux riverains se plaignaient de ce que la gêne s'étendait bien au delà de ces zones de bruit reconnu.

La gêne n'a-t-elle pas une dimension plus large, et notamment plus historique et politique ? Elle peut notamment être en partie liée au sentiment des riverains d'avoir été négligés, méprisés par rapport au développement du trafic aérien, d'une façon cumulative dans le temps ; et par ailleurs, la gêne est en partie fondée sur des éléments inconscients chez de chacun et en tout cas liés à sa trajectoire individuelle et à son vécu. Chacun sait que deux personnes soumises au même bruit ne réagissent pas de la même manière. Cette double dimension contextuelle, habituellement négligée dans les sondages, expliquerait l'échec des approches ne traitant que la dimension consciente, voire rationnelle, limitées à des interviews individuelles.

Devant les limites des approches acousticiennes, s'est progressivement élaborée une analyse fondée sur une nouvelle combinaison de disciplines. En particulier, certains se demandent si on ne pourrait pas reprendre entièrement la question de la gêne en faisant une place significative à la dimension conflictuelle de la question l'affaire. Ce n'est pas facile, car dans l'Union européenne comme aux États-Unis, semble dominer la croyance qu'on pourra déterminer la gêne à partir de « relations dose-effet » issues du monde de l'écotoxicologie. Ce qui renvoie à un abîme de réflexion : le bruit, et l'environnement, sont-ils des affaires de santé publique ? La Directive sur le bruit qui vient de sortir est particulièrement inquiétante à ce sujet, et d'ailleurs, tout ce qu'on peut espérer ou craindre, c'est que, encore plus que pour les paramètres de l'eau potable, cette approche sanitaire se retourne contre elle-même en provoquant une sorte de « complexification impossible ». Nous pensons qu'il faut prendre en considération, directement, la dimension collective et politique de la gêne et du conflit (B. Barraqué, 1994, 1996). Mais le nombre d'acteurs rend l'analyse difficile et facilite en retour des prises de position de « confort cognitif », c'est-à-dire simplistes, alors que le contexte historique reste mal connu. Le premier élément de complexité tient donc à savoir si l'expertise peut être constituée seulement dans le monde de la technique (qui serait intrinsèquement neutre), ou si elle nécessiterait la construction de connaissances partagées entre les acteurs en conflit, dans un schéma proche de ce que M. Callon et A. Rip (1991) appellent un « forum hybride ».

Un deuxième élément de complexité illustre et développe le premier : les indicateurs de gêne qui fondaient la double politique de maîtrise de l'urbanisme au voisinage des aéroports et d'aide aux riverains, sont remis en cause de plusieurs côtés, et l'administration est à la fois pressée et très motivée à en trouver d'autres. C'est une des raisons du lancement, à notre avis hâtif, de la grande enquête de gêne sonore par sondage autour de Roissy et d'Orly. L'indice utilisé jusque-là, dit indice psophique, semblait aux experts assez bien corrélé à la gêne, car il était basé sur le nombre et l'importance des bruits de crête au passage des avions. Mais il était si compliqué (formule mathématique large de près d'une page), et utilisé d'une façon si peu négociée, qu'il a été unanimement rejeté au moment de la commission Carrère. Les riverains ne voyaient pas pourquoi on ne mesurerait pas le bruit en décibels, « comme pour les routes et les voies ferrées », au lieu de calculer à l'avance la gêne par un logiciel obscur et ne tenant pas compte des événements imprévus comme des écarts de trajectoire, les arrivées hors délais, etc. Au même moment, la Commission européenne a mis en chantier une directive visant à généraliser des « plans de gêne sonore », constitués à partir d'indicateurs simples ; compte tenu de la variété d'indicateurs utilisés dans les pays développés pour les aéroports, mais aussi de l'importance du bruit routier, le Leq[3] utilisé dans ce cas a été préféré, alors qu'il ne convient pas forcément pour les aéroports[4]. Il faudrait alors disposer d'un indicateur complémentaire, basé sur l'émergence acoustique, c'est-à-dire sur la différence entre bruit de crête et bruit ambiant. Et cela d'autant plus que des enquêtes menées ces dernières années autour d'autres grands aéroports européens tendent à montrer que le sentiment de gêne a augmenté, alors que le niveau de pression acoustique global reçu au sol a diminué.

Notre point de vue a été conforté par le travail critique fait sur l'enquête par sondage, associée à des mesures de bruit réalisées dans les zones d'enquête juste après les interviews et qui suivit le refus, par les riverains, des nouveaux documents de planification résultant de l'extension de Roissy-CDG. Il est possible et nécessaire de « se hâter avec lenteur » et de reposer le problème dans sa globalité. En particulier, et bien que nul ne conteste plus aujourd'hui qu'il faille mesurer plus finement le bruit à l'endroit même où l'on interviewe les riverains pour connaître le rapport entre la gêne et les diverses caractéristiques acoustiques, on ne sait pas si la gêne exprimée est liée au niveau de bruit récemment subi (à la limite, au bruit des derniers avions qui sont passés), ou si elle est davantage le produit d'un long historique d'émergences acoustiques, et éventuellement d'une rancune accumulée contre le *lobby* aérien ; ou bien encore, si elle s'associe à des caractéristiques sociales et psychologiques globales de bien-être, qui peuvent d'ailleurs être affectées par des phénomènes sans rapport apparent avec le trafic aérien, comme la pollution en général ou surtout la crise économique. C'est pourquoi il faut reprendre l'analyse en tenant compte des représentations globales (individuelles et collectives) qui entourent la situation actuelle d'exacerbation des conflits et en même temps de proposition par l'État d'une contractualisation.

VERS UNE ÉVALUATION TERRITORIALE DE LA NUISANCE LIÉE AU BRUIT

Le bruit, en tant que nuisance, dégrade la qualité de vie de l'homme mais sans pour autant perturber les équilibres naturels. Le bruit ne peut donc être considéré comme une pollution. Même si sa gestion relève d'acteurs ayant des prérogatives en

---

3. *Level Equivalent* : équivalent d'une moyenne d'énergie sonore sur une période considérée (ex : 6-22 heures).

4. Le bruit des avions est surtout caractérisé par des émergences, émergences pour lesquelles la moyenne que représente le Leq peut s'avérer inadéquate.

matière d'actions environnementales, le bruit met en perspective une problématique d'analyse aux dimensions spatio-temporelles singulières. Elles apparaissent plus restreintes et plus finement délimitables que celles convoquées par la dégradation des facteurs environnementaux qui composent la sphère du vivant (J. Theys, 1993 ; OCDE, 1991, 1996). Tout d'abord, le bruit, comme d'autres nuisances, est un objet clairement spatialisé. Celui des avions par exemple est certes un phénomène physique, mais il exerce une pression circonscrite à certaines communes voisines des aéroports ; il perturbe leur fonctionnement territorial, ainsi que la vie de communautés entières, pour certaines préconstituées. Les populations touchées par le bruit des avions sont alors localement circonscrites (même s'il y a désaccord sur l'étendue de la zone concernée). En outre, parce que directement ressenti (santé globale[5], aménités, perte financière...), le bruit interagit souvent distinctement avec le vécu de chacun. Enfin, la réduction du bruit implique une temporalité non moins singulière, comparativement aux actions concernant les attributs environnementaux qui composent la sphère du vivant. À titre d'exemple, la maîtrise technique des phénomènes sonores laisse présager, chez les riverains d'infrastructures en tout cas, une réversibilité des situations d'exposition sonore à court ou moyen terme. C'est ce qui ressort de l'analyse de contenu d'une vague d'entretiens exploratoires réalisée auprès de 28 personnes exposées au bruit des transports dans le Val-de-Marne (G. Faburel et J. Lambert, 1999), et des discours tenus lors de la mise en place de deux processus délibératifs avec des riverains d'Orly.

Du fait de ces caractéristiques (dimensions spatio-temporelles restreintes, implications directes, réversibilité à court ou moyen termes), le bruit et son vécu peuvent être source de représentations et pratiques moins diversifiées et donc plus aisément approchables. En ce sens, la singularité de l'objet considéré, ainsi que le niveau de sensibilité des collectivités enquêtées à proximité de l'aéroport d'Orly et l'envergure des attentes de changement (contentieux judiciaires, militantisme associatif, emprise médiatique...) pouvaient réduire l'indétermination des préférences et augmenter le degré de familiarité avec l'échange proposé.

Mais, vérifier le bien fondé de cette posture impliquait plusieurs adaptations en chaîne, permises par le caractère heuristique de la méthode (scénario et questionnaire). La première fut de ne pas se saisir du bruit dans sa seule dimension acoustique pour aborder aussi ses effets en termes de gêne, c'est-à-dire une expression du vécu du bruit. L'appréciation de ce vécu pouvait aider à comprendre l'état et l'intensité des préférences individuelles. Cela avait pour première incidence empirique de proposer non plus un échange hypothétique fondé sur une variation du bruit, comme dans les 10 évaluations contingentes précédemment menées à travers le monde sur le bruit[6], mais un scénario hypothétique bâti autour d'une modulation de ce vécu particulier qu'est la gêne. Il fallait donc d'abord mesurer la gêne actuelle

---

5. Telle que définie par l'OMS.

6. Ceci n'est pas sans figurer une communauté d'esprit entre un courant de l'économie (attaché aux calculs d'élasticités à des fins prédictives) et la psychoacoustique (attachée à l'usage de procédés non moins techniques pour fiabiliser les relations doses sonores et sensations auditives des individus).

des personnes exposées au bruit et ainsi apprécier la sensibilité des riverains de l'aéroport par rapport à l'objet de l'échange proposé. Pour ceci, nous avons eu recours à des standards internationaux nourris de travaux d'analyse issus de la psychoacoustique et de la psychologie comportementale (ISO, 2001).

Toutefois, pratiquer ces seules adaptations revenait à substituer une zone d'ombre à une autre. Plusieurs acquis de la psychologie (cette fois-ci cognitive) ainsi que de la psychosociologie sont formels au moins sur ce point : les dimensions acoustiques du bruit (intensité, fréquence…) n'expliquent que très partiellement la gêne des personnes exposées. Nous avons dès lors une nouvelle fois souhaité étoffer le questionnaire d'enquête en vue de préciser les ressorts de la gêne déclarée. Seul ce détour pouvait nous aider à mieux saisir les déterminants de la fonction de demande pour une modulation de la gêne. Seul ce détour devait par là même fournir certaines clefs d'interprétation des résultats de coût social qui seraient produits, résultats généralement frappés de plusieurs indéterminations. Ces adaptations donnaient un sens empirique à notre objectif théorique : apprécier ce que mesurent les Consentements à payer (CAP)[7].

Il fallait donc recourir à des éclairages extérieurs à l'économie, à l'acoustique et à ses extensions (ex : psychoacoustique) pour tenter d'appréhender certains des déterminants de la gêne, devenu objet d'échange. Nous avons recouru à la psychologie cognitive et à la psychosociologie. Puis nous avons intégré au questionnaire nombre des variables identifiées par ces corpus : niveau socioculturel (catégorie socioprofessionnelle et niveau de formation), statut et mode d'occupation du logement, type de logement, âge, sexe, nombre d'enfants dont en bas âge, budget-temps à domicile, fréquence d'utilisation des transports responsables du bruit, dépendance professionnelle de l'activité source…

Nous avons réalisé, préalablement à l'enquête, seize entretiens exploratoires afin de cerner certaines des représentations contextualisées du bruit des avions. Cette vague d'entretiens à été réalisée dans trois communes proches d'Orly et situées dans le Val-de-Marne (Boissy-St-Léger, Valenton et Villeneuve-le-Roi). Pour plusieurs des personnes interviewées, il existerait un lien étroit entre le vécu sonore, largement fédéré par le désagrément, et d'une part des attitudes ou pratiques relatives à l'habitat et, d'autre part, la représentation de l'action des pouvoirs publics face au problème du bruit des avions. Dès lors, ce résultat empirique nous incitait de nouveau à étoffer le questionnaire de l'évaluation contingente en constituant deux autres rubriques de questions fermées et ouvertes : sur les attitudes et parcours résidentiels (ancien lieu de résidence, motivations de la venue dans la commune actuelle, ancienneté d'habitation, possibilité d'éloignement dans un lieu calme, ambition de déménager et raisons dès lors invoquées), sur les représentations et pratiques politiques face au bruit des avions (importance octroyée à une réduction du bruit des avions, acteurs à solliciter, interventions à engager, obédience politique, connivence ou militantisme associatif…). Ces dernières questions permettaient

---

7. Pour le détail de ces adaptations méthodologiques et tentatives de contournement des biais au contact de notre objet d'analyse (*cf.* G. Faburel, 2002).

aussi d'approcher le niveau d'attentes de changement des personnes enquêtées, donc d'observer l'ancrage des préférences.

Enfin, nous retenions plusieurs autres variables figurant plus classiquement dans les évaluations contingentes appliquées aux facteurs environnementaux et qui peuvent aussi avoir une influence considérable. D'obédience économique, certaines de ces variables renvoient au premier chef aux contraintes budgétaires des ménages, donc au postulat d'une rationalité individuelle de la préférence déclarée : revenu, taille du ménage, charges de propriété ou de location… En outre, même si le bruit est loin d'être la seule variable explicative de la gêne, nous avons logiquement complété la base de données constituée grâce aux questionnaires administrés par des informations sur l'exposition sonore des communes investies. Nous avons retenu les informations acoustiques qui rendent compte de l'exposition par la prise en compte des niveaux maximum (Lmax) au passage de chacun des avions (campagne de mesure réalisée en 1995 par le Béture[8]), et ce afin de rester fidèle à la caractéristique du bruit des aéronefs : l'émergence forte et momentanée.

Structuré autour de 26 variables, le questionnaire ainsi bâti comprend plus de 80 questions. Il a été administré entre novembre 1998 et avril 1999 en porte à porte auprès d'un échantillon de 607 personnes représentatif de 6 communes du Val-de-Marne exposées au bruit des avions : Ablon-sur-Seine, Boissy-St-Léger, Limeil-Brévannes, Orly, Valenton et Villeneuve-le-Roi.

LA GÊNE À ORLY ET LES CONSENTEMENTS À PAYER POUR SA RÉDUCTION[9]

Les questionnaires ont fait l'objet de deux types de traitements statistiques : analyse factorielle de correspondances sur la gêne, économétrie sur les CAP.

Pour ce qui concerne les résultats des premiers traitements, c'est-à-dire ceux sur la gêne, signalons en premier lieu que 50 % de l'échantillon se déclare au minimum « beaucoup gêné » par le bruit des avions sur une échelle verbale en cinq points (de pas du tout à extrêmement). Ceci représente un premier élément de confirmation de la sensibilité collective à la question des nuisances sonores à proximité de l'aéroport d'Orly. Concernant plus spécifiquement la population se déclarant « extrêmement gênée », les résultats de l'Analyse factorielle de correspondance (AFC) exprimés en pourcentage de l'écart maximum (P. Cibois, 1993) confirment bien que l'énergie acoustique, exprimée par la variable « zone d'exposition », ne discrimine que faiblement la gêne déclarée. Seules 40 des 96 personnes composant cette sous-population habitent dans les communes les plus intensément soumises aux bruits des avions (Villeneuve-le-Roi et Ablon-sur-Seine). Des régressions statistiques font apparaître une corrélation entre l'exposition sonore et la gêne déclarée, certes significative selon le test de Pearson, mais d'un faible cœfficient : 0,26. Ce résultat est convergent avec ceux issus d'autres travaux récents portant aussi sur le

---

8. Rappelons ici que le nombre de mouvements est plafonné à Orly depuis 1994.

9. Pour la présentation détaillée de l'approche développée et pour l'analyse exhaustive des résultats sur la gêne, sur les CAP et sur le coût social obtenu, nous renvoyons ici à Faburel (2001).

bruit des avions à proximité d'Orly et de Roissy (M. Vallet, B. Vincent et D. Olivier, 2000), et plus largement avec d'autres travaux accomplis à l'étranger depuis maintenant près de quinze ans (R. Guski, 1999 ; H. M . E. Miedema et C. G. M. Oudshoorn, 2001). Précisons que cette gêne pourtant justifiée par le bruit semble peu dissociable d'autres impacts environnementaux des transports aux premiers rangs desquels figurent la pollution atmosphérique et les risques d'accident, corroborant en cela les résultats de recherches récentes (H. M . E. Miedema & H. Vos, 1999).

Surtout, comme le suggèrent les acquis extérieurs à l'économie et à l'acoustique, complétés par ceux de la démarche exploratoire, cette sous-population se disant « extrêmement gênée » se singularise surtout par ses connaissances sur les moyens techniques, humains et financiers de contrevenir aux affections sonores, et ce faisant, par ses pratiques d'informations au travers de l'intérêt porté aux reportages et articles traitant de la question ; par son rapport politique aux enjeux de la gestion du bruit (opinions rudes portant sur l'attitude des pouvoirs publics) et aux actions associatives (connivence avec les actions des associations de lutte contre le bruit)[10] ; et par la relation qu'elle entretient avec son habitat. Concernant cette dernière dimension, nous retrouvons parmi ces personnes, et après croisement, les enquêtés qui ont manifesté, malgré une certaine ancienneté de résidence (emménagement au début des années quatre-vingt), le désir de partir habiter ailleurs du fait du bruit des avions. Dès lors, puisque ces personnes habitent surtout Villeneuve-le-Roi ou Ablon, la charge sonore pourrait participer de la dynamique démographique affectant ces deux communes : comparativement à Boissy-St-Léger, Limeil-Brévannes et Valenton moins exposées, Villeneuve-le-Roi et Ablon-sur-Seine ont vu, selon les résultats des recensements, leur population diminuer durant les dernières périodes intercensitaires 1982-1990-1999 : – 10,8 % pour Villeneuve-le-Roi et – 7,5 % pour Ablon-sur-Seine. De même, les personnes se disant au minimum « extrêmement gênées » sont le plus souvent propriétaires occupants d'une maison avec jardin, passent plus de six heures par jour à leur domicile (sans pour autant être contraint financièrement ou physiquement)et se rendent quelquefois le week-end dans un endroit calme...

Toutes ces caractéristiques, qui renvoient pour la plupart à des pratiques, confortent l'interprétation d'une prééminence de la dimension habitat dans le ressenti du bruit et le vécu de la gêne sonore ; par conséquent, par la mobilité résidentielle des ménages qu'elles suggèrent, elles préfigurent aussi des effets plus territoriaux du bruit des avions (G. Faburel et I. Maleyre, 2002). Plus largement, l'influence de ces opinions, attitudes et pratiques relatives au bruit et aux multiples dimensions que sa gestion implique, témoigne de la relation, plus circulaire que causale, plus sociospa-

---

10. Précisons que nombre de ces caractéristiques ont été confirmées par les réponses apportées à d'autres questions, mais cette fois ouvertes : ces personnes font preuve d'un discernement souvent éloquent en matière d'actions à engager pour contrevenir aux situations sonores, précisent pour la plupart le nom de l'une des associations locales qui militent contre le bruit des avions...

tiale que seulement acoustique, unissant les émissions sonores, la gêne exprimée et la sensibilité individuelle à la qualité de l'environnement sonore.

Une fois confirmé tout l'intérêt d'approcher l'influence de certaines variables sur la déclaration de gêne et, au premier chef, les variables figurant la relation individuelle à l'habitat et à l'action publique, il était opportun de les retenir pour les traitements économétriques. Cette deuxième phase d'analyse statistique portait sur les CAP dont la demande était, rappelons-le, justifiée par une modulation de la gêne.

Tableau 1. Modèle explicatif des consentements à payer déclarés (Box-Cox)

Variable	Paramètre	Écart-Type	T de Student	Significativité
Gêne déclarée (échelle numérique de 0 à 10)	0,154000	0,035285	4,364417	***
Zone d'exposition : 2 (Lmax 75 à 80 dB(A))[a]	– 1,087471	0,253090	– 4,166656	***
Diplôme : primaire	– 1,002882	0,258611	– 4,115622	***
Zone d'exposition : 3 (Lmax 70 à 75 dB(A))[b]	– 1,021420	0,252576	– 4,063526	***
Statut d'occupation : hébergé(e) gratuitement	1,392071	0,517097	2,683316	***
Type de logement : maison avec jardin	0,382347	0,215420	1,986818	**
Ne s'intéresse pas aux informations sur le bruit des avions	– 0,331570	0,172156	– 1,681325	*
Lambda (élasticité du CAP/revenu)	0,163880	0,117194	– 1,396450	
Enchère	0,057503	0,060591	0,949039	
Constante	**0,875157**	**0,321221**	**1,983180**	**

Source : Centre de Recherche sur l'Espace, les Transports, l'Environnement et les Institutions Locales / Groupe de Recherche en Économie Quantitative d'Aix-Marseille.

Nombre d'observations = 510
Nombre de paramètres estimés = 10
Valeur de la vraisemblance maximisée = – 547,480585

a. Zone d'exposition moyenne (en comparaison de la zone 1).
b. Zone de « faible » exposition sonore (*idem*).

En premier lieu, le taux de CAP positif obtenu est de 51 %. Ce taux est globalement supérieur à ceux obtenus lors de la réalisation des quelques évaluations contingentes sur le bruit des transports et notamment sur le bruit des avions (*supra*). À titre d'exemple, la dernière en date sur le bruit des avions met en avant un taux de CAP de 41,8 % (Navrud, 2000). C'est donc globalement une volonté de participer au programme d'actions proposé qui a été constatée. Le fait que près de la moitié des effectifs totaux de l'échantillon se déclare au minimum « beaucoup gênée » n'y est pas étranger. Les variables discriminantes des CAP déclarés confirment selon nous cette réceptivité.

Nous ne reportons ici que les données issues du modèle qui présente le maximum de vraisemblance. La spécification utilisée est celle proposée en 1993 par McFadden et Leonard, appliquée à la technique du référendum à double intervalle (W. M. Hanemann et B. Kanninen, 1999)(*cf. tableau 1*). Ce modèle permet de tenir compte de la possible non linéarité entre le revenu et le CAP (transformation de type Box-Cox). Afin de mieux interpréter les résultats avancés, seules les variables ayant une incidence significative sur les CAP sont reportées ici. De plus, par souci de clarté, nous avons conventionnellement complété la valeur des tests statistiques (T de Student) par des degrés de significativité pour permettre une lecture plus aisée. Ainsi, « *** » est valable pour une variable très significative (seuil de 1 % d'erreur), « ** » pour une variable significative à 5 %, « * » pour une variable significative à 10 %. Enfin, le signe positif ou négatif du paramètre estimé indique le sens de cette influence.

En regard des degrés de significativité des tests statistiques, les variables que sont le désagrément sonore déclaré, l'exposition acoustique (zones) et, mais selon une influence moindre, la pratique de rechercher des informations, en d'autres termes les variables en relation directe avec le bruit des avions, ont une incidence majeure sur la déclaration des CAP. Lorsque la gêne, les niveaux de bruit et les pratiques d'informations augmentent, les CAP croissent. Voici ici validée l'hypothèse selon laquelle il est opportun d'approcher certaines dimensions de la relation qui unit l'individu à son environnement sonore. Dans le prolongement, voici renseigné le postulat selon lequel les indicateurs retenus pour cela sont opérants, donc intégrables aux modèles de traitements économétriques. En ce sens, des disciplines extérieures à l'économie peuvent aider, de façon opératoire, à l'analyse des préférences déclarées à l'appui d'un étalon monétaire. En outre, seul un dispositif d'enquête permet de saisir directement cette influence de la gêne. Les méthodes de préférences révélées ne peuvent pas seules, quant à elles, de par leurs fondements méthodologiques, apprécier directement ce rôle explicatif.

En outre, toujours au titre des variables significatives, le niveau de formation « diplôme primaire » diminue les CAP. Selon des compléments statistiques réalisés sur les raisons explicatives du refus de consentir à payer pour le programme d'actions proposé dans le scénario, cette variable masque en fait la catégorie socioprofessionnelle des « retraités ». De par leur ancienneté d'habitation à proximité de l'aéroport, ces retraités estiment globalement disposer d'un droit de propriété sur l'environnement (« c'est aux responsables de payer ») ou alors avoir déjà suffisamment contribué en termes de désagréments. La contrainte budgétaire du ménage exerce aussi une influence. Ceci est somme toute logique en regard des travaux habituels de monétarisation. Il s'agit au premier chef de la variable « logé(e) à titre gratuit », et dans une moindre mesure, du revenu (*cf.* la variable *lambda*). Enfin, le fait d'habiter dans une « maison avec jardin » accroît le CAP déclaré. De nouveau à la lumière de traitements statistiques complémentaires, l'incidence de cette variable trouve racine dans la rencontre d'un statut d'occupation spécifique (la propriété) et d'une gêne extérieur au logement exprimée comme importante.

Depuis la démarche compréhensive des représentations contextualisées du bruit des avions (entretiens exploratoires) jusqu'à l'analyse économétrique des CAP en passant par l'approche factorielle de la gêne, la relation unissant les personnes observées à leur habitat, et à un moindre degré à leur espace de résidence, apparaissait avoir une incidence sur les réponses apportées. Dès lors, suite aux indications de ces trois familles de résultats, nous avons postulé un phénomène d'hétérogénéité non observée au sein des données issues des derniers traitements : un rapport singulier à l'espace, voire un attachement territorial (*cf.* ancienneté résidentielle) et donc un codage local, pourraient moduler la représentation du bruit, donc la déclaration de la gêne et, en retour, expliquerait en partie certaines attitudes face à la demande de CAP. Cet approfondissement du lien à l'espace de résidence devait nous permettre de répondre à plusieurs questions essentielles pour l'interprétation. Cette relation influe-t-elle directement sur le CAP ? Se nourrit-elle d'une certaine représentation du bruit et des nuisances provoquées ? Plus globalement, quels sont les déterminants et, ce faisant, les contours de cette relation potentiellement influente ? À notre connaissance, cet approfondissement n'avait pas été conduit précédemment.

L'ATTACHEMENT TERRITORIAL COMME DIMENSION DU CONSENTEMENT À PAYER ET COMPOSANTE DU COÛT SOCIAL

Pour approfondir cette dimension, nous avons pratiqué des détours théoriques par la géographie sociale (X. Piolle, 1991 ; G. Di Méo, 1998), la sociologie (M. Hirschhorn & J. M. Berthelot, 1996) et la psychologie sociale (M. Fried, 1982 ; G. N. Fisher, 1992). Ces détours nous ont permis de sélectionner dans la base de données certaines variables pouvant rendre intelligibles des représentations et des pratiques expressives d'un attachement au territoire. Ces variables impliquent des questions ouvertes ou fermées. Concernant les premières, il s'agit, par exemple, des qualifications verbales de l'actuel quartier de résidence et de l'ancien. Pour ce qui concerne les secondes, nous avons retenu les informations relatives à l'existence de réseaux de sociabilité proche, les motivations de la venue dans la commune, l'ambition de déménager et les raisons dès lors invoquées, et le militantisme au sein d'une association de lutte contre le bruit ou la connivence avec l'une d'entre elles. Ces variables ont structuré ce que nous dénommons dans le cadre de ce travail un indice d'attachement territorial.

À ce stade, nous avons réalisé une nouvelle AFC afin de discriminer des sous populations selon leur rapport à l'espace. Un groupe de 40 personnes sur les 607 enquêtées se distingue nettement. Nous ne rendons compte ici, et ce comme pour le profil de cette sous population, que des résultats pour lesquels le test Khi2 est significatif (*cf. tableau 2*).

Tableau 2. Population attachée à son espace de résidence

	Modalité	Effectifs	Ecarts	Khi2	PEM	Test Khi2
Emménagement : a interrogé la famille	Oui	28	25	280,475	78	•••
Emménagement : a interrogé des voisins	Oui	24	21	229,263	75	•••
Envisage de déménager du fait du voisinage	Non	30	7	2,28	42	••
Envisage de déménager du fait de l'urbanisme local	Non	30	7	2,047	41	••
Envisage de déménager du fait du manque d'espaces naturels	Non	29	6	1,732	36	•
Appartenir ou se sentir proche des associations	Oui	30	7	3,136	33	••

Source : Centre de recherche sur l'espace, les transports, l'environnement et les institutions locales, université Paris 12.

Puis, nous avons sélectionné d'autres variables, cette fois-ci passives, afin de préciser les caractéristiques de ce groupe semblant entretenir un rapport singulier à son espace de résidence. De nouveau par les travaux de géographie sociale, de sociologie et de psychologie sociale, nous avons sélectionné dans la base de données les variables évocatrices en premier lieu du niveau socioculturel (Frémont *et al.*, 1984) : diplôme le plus élevé, profession exercée, ordre de grandeur du revenu global mensuel du ménage, nombre de personnes du ménage et accès à une résidence secondaire. De même, en second lieu, nous avons retenu les variables révélées précédemment caractérisant l'habitat et le parcours résidentiel : statut d'occupation du logement et type d'habitation, statut d'occupation de la précédente habitation, commune de résidence, ancienne commune de résidence, année d'emménagement, temps passé à domicile le week-end, éloignement dans un endroit plus calme.

En outre, pratiques et représentations, dans notre cas sociospatiales, résultent d'un double processus cognitif : l'un, provenant du contexte social, « d'extériorisation de l'intériorité », l'autre, émanant de la psyché, « d'intériorisation de l'extériorité » (P. Bourdieu, 1979). Nous retenions alors aussi les variables expressives d'un rapport plus psychologique au lieu de résidence et à l'espace, donc pouvant aussi influer sur la représentation du bruit. Certaines de ces variables renvoient à l'habitat, donc sont déjà intégrées. Mais, nous avons aussi choisi, en référence aux résultats de l'AFC réalisée sur la gêne : la déclaration du désagrément provoqué par le bruit des avions à partir d'une échelle numérique, l'attention portée aux reportages et articles sur le bruit des avions, les effets sur la santé imputés par l'enquêté au bruit, le nombre d'enfants de moins de deux ans… Enfin, nous avons inséré les paramètres et opinions en caractérisant les attributs de l'environnement (ex : niveau d'exposition au bruit exprimé en niveau maximum, ou Lmax).

Précisons que ces trois groupes réunissent la totalité des paramètres identifiés par les traitements économétriques comme explicatifs des CAP. Cela s'est avéré déterminant pour nous donner toutes les clefs d'interprétation de l'influence de l'attachement au territoire sur les CAP. Dans cette perspective, nous avons décidé d'ajouter à ces trois rubriques plusieurs variables figurant la construction de représentations particulières de l'échange proposé et/ou de la demande de CAP :
– estimer avoir déjà payé (baisse de valeur du logement, initiative individuelle d'isolation du logement) ;
– ou estimer que c'est aux responsables des nuisances de payer (raisons invoquées pour justifier un refus de consentir à payer, équité du financement proposé, modes d'actions à entreprendre, type d'acteurs à mobiliser, obédience politique) ;
– à l'inverse, estimer être en partie responsable de la charge environnementale (fréquence de l'usage de l'avion, activité professionnelle en relation avec l'activité aéronautique).

Une fois constitué le groupe de variables passives, nous avons dressé le profil de cette sous population (*cf. tableau 3*).

Le profil de la population montre que le désagrément sonore ne semble pas être structurant du vécu individuel des personnes composant le groupe. La gêne sonore et ce qu'elle véhicule comme représentations (ex : effets sur la santé) ne figurent pas au rang des signes distinctifs de cette sous population. Quoique faiblement explicative de l'inconfort sonore (*supra*), la zone d'exposition est aussi absente. Donc, selon toute vraisemblance, l'attitude face à la demande de CAP ne devrait pas émerger, voire s'avérer négative, en référence aux résultats économétriques.

Or, 27 de ces personnes sont disposées à payer pour la suppression de la gêne sonore due au bruit des avions. De plus, ce phénomène semble circonscrit spatialement. Selon l'AFC, 16 personnes de ce groupe, soit 40 %, habitent à Villeneuve-le-Roi et 10, soit 25 %, à Ablon-sur-Seine. Précisons à ce titre que 98,2 % des personnes enquêtées domiciliées dans l'une de ces communes habite dans les zones de plus forte exposition : 57 % en zone 1 et 41,2 % en zone 2.

Dès lors, quel pourrait être, chez ces résidents de communes fortement exposées, le vécu de la charge sonore pour qu'ils consentent à payer pour sa suppression sans pour autant qu'ils se déclarent gênés par le bruit des avions ?

Tableau 3. Caractéristiques de la population attachée à son espace de résidence

	Modalité	Effectifs	Écarts	Khi2	PEM	Test Khi2
Statut d'occupation du logement	Propriétaire	28	13	11,104	52	•••
Type d'habitation	Maison avec jardin	27	14	13,54	51	•••
Attention portée aux reportages et articles sur le bruit des avions	Oui	33	7	2,058	51	••
Consentement à payer	Positif	27	8	2,938	37	••
Temps passé à domicile le week-end	12 et plus	25	7	2,896	34	••
Partir le week-end dans un endroit plus calme	Quelquefois	21	7	3,97	28	••
Temps passé à domicile par jour de semaine	Moins de 6	18	8	5,861	26	•••
Commune de l'enquêté	Villeneuve-le Roi	16	5	2,4171	8	•
Statut d'occupation de la précédente habitation	Propriétaire	11	6	6,629	17	•••
Commune de l'enquêté	Ablon-sur-Seine	10	6	8,945	17	•••
Ancienne commune	Villeneuve-le -Roi	12	6	4,867	17	••
Revenu global mensuel du ménage	de 20 000 à 30 000	9	5	8,667	15	•••

Source : Centre de recherche sur l'espace, les transports, l'environnement et les institutions locales, université Paris 12.

On dispose de deux matériaux complémentaires pouvant aider à trouver la réponse : les discours tenus sur le bruit des avions lors de deux réunions organisées en juin 2000 avec les riverains des communes observées (G. Faburel, coll. M. Leroux & L. Colbeau-Justin, 2000) ; et des informations collectées indépendamment (par commune : nombre d'associations culturelles, de monographies historiques locales entretenant des repères patrimoniaux, de rassemblements festifs portant l'esprit communautaire, de lieux de sociabilité et notamment de bars et de cafés…).

Dans le contexte qui nous mobilise, les personnes composant ce groupe et habitant de longue date à Villeneuve-le-Roi ou à Ablon-sur-Seine se représenteraient le

bruit des avions comme une intrusion dans leur attachement territorial. Cet attachement serait exprimé par :
– l'existence de réseaux de sociabilité et notamment de relations familiales ayant aidé à effectuer le choix résidentiel (« a interrogé la famille pour emménager ») ;
– ce choix résidentiel a été de rester dans la commune (ancienne commune de résidence « Villeneuve-le-Roi »ou « Ablon ») ;
– en accédant à la propriété (statut d'occupation) d'une maison avec jardin (type de logement) ;
– domicile dans lequel ces personnes passent du temps le week-end (12 heures et plus) sans pour autant être financièrement captives (revenu mensuel du ménage) ou âgées.

Puis, grâce aux discours tenus lors des entretiens exploratoires, des réunions publiques et grâce aux réponses apportées aux questions ouvertes sur les attentes d'actions et intervenants à mobiliser, nous pouvons admettre que cette intrusion serait celle d'une extériorité (le bruit des avions) chargée de symboles d'altérité à la fois spatiale (l'immensité inquiétante du monde offert) et sociale (le privilège de l'usager d'appartenir, grâce à l'utilisation de l'avion, au village planétaire). Cette représentation symbolique serait entretenue par une perception de recul de l'attitude des instances centrales de décisions. Précipitant une tension entre localité et globalité, cette intrusion aurait façonné une croyance d'injustice.

Cette croyance inciterait certaines personnes, aptes à la pensée opératoire (séjours dans des endroits calmes) et souhaitant continuer à résider dans ce lieu (absence de volonté de déménager), à l'exprimer. Le sentiment d'appartenance étant contesté par les choix politiques, seule une force symbolique, telle que la distinction par l'identité collective, pouvait être érigée en rempart de polarités conflictuelles tendant à effriter l'unité sociospatiale. Aussi, les personnes d'une certaine catégorie sociale (ordre de grandeur du revenu) trouveraient-elles dans l'action ou la connivence associative (militantisme ou proximité intellectuelle), le moyen de réduire leur dissonance cognitive en exprimant leur représentation négative de l'attitude des pouvoirs publics. Mais surtout, ces personnes, toujours d'un certain rang social, pourraient, par là même, satisfaire au besoin d'implication efficace dans la vie locale. Elles disposeraient pour ce faire d'une structure associative (Pégase) qui bénéficie à Villeneuve-le-Roi d'influences politiques, donc de relais institutionnels. En d'autres termes, elles disposeraient d'une tribune permettant d'exprimer vigoureusement le besoin de reconnaissance et de respect de cette singularité sociospatiale. Ces attitudes et pratiques pourraient alors créer la matérialité d'une idéologie locale d'attachement à l'espace qui, en retour, pérenniserait le sentiment d'appartenance (G. Faburel, 2003).

C'est alors bien davantage l'intrusion de la charge sonore dans le vécu de la relation affective à l'espace que l'inconfort qui en découle qui inciterait les personnes identifiées par l'indice élaboré à se saisir de la demande d'un CAP pourtant justifiée par une proposition de suppression de la gêne. Confrontées à des pouvoirs publics centraux sur lesquels elles croient ne pas avoir prise, elles pourraient comprendre le CAP individuel comme un moyen d'ouvrer (*cf.* scénario *encadré 1*), par le biais d'une participation tant souhaitée à une intervention publique, à la sauvegarde de l'identité locale (G. Faburel, 2005). Tout comme elles consentiraient à s'engager individuellement dans le militantisme associatif, elles se saisiraient de ce moyen pourtant connoté politiquement (pollué-payeur).

Encadré 1. Scénario d'échange proposé dans le cadre de la réalisation de l'évaluation contingente sur le bruit des avions à Orly

Des enquêtes, comme celle que nous menons, montrent que les nuisances sonores liées aux bruits des avions constituent une importante source de gêne pour les riverains des aéroports. Aussi, plusieurs actions de réduction de la gêne et de ces effets sur la santé peuvent être envisagées.

Les communes riveraines de l'aéroport d'Orly envisagent de créer un organisme temporaire qui regrouperait des représentants de l'État, des collectivités locales, des compagnies aériennes et des associations de défense de l'environnement. Cet organisme aurait pour mission de lancer un programme de réduction du bruit des avions. Le programme d'actions prévoit de réorienter les actuelles trajectoires de décollage et d'atterrissage des avions en modifiant légèrement le tracé d'une piste de l'aéroport. Cette décision imposerait aux avions de survoler les zones industrielles, les zones de commerces et de bureaux. Sans pour autant réduire l'activité de l'aéroport, cette action supprimerait d'ici deux ans le bruit des avions auquel vous êtes exposés, donc votre gêne éventuelle et ses possibles conséquences sur votre santé.

Pour financer cette action, qui peut coûter très cher (estimation à 650 millions), votre commune pourrait vous consulter prochainement pour savoir si votre ménage accepterait de payer pendant deux ans une redevance, c'est à dire une certaine somme. Si le résultat de cette consultation était positif alors tous les ménages habitant les communes riveraines de l'aéroport, soit plus de 400 000 personnes, seraient amenés à participer financièrement. L'argent collecté sera directement géré par l'organisme présenté plus haut. Chaque année, il vous enverra un document présentant de façon détaillée l'utilisation faite de l'argent ainsi obtenu et les actions qu'il reste à accomplir dans le cadre de ce programme. À l'inverse si le résultat de la consultation s'avérait négatif, les travaux ne seraient pas réalisés et le bruit persisterait.

Nous attirons votre attention sur le fait que l'argent que vous dépenseriez pour la réalisation de ce programme limiterait vos possibilités de réaliser d'autres dépenses.

Les paramètres significatifs identifiés par les traitements économétriques, que nous retrouvons pour certains ici, masqueraient en fait un phénomène d'hétérogénéité non observée : celui d'un rapport au territoire, explicatif pour un groupe de personnes de la préférence manifestée au travers du CAP. Reconnaissons toutefois que la procédure suivie et les affinements statistiques réalisés apparaissent trop hétérogènes pour pouvoir d'ores et déjà apporter une réponse solide à l'hypothèse fixée.

Certes, nous avons entrepris de nous détacher de la seule élucidation de corrélations pour tendre vers l'énoncé d'un système explicatif intégrant représentations et pratiques sociospatiales. De plus, le rapprochement d'un matériau quantitatif, issu de traitements économétriques et factoriels, avec un matériau plus qualitatif (entretiens et processus délibératifs) nous a aidé à nous détacher de l'approche analytique stricto sensu pour tendre, guidé en cela par des détours disciplinaires (géographie, sociologie et psychologie sociale), vers une approche plus intégrée de l'attachement au territoire de résidence. L'appréciation de cette empreinte territoriale nous ferait alors sortir des sentiers battus de l'axiomatique néoclassique et des modèles microéconomiques standard. D'une rationalité substantielle d'optimisation économique, nous cheminerions vers les confins de la rationalité procédurale où capitaux économiques, culturels et sociaux s'entremêlent.

Mais, seuls des changements importants de protocole, donc la réalisation d'une autre enquête, nous permettront d'envisager une convergence véritable d'approches aux postures intellectuelles bien distinctes (individualisme méthodologique et holisme). Tout au plus pouvons-nous à ce stade admettre que certains des CAP à payer déclarés seraient des jugements étalonnés monétairement. Ces derniers seraient le fruit de représentations et de pratiques sociospatiales, elles-mêmes étayées par des savoirs et croyances codées localement.

CONCLUSION

L'ensemble de ce cheminement montre selon nous en premier lieu la nécessité de dépasser la seule objectivation par l'acoustique et la psychologie comportementale du ressenti individuel de la charge sonore. En ce sens, ce cheminement confirme empiriquement ce que les pouvoirs publics ne reprennent que rarement à leur compte : le volume sonore n'est pas le seul facteur explicatif de la gêne et il y a lieu d'apprécier l'influence des dimensions psychosociologiques et politiques afin d'appréhender toute l'épaisseur du vécu individuel et collectif qui s'exprime au travers de la déclaration de gêne. Et, pour ce faire, il s'avère donc nécessaire de resserrer les liens disciplinaires, voire de construire des passerelles scientifiques.

On cherchait à évaluer le coût social induit par le bruit des avions par la méthode d'évaluation contingente : le détour par la psychologie cognitive et la psychosociologie et par une démarche exploratoire préalable, nous a aussi permis d'étoffer le questionnaire de cette méthode en vue de mieux saisir ce que recouvrent les CAP déclarés pour une suppression de la gêne. Les résultats des traitements statistiques (factoriels et économétriques) nous ont incité à croire à l'existence d'une hétérogénéité non observée pouvant participer de l'explication de la déclaration de CAP chez certaines personnes. Cette déclaration semblait fédérée par la relation les unissant à leur habitat et à leur espace de résidence. Grâce à de nouveaux détours, cette fois-ci par la géographie sociale, la sociologie et la psychologie sociale, nous avons pu bâtir un indice d'attachement territorial et réaliser de nouveaux traitements statistiques. Il ressort qu'une sous population aurait déclaré un CAP positif non pas pour réduire la gêne, objet de l'échange proposé dans le scénario, mais pour réduire l'intrusion du bruit des avions dans une relation d'ordre affective au territoire de vie. Outre que ce cheminement a par là même indirectement montré que les vécus individuels et collectifs du bruit des avions pouvaient renvoyer à l'ancrage d'une identité territoriale, il conduit à réitérer la nécessité de croiser les regards disciplinaires afin d'apprécier le rôle des représentations et pratiques contextualisées sur l'attitude constatée face à la demande de CAP. Mais, pour valider ces premiers résultats, il conviendra d'entreprendre un véritable resserrement de liens scientifiques.

Ce resserrement permettra alors de dépasser la seule expertise d'obédience psychoacoustique afin de faire de l'analyse du bruit et de ses conséquences une problématique scientifique intégratrice. Il offrira de plus l'opportunité de faire du territoire local une échelle pertinente d'investigation. Sous ce double faisceau, ce resserrement pourrait, en regard des tensions que précipite la question du bruit des avions, œuvrer à la durabilité des actions publiques territoriales.

Mais, est-il possible de produire ce resserrement scientifique sans que le contexte sociopolitique s'y prête mieux ? Pouvons-nous évaluer un coût social alors qu'on est encore si loin actuellement d'une situation, même pas de négociation, mais de rapprochement de la représentation globale que se font les parties en conflit de la question du bruit des avions ? Sur ce point, les deux auteurs affichent un désaccord. B. Barraqué estime que toute recherche de coût social pose la question méthodologique suivante : de même que les sondages ne sont vraiment significatifs que lorsqu'ils visent une opinion publique déjà formée, de même, est-il possible d'arriver à une évaluation significative du coût social lorsqu'on est dans une telle situation d'anomie, de non communication entre les parties en conflit ? En d'autres termes, une démarche interdisciplinaire nouvelle et plus ouverte peut-elle être conduite sans qu'elle soit nettement articulée à une autre façon de construire la décision publique ? G. Faburel estime quant à lui que la pratique de l'interdisciplinarité peut au contraire être un vecteur de mise en visibilité de marges nouvelles d'actions, donc œuvrer, par sa fonction tant procédurale que substantielle, à des apprentissages collectifs.

C'est pourquoi nous soutenons, cette fois-ci conjointement, l'idée d'un fonctionnement plus permanent et plus contradictoire des commissions locales de riverains, car les acteurs du pôle aérien y sont représentés aussi. Nous attendons seulement de pouvoir exposer le contenu des lignes ci-dessus à de telles commissions…

RÉFÉRENCES BIBLIOGRAPHIQUES

ARROW K. J. *et al.*, 1993, *Report of the National Oceanic and Atmospheric Administration, Panel on Contingent Valuation*, Washington D.C., Federal register, 58 (10), p. 4601-4614.

AUGOYARD J.-F., 2000, « Du bruit à l'environnement sonore urbain, évolution de la recherche française depuis 1970 », *in* D. PUMAIN et M.-F. MATTEI, *Données Urbaines*, Paris, Anthropos, n° 3.

BARRAQUÉ B., 1999, « La lutte contre le bruit en France », *in* BARRAQUÉ B. & THEYS J. (dir.), *Les Politiques d'environnement, Évaluation de la première génération 1971-1995*, Paris, Éd. Recherches, p. 209-227.

BARRAQUÉ B., 1996, « Une 'civilisation' de l'État : la compensation des servitudes de bruit », *Echo-bruit*, 74-75.

BARRAQUÉ B., 1994, « Le principe d'antériorité : une impasse ? », *Echo-bruit*, Centre d'information et de documentation sur le bruit, Paris, 64.

BOURDIEU P., 1979, « Culture et politique », *La Distinction, critique sociale du jugement*, Paris, Éditions de Minuit, ch. 8, p. 463-541.

CALLON M., RIP A., 1991, « Forums hybrides et négociations des normes socio-techniques dans le domaine de l'environnement. La fin des experts et l'irrésistible ascension de l'expertise », *Cahiers du GERMES, Environnement, science et politique* - Les experts sont formels, n° 13, p. 227-238.

CARSON R. T., 1999, *Contingent Valuation: A User's Guide*, *University of San Diego*, Discussion paper 99-26, December, 24 p.

CIBOIS P., 1993, « Le pourcentage de l'écart maximum : un indice de liaisons entre modalités d'un tableau de contingence », *Bulletin de Méthodologie Sociologique*, 40, p. 43-63.

DI MÉO G., 1998, *Géographie sociale et territoires*, Paris, Éd. Nathan Université, Coll. fac. Géographie, 287 p.

FABUREL G., 2003, « Le bruit des avions. Facteur de révélation et de construction des territoires », *L'Espace géographique*, n° 3, p. 205-223.

FABUREL G., 2002, « Évaluer les coûts sociaux : la nécessité de l'interdisciplinarité. Application au bruit des avions », *Annales des Ponts et Chaussées*, 103, p. 65-73.

FABUREL G., MALEYRE I., 2002, « Les impacts territoriaux du bruit des avions », *Études Foncières*, 98, p. 33-38.

FABUREL G., 2001, *Le bruit des avions : évaluation du coût social. Entre aéroport et territoires*, Paris, Presses de l'École Nationale des Ponts et Chaussées, 352 p.

FABUREL G., en coll. avec LEROUX M., COLBEAU-JUSTIN L., 2000, *Observation de l'acceptabilité institutionnelle et sociale d'une modalité d'expertise appliquée aux transports : l'évaluation contingente, Observatoire de l'Économie et des Institutions Locales*, Université de Paris XII, Rapport pour la Commission Evaluation-Décision du PREDIT (DRAST), 113 p.

FABUREL G., LAMBERT J., 1999, *Évaluation du coût social du bruit des transports terrestres*, ŒIL-INRETS, Rapport d'étape pour le PREDIT (ADEME, MELT, RATP), 29 p.

FABUREL G., (à paraître en 2005), « La représentation des publics dans les conflits. Et si l'évaluation des coûts sociaux ne servait pas qu'à internaliser : le cas du bruit des avions et des conflits aéroportuaires », *in* J. LOLIVE et O. SOUBEYRAN (dir.) *Les cosmopolitiques, entre aménagement et environnement*, Paris, la Documentation Française.

FRÉMONT A., CHEVALIER J., HÉRIN R., RENARD J., 1984, *Géographie sociale*, Paris, Éd. Masson, 286 p.

FISCHER G. N., 1992, *Psychologie sociale de l'environnement*, Toulouse, Éd. Privat, Coll. Pratiques sociales, 240 p.

FRIED M., 1982, « Residential attachment: source of residential and community satisfaction », *Journal of Social Issues*, 38, p. 107-119.

GUSKI R., 1999, « Personal and Social Variables as Co-Determinants of Noise Annoyance », *Noise and Health*, Vol. 3, p. 45-56.

HANEMANN W. M., KANNINEN B., 1999, « The statistical analysis of discrete CV data », *in* I. J. BATEMAN and K. K WILLIS (Éds) *Valuing environmental preferences*, Oxford University Press, p. 302-441.

HIRON B., 1999, *L'évaluation du coût du bruit en milieu urbain : méthode des prix hédonistes et méthode d'évaluation contingente à l'épreuve*, Doctorat de Sciences économiques, Université de Lyon II, 249 p.

HIRSCHHORN M., BERTHELOT J.-M., (dir.), 1996, *Mobilités et ancrages. Vers un nouveau mode de spatialisation ?*, Paris, Éd. L'Harmattan, 157 p.

ISO, 2001, *Acoustics - Assessment of noise annoyance by means of social and socio-acoustic survey*, Draft technical specification ISO/DTS 15666 (ISO/TC 43/SC 1 N 1313).

MIEDEMA H. M. E., OUDSHOORN C. G. M., 2001, « Annoyance from Transportation Noise: Relationships with Exposure Metrics DNL and DENL, and Their Confidence Intervals », *Environmental Health Perspectives*, 109, p. 409-416.

MIEDEMA H. M. E., VOS H., 1999, « Demographic and attitudinal factors that modify annoyance from transportation noise », *Journal of the Acoustical Society of America*, NY, 105(6), June.

NAVRUD S., 2000, « Economic benefits of a program to reduce transportation and community noise – a contingent valuation surveyc », *Internoise Proceedings*, Nice, 7 p.

OCDE, 1996, *Évaluer les dommages à l'environnement, un guide pratique*, Paris, Éd. OCDE, Coll. Poche, 8, 193 p.

OCDE, 1991, *Lutter contre le bruit dans les années 1990*, Paris, Éd. OCDE, 88 p.

PIOLLE X., 1991, « Proximité géographique et lien social, de nouvelles formes de territorialité », *L'Espace géographique*, Paris, Éd. Doin, 4, p. 349-358.

THEYS J., 1993, « Quels axes pour la recherche dans les années avenir », Actes du colloque *Environnement et Économie*, INSEE Méthodes, 39-40, p. 37-46.

VALLET M., VINCENT B., OLIVIER D., 2000, *La gêne due au bruit des avions autour des aéroports, T1 Analyse de la gêne*, Rapport INRETS 9920, 62 p.

VIVIEN F. D., PIVOT A., 1999, « Donner du prix à la parole », *Natures Sciences Sociétés*, 7, 2, p. 48-55.

WILLINGER M., 1996, « La méthode d'évaluation contingente : de l'observation à la construction des valeurs de préservation », *Natures Sciences Sociétés*, 4, p. 6-22.

Chapitre 13

Pour une écologie spatiale urbaine*

La prise en compte du développement urbain dans sa globalité a conduit à une évolution des méthodes de recherche. Dès les années soixante-dix, l'équipe de recherche MTG (Modélisation et traitement graphique) s'est donnée comme objectif d'approcher cette complexité par l'identification des interactions localisées entre les diverses dynamiques sociales de Rouen et de son agglomération. Or cet objectif est difficilement atteignable dans le carcan des découpages statistiques ou administratifs habituellement utilisés. Pour permettre une analyse multicritères, la méthode s'est donc orientée vers une cartographie construite dans des découpages « neutres » de l'espace, par exemple des carroyages géométriques, qui ont conduit à mettre en relation et à confronter les critères très divers, sociaux ou physiques, qui constituent ce que nous avons appelé « l'environnement urbain » (G. Lajoie, 1992). D'une façon générale, le développement des Systèmes d'information géographique (SIG) a facilité la mise en cohérence de fichiers de données d'origine différente à différentes échelles.

L'articulation entre les approches « sociales » de l'analyse spatiale et les approches « physiques » s'est faite à la fin des années quatre-vingt[1] et n'a pas tardé à mettre en évidence certaines insuffisances dans le processus de connaissance, en micro-climatologie notamment, ou plus précisément des inadaptations aux questionnements sur le rapport de ces approches avec les questionnements sociaux.

La localisation de notre équipe de chercheurs n'a pas été étrangère à l'introduction des dimensions physiques et environnementales dans la géographie sociale pratiquée. L'agglomération de Rouen, en dépit de la qualité de son centre historique et de sa périphérie forestière, cumule les problèmes environnementaux, qui en font un véritable cas d'école : un site de cuvette, un chapelet d'industries chimiques lourdes, installées depuis longtemps, prenant en écharpe toute l'aire urbaine, et un carrefour de voies de transport industriel. C'est ce contexte qui a orienté le choix des thèmes à travers lesquels s'effectue le plus manifestement le croisement entre les questions

---

** Chapitre rédigé par Yves GUERMOND*

1. Voir notamment : « La pauvreté en Haute-Normandie aujourd'hui », *Cahiers Géographiques de Rouen*, 1979 ; « An analysis of the socio-professionnal structure of the Rouen area » *in* R. J. Bennett. *European Progress in Spatial Analysis*, 1981, Pion, London ; *Pour une géographie plus humaine*, Coll. de Géographie sociale, Univ. Lyon 2, 1982.

sociales et les questions environnementales. Après une analyse spatiale de la consommation de médicaments psychotropes dans l'agglomération (M. Bussi, 1996), la recherche s'est étendue à la pollution de l'air (Y. Guermond, A. Demczuk, 1996) et à la pollution des sols (P. Folligne, J.-P. Vapaille, 1998 ; F. Rangdet, 1998), et d'une façon plus générale à l'ensemble des risques industriels.

Les éléments de base d'évaluations scientifiques locales se trouvent ainsi rassemblés, qui pourraient permettre, en échappant à une vision trop exclusivement biophysique de l'environnement, d'avancer sur la problématique de la « soutenabilité » du développement urbain, en dehors des effets de discours. C'est ce que nous tenterons de montrer en sélectionnant les résultats obtenus sur un certain nombre de thèmes croisant problèmes sociaux et environnementaux.

UNE POLLUTION DE L'AIR PLUS FORTE DANS LES QUARTIERS OUVRIERS, MAIS UNE MESURE INCERTAINE...

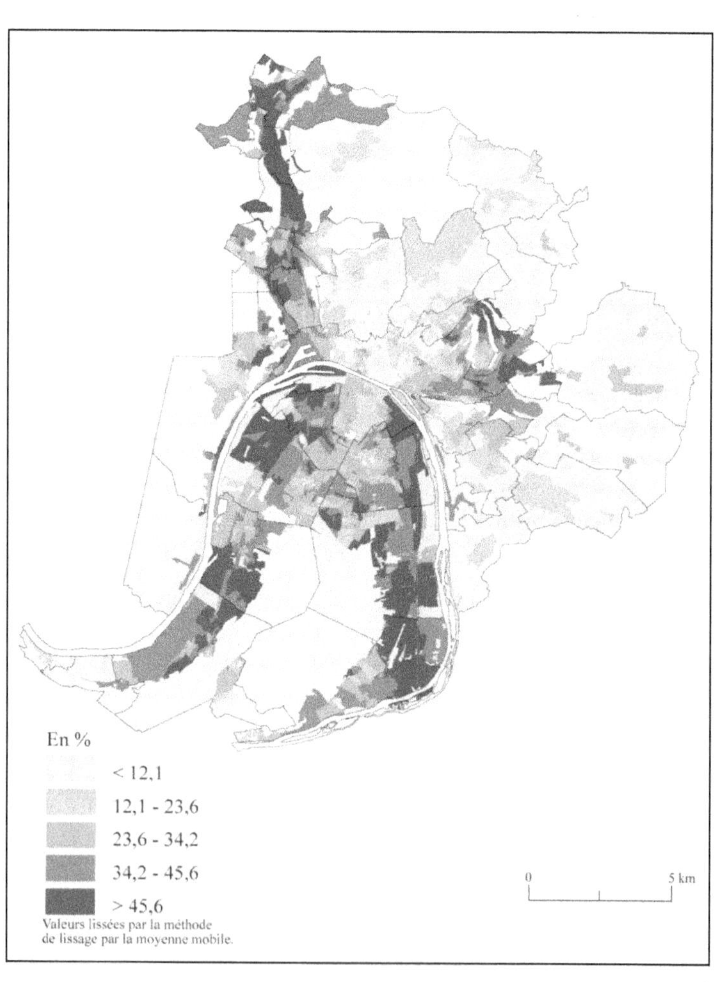

Les données de la *figure 1* ont été transcrites dans un carroyage géométrique au pas de 100 mètres, et lissées par une moyenne mobile. Bien que cette division statistique opérée par le recensement en deux catégories sociales soit un peu artificielle, elle exprime cependant deux contextes qui opposent ici de façon particulièrement nette deux ensembles de quartiers. La *figure 2* est une interpolation dans ce même carroyage des valeurs de la pollution par le NO_2 indiquées par les capteurs du réseau officiel de contrôle de la pollution (dont le nombre est malheureusement très faible et les localisations très éloignées les unes des autres). La pollution la plus forte concerne particulièrement la rive gauche de la Seine ainsi que la vallée affluente au Nord-Ouest, et elle touche beaucoup moins les plateaux Nord, qui dominent et la vallée de plus d'une centaine de mètres. La corrélation entre les quartiers socialement moins favorisés et les « désaménités environnementales », qui a été montrée à propos de Cleveland par W. Bowen (1995), se vérifie bien ici, par la comparaison des deux figures.

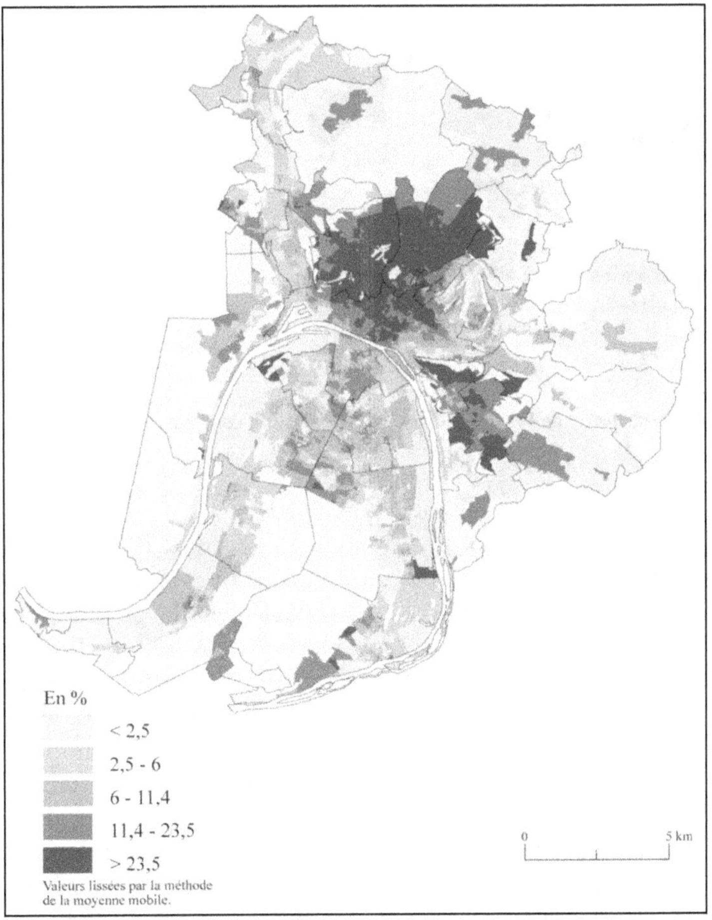

Figures 1. Répartition des ouvriers (ci-contre) et des cadres (ci-dessus) dans le district de l'agglomération de Rouen, selon les données du recensement Insee, 1990 (d'après V. Mondou, 2000)

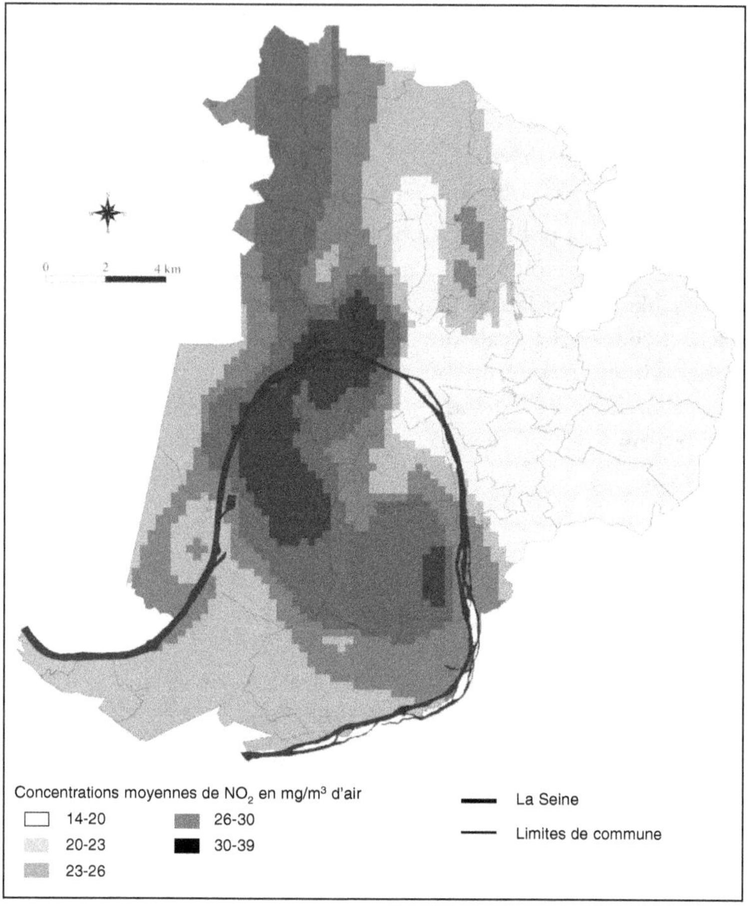

Figure 2. Répartition de la pollution au dioxyde d'azote dans l'agglomération rouennaise
selon les données sources d'Air normand, 1990 (d'après W. Hucy, 2002)

La pollution par le NO_2 est largement due au trafic routier, mais la pollution industrielle par le SO_2 est aussi très importante. P. Merlin (1996) déclare avec optimisme que « dans certains cas, comme à Rouen, la prise en compte des conditions météorologiques permet de réduire considérablement la pollution. Pendant les alertes, les usines remplacent le combustible à 4 % de soufre par un fioul à plus basse teneur ». Le problème est donc de rester au-dessous des « normes » administratives de pollution autorisée. Jusqu'aux années récentes, l'attitude des pouvoirs publics et de la presse locale (dans un souci de « défense de l'emploi ») a été de minimiser cette pollution industrielle, en mettant l'accent au contraire sur la pollution automobile, dont « la population » est tenue pour responsable. Il a toujours été possible d'émettre une protestation auprès des maires en cas de pollution atmosphérique trop fortement ressentie, les maires se retournant alors vers la DRIRE (Direction régionale de l'industrie, de la recherche et de l'environnement). Voici la réponse de la DRIRE à un maire en 1993 :

> Les indications fournies dans le courrier ne permettent pas d'établir avec certitude l'origine de la nuisance. Néanmoins les renseignements dont je dispose sur le fonctionnement de l'usine située dans votre commune, au cours de la fin de l'année 1993, tendent à écarter cette installation de la liste des entreprises susceptibles d'être à l'origine de l'odeur nauséabonde. Si j'obtiens des informations supplémentaires sur le sujet, je ne manquerai pas de vous les faire parvenir.

Ces « informations complémentaires » ne sont évidemment jamais parvenues… L'évolution récente de l'opinion publique a fait quelque peu évoluer l'administration. Une protestation analogue concernant les odeurs de soufre a suscité, en avril 2000, la réponse suivante du préfet de région :

> Dans le cadre de la permanence effectuée par mes services de sécurité civile, de tels phénomènes ont été signalés à plusieurs reprises durant la période. Un incident, sans gravité, s'est produit le 2 février, à la Société Couronnaise de Raffinage, entraînant une émission anormale à la torche. De plus, pendant tout le mois de février, l'entreprise était en période d'arrêt maintenance d'un certain nombre de ses unités. Suite aux premières plaintes, l'industriel a reconnu que ce type de travaux pouvait engendrer des nuisances pour le voisinage, ne mettant pas en cause la sécurité. Enfin, un autre industriel a fait part d'un dysfonctionnement de certaines de ses installations le 4 février.

On découvre ainsi que, pour le mois en question, pris au hasard, la pollution industrielle était générale, mais son analyse scientifique se heurte à la difficulté d'accès aux données. Le réseau officiel de mesure de la qualité de l'air a principalement une fonction d'alerte, plus que d'observation des conséquences sur la population. Pour l'industrie, les capteurs de SO_2 sont peu nombreux (14 sites) et placés surtout à proximité des lieux d'émission et la mesure des COV est déficiente. La dispersion des polluants dans l'espace urbain (donc leur effet réel sur la population) est totalement inconnue, car elle ne pourrait être mesurée qu'avec un réseau suffisamment dense d'analyseurs passifs. Pour la circulation automobile, la méconnaissance du rapport NO/NO_2 ne permet pas de connaître les limites de l'influence du trafic sur les grands axes.

À cette insuffisance du réseau de mesures s'ajoute la difficulté d'une collaboration de recherche pluridisciplinaire dépassant les seules sciences sociales. Une étude menée par les chimistes dans le cadre du programme « Primequal » a permis d'analyser très précisément la combinaison des éléments chimiques dans une rue « canyon » test, mais rien dans ce programme ne prévoit de spatialisation des résultats. Une analyse spatialisée aurait nécessité une meilleure connaissance de la circulation atmosphérique locale, ainsi qu'une meilleure connaissance de la rugosité du bâti avec une modélisation de ce bâti en 3 D.

Cette situation n'est pas propre à Rouen. Dans une recherche effectuée à Grenoble, autre ville fortement soumise à la pollution atmosphérique, H. Villard (2000) note la difficulté de mettre en cohérence les mesures de la pollution et les mesures météorologiques. Il y a 13 capteurs pour la qualité de l'air dans l'ensemble de l'agglomération, et seulement 5 sites de mesures météorologiques, qui, de plus, ne sont pas situés aux mêmes endroits. Les fichiers de relevés météorologiques ont des présentations informatiques différentes et des périodicités différentes, car ils dépendent d'organismes différents (Météo France, CEA, ASCOPARG), et la station Météo France est placée en un endroit où le vent est très faible. Il existe certes d'autres stations météorologiques, mais elles n'utilisent pas un protocole commun avec Météo France et leurs données ne sont pas stockées. Tout cela s'explique par la politique générale de Météo France qui est l'analyse à petite échelle et le désintérêt pour l'observation localisée.

Les organismes officiels se lancent alors dans des modélisations sans calibrage, ce qui permet de passer outre à la contrainte de la collecte de données spatialisées, et pourtant « quels que soient les progrès de la modélisation, le besoin d'observations réelles demeure une nécessité incontournable » (Minster, 1999)… Ce n'est que très récemment, en2002, qu'une expérience de mesure par des capteurs individuels (portés dans un petit sac à dos par des volontaires) a été tentée à Strasbourg. Pour la morphologie urbaine, des progrès sont progressivement mis au point. À Grenoble un modèle tridimensionnel a été réalisé (Maignant, 2004), à partir d'une digitalisation du plan cadastral complétée par une évaluation de la hauteur des bâtiments afin d'étudier les phénomènes de turbulence.

LA POLLUTION DES SOLS : UNE DIMENSION IGNORÉE

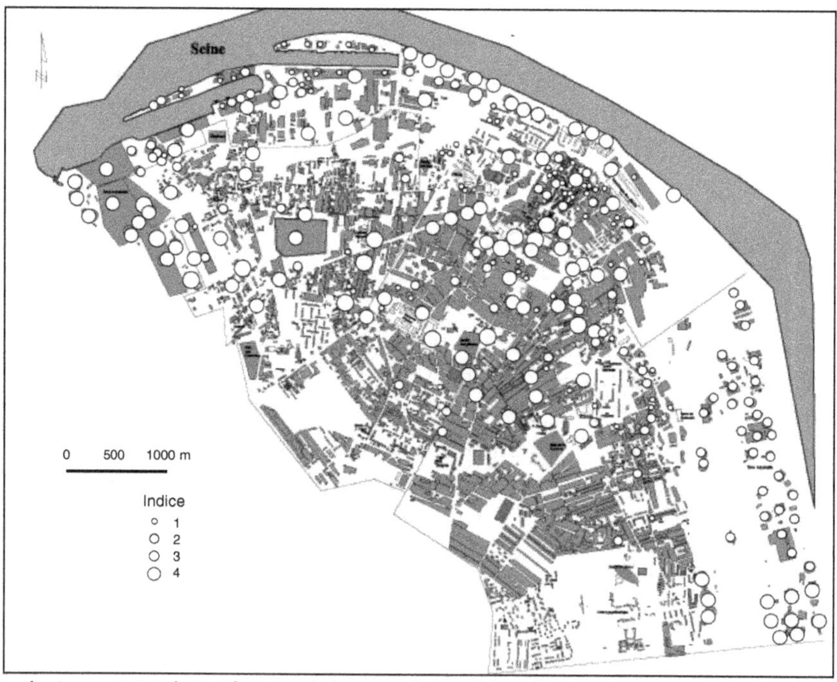

L'indice de risque a été évalué en fonction de la nature des produits polluants concernés et de leur probabilité de conservation sur place pendant une longue période.

Figure 3. Activités polluantes depuis le XIXe siècle en corrélation avec le niveau de risque. Carte extraite de Delahaye *et al.*, 1998

L'origine des études sur cette question est un programme interdisciplinaire initié par F. Ogé (CRESAL-CNRS, St Etienne), et repris par le BRGM (Bureau des recherches géologiques et minières) (Fitsch, Fradin et Ogé, 1996) : des dépouillements systématiques des déclarations concernant la présence de produits toxiques dans les entreprises ont été effectués dans les Archives départementales de 1850 à 1960 (les données récentes étant couvertes par le « secret statistique »…). La difficulté est ici de mettre en cohérence les anciens plans cadastraux avec la carte IGN actuelle, de façon à localiser le plus précisément possible non pas la « présence », mais « l'éventualité d'une présence », de polluants dans le sol.

Comme le montre la *figure 3*, les activités polluantes ont été importantes sur la rive gauche de l'agglomération de Rouen à la fin du XIXe siècle et au début du XXe siècle, sur des terrains maintenant totalement urbanisés. Depuis, ces activités se sont plutôt localisées sur les berges du fleuve, en dehors des aires bâties.

La vérification sur le terrain d'une éventuelle persistance de la pollution du sol est difficile. Dans l'une des communes, par exemple, un jardin d'enfants a été implanté sur le lieu d'une ancienne carrière comblée par les déchets d'une usine Bozel-Malétra. Il est impossible de savoir si un enlèvement total des déchets a été effectué, car les archives de cette commune ont brûlé à l'occasion d'un changement de majorité municipale…

Figure 4. Habitat sur un ancien site industriel, commune de Château-Renault, Indre et Loire
d'après F. Rangdet, MTG-Rouen, 1998

L'analyse précise d'un site par un Système d'Information Géographique a été effectuée dans une autre commune (Château-Renault) et elle illustre une situation relativement fréquente. À partir de l'étude des archives départementales, les polluants susceptibles d'être présents dans le sol ont été localisés autour du site d'une ancienne usine à gaz, en distinguant les solvants, les hydrocarbures et divers autres produits tels que zinc, arsenic, acide phtalique, phénol, goudrons, sulfure de carbonne. La *figure 4* montre la localisation actuelle de l'habitat, des écoles, des espaces verts… et des jardins ouvriers.

LA NÉCESSITÉ D'UNE APPROCHE SPATIALE SYNTHÉTIQUE DES RISQUES INDUSTRIELS

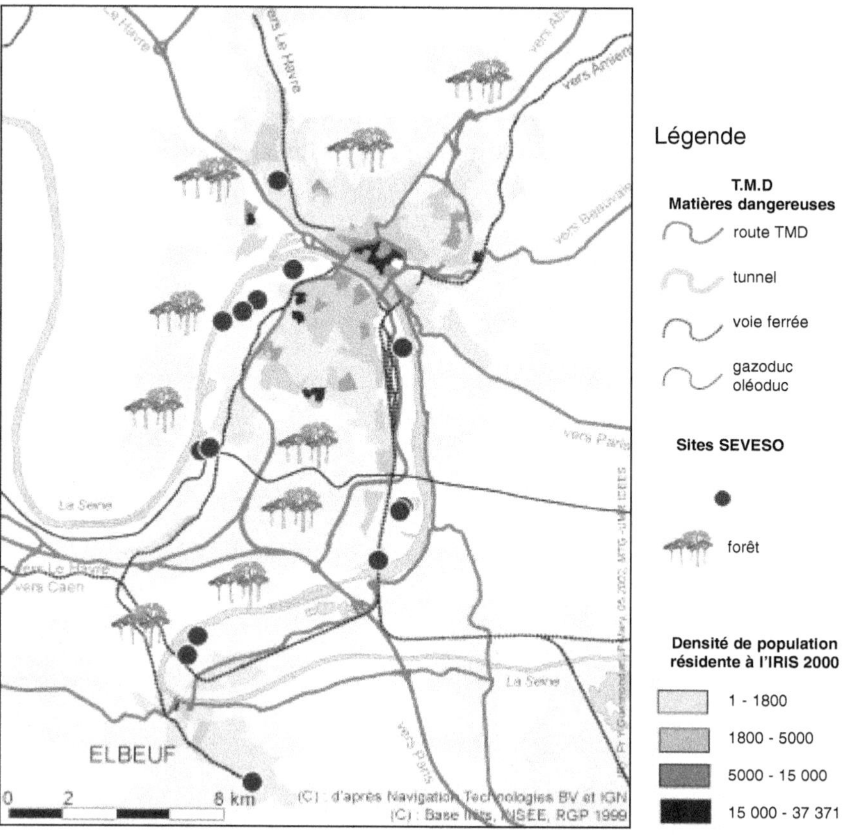

Figure 5. Synthèse des risques dans l'agglomération de Rouen.
Carte : Équipe MTG-Rouen, *Mappemonde*, 2002

Si l'on reprend l'exemple d'une agglomération comme celle de Rouen, on voit combien il est difficile de résoudre l'accumulation des conflits entre l'habitabilité, l'industrie et les transports. L'urbanisation s'est développée de part et d'autre du fleuve et c'est le fleuve qui a guidé l'implantation de l'industrie chimique lourde. Loin d'être concentrée dans une « zone portuaire », l'industrie est donc disséminée le long d'un méandre qui prend en écharpe l'ensemble de l'aire urbaine de la rive gauche, et traverse également le centre-ville. D'autre part, la situation de la ville à mi-chemin entre le port du Havre et Paris et au confluent de l'un des axes routiers entre la Grande-Bretagne et l'Espagne, en fait une aire de trafic routier et ferroviaire d'autant plus important qu'il n'existe pas encore d'itinéraire de contournement ni pour la route, ni pour le rail.

28 établissements industriels situés au sein de l'agglomération sont classés « à risques », et, parmi eux, 16 correspondent aux critères de la directive « Seveso », c'est-à-dire qu'ils comportent des risques majeurs. Si l'on estime qu'en cas d'incident les dommages peuvent s'étendre au minimum jusqu'à trois ou quatre kilomètres de ces usines, c'est une population d'environ 200 000 habitants qui risque d'être concernée (la quasi-totalité de la population de la rive gauche, et une partie de celle de la rive droite, en dehors de celle située sur les plateaux nord). L'espace urbain dense est par ailleurs traversé par plusieurs grands axes lourds de transport routier, en partie concernés par le transport de matières dangereuses (*cf. figure 5*). Il s'y ajoute un trafic ferroviaire considérable entre le port du Havre et la région parisienne. Ce trafic concerne également partiellement des matières dangereuses : il emprunte deux tunnels sous le centre-ville et traverse la gare de voyageurs. Une partie de ces produits sont stockés dans la gare de triage située à l'est entre l'aire urbaine et le fleuve. Au sud de cette gare de triage passe un gazoduc.

On peut estimer qu'une partie de la population n'est pas sur son lieu de résidence lorsque survient un incident, notamment pendant la journée. On a donc reporté, sur la *figure 6*, les établissements scolaires situés à proximité immédiate d'un axe potentiel de transport de matières dangereuses, et on voit l'importance du problème.

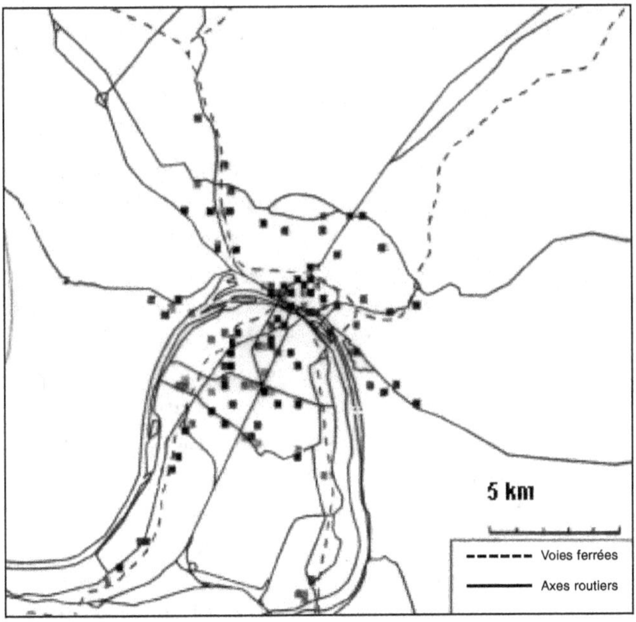

**Figure 6. Les établissements scolaires situés à moins de 250 mètres
d'un axe potentiel de transport de matières dangereuses**

POUR UNE RECHERCHE EN ÉCOLOGIE SPATIALE URBAINE

L'écologie spatiale apparaît comme le point faible de l'analyse urbaine actuelle, ce qui peut s'expliquer de deux façons. La raison la plus immédiate de cette faiblesse est la difficulté de rassembler des informations, qui sont toujours considérées comme « sensibles », car elles touchent aux équipements industriels, aux problèmes fonciers, et au coût des infrastructures de transport. Il est surprenant de constater, par exemple, que, malgré tout le mal qui a été dit du *zoning* urbain, la localisation de lotissements résidentiels et même d'ensembles HLM ait été réalisée à proximité de zones à risques, malgré les Plans d'occupation des sols et les Schémas directeurs d'urbanisme, ce qui est lié à la faiblesse du contrôle des politiques municipales. De ce fait, dans une recherche sur ces questions, le chercheur scientifique doit se transformer en détective s'il veut obtenir des informations utiles. On touche ici la pierre d'achoppement d'une possible « planification durable », qui imposerait de constituer les bases de données géographiques avec une participation plus large des acteurs, pour les mobiliser certes, mais surtout pour valider le choix des données environnementales. Les paramètres communiqués par la technostructure (par exemple les indicateurs physico-chimiques de la qualité des eaux) sont inadéquats pour nous renseigner de façon précise sur les causes des pollutions, leurs conséquences, les moyens de les réduire. Contrairement à ce que semblent penser Marion Gauthier et Laurent Lepage dans un autre chapitre de ce livre, les « Systèmes d'Information Géographiques » ne sont pas condamnés par essence à aider la bureaucratie à « imposer une science normale », car on sait qu'il est maintenant possible de s'orienter vers des SIG participatifs (les PGIS - participatory GIS – des USA), qui peuvent permettre par toute une série de techniques nouvelles (telles que le tableau blanc électronique) d'associer des comités de quartier ou des associations diverses à la constitution des bases de données utilisées dans la négociation environnementale.

La seconde raison de la faiblesse de ce type d'études tient au travail scientifique proprement dit. À l'évidence, ces recherches supposeraient une solide collaboration pluridisciplinaire, par exemple avec des chimistes pour la pollution des sols, avec des climatologues, des physiciens et des chimistes pour la pollution de l'air, avec des ingénieurs pour le transport des matières dangereuses, et avec des médecins pour l'étude des conséquences sur la santé. Tous les travaux réalisés sont partiels, et l'insertion de la recherche géographique, notamment grâce aux SIG, permettrait la prise en compte d'une spatialisation des phénomènes observés, ce qui est le meilleur moyen d'en tirer des conclusions utiles pour l'organisation de l'espace urbain.

Une réelle pluridisciplinarité est très difficile à mettre en œuvre, car les appels d'offres de recherche sur ces questions dépassent rarement le cadre de deux ou trois disciplines, et ne permettent pas une collaboration approfondie avec les organismes publics chargés de la collecte de l'information. L'organisation d'un programme d'écologie spatiale urbaine sur un site test supposerait une implication forte des pouvoirs publics alors que les études mono ou bi-disciplinaires actuelles ne fournissent que des éclairages fragmentaires sans conséquences pratiques sur le plan opérationnel.

RÉFÉRENCES BIBLIOGRAPHIQUES

BOWEN W., 1995, « Toward Environmental Justice: spatial equity in Ohio and Cleveland », *Annals of the Association of American Geographers,* 85, 4, 641-663.

BUSSI M., 1996, « Analyse spatiale de la consommation de médicaments psychotropes : l'exemple de l'agglomération rouennaise », *Natures Sciences Sociétés,* n° 4, p. 37-49.

DELAHAYE D., FOLLIGNE P., GUERMOND Y., VAPAILLE J.-P., ZAMBEAUX R., 1998, « Soil pollution in an urban area: a GIS approach », *Cybergeo : Revue européenne de géographie,* 19 mars, n° 52, (http://www.cybergeo.presse.fr/).

ÉQUIPE MTG-ROUEN, 2002, « Rouen incertaine », *Mappemonde,* n° 67, p. 15-19.

FITSCH P. avec la participation de S. FRADIN et F. OGÉ, 1996, *Inventaire des sites industriels anciens du département de la Loire, potentiellement pollués,* rapport de recherche pour le BRGM, mars.

GUERMOND Y., DEMCZUK A., 1996, « La pollution atmosphérique d'origine industrielle – Les incertitudes de la mesure et de la perception », *Les Annales de la Recherche Urbaine.* n° 73, p. 84 -89.

HUCY W., 2002, *La nature dans la ville et les modes d'habiter l'espace urbain,* thèse de Géographie. Rouen. 328 p.

LAJOIE G., 1992, *Le carroyage des informations urbaines – Une nouvelle forme de banque de données sur l'environnement du Grand Rouen,* Publications de l'Université de Rouen, n° 177, 238 p.

MAIGNANT G., 2005, « Modélisation de la dispersion des polluants à l'échelle intra urbaine, une nouvele approche à travers la complexité de la morphologie urbaine. » *L'Espace géographique* (à paraître).

MERLIN P. et TRAISNEL J.-P., 1996, *Énergie, environnement et urbanisme durable.* PUF coll. Que sais-je ? 128 p.

MINSTER J.-F., 1999, *Pollution atmosphérique aux échelles locale et régionale,* INSU-CNRS.

MONDOU V., 2000, *Mobilité et réseau de transport urbain,* thèse de Géographie, Rouen, 280 p.

RANGDET F., 1998, *Pollution des sols à Château-Renault,* mémoire de DEA de Géographie, Rouen.

VILLARD H., 2000, *La pollution atmosphérique à Grenoble,* Institut de Géographie Alpine, Grenoble.

L'interdisciplinarité, une nécessité ? Premières pratiques en milieu urbain

Chapitre 14

La durabilité urbaine et la nature en ville : le besoin d'interdisciplinarité*

INTRODUCTION

La croissance urbaine dans le sud-ouest des États-Unis et dans les États côtiers, et les effets négatifs sur la qualité de la vie suscitent actuellement un réexamen des principes guidant la forme, la densité, et l'idéologie de la ville éclatée américaine. Il est devenu évident que cette forme entraine une consommation de plus en plus importante avec des effets sérieux sur la santé des systèmes écologiques qui constituent le cadre physique de la ville. De plus, ces changements posent de graves dangers à leur viabilité à long terme. Pour les habitants, cet éclatement pose des problèmes également : le temps passé dans la voiture augmente, ce qui est dû non seulement aux embouteillages mais aux distances de plus en plus longues entre le lieu du travail et l'habitat ; les centres-villes continuent à ne pas recevoir de nouveaux investissements et à se dégrader tandis que les *business parks* sont construits à la périphérie (R. E. Lang, 2000). Ces problèmes, parmi d'autres, provoquent un questionnement du *business as usual* et la constatation que les villes sont des systèmes où chaque élément (transport, logements, travail, etc.) ne peut être considéré séparément. L'idée de la ville durable fait donc partie du débat parmi les urbanistes, politiciens, environnementalistes, et autres partis concernés. Cependant, la volonté politique d'adopter une approche soutenable qui nécessiterait l'interdisciplinarité et des changements fondamentaux dans la gouvernance urbaine, semble encore éloignée pour des raisons qui sont développées ci-dessous.

LE CONTEXTE AMÉRICAIN

Par contraste avec beaucoup d'autres pays, notamment européens, les Agenda 21 locaux n'ont été adoptés que par très peu de localités aux États-Unis (R. Lake, 2000) et pas du tout par les États. Comment expliquer ce manque d'intérêt malgré la prise de conscience par rapport à la non durabilité de la ville éclatée ? Les raisons sont multiples et historiques, notamment en raison des relations entre le gouvernement fédéral et les États et entre les États et leurs gouvernements locaux. Le principe de base qui guide toutes ces relations est la décentralisation du pouvoir et l'autonomie locale. Dans le cadre du développement durable de la ville soutenable,

---

l'adoption d'une approche durable est entièrement à la discrétion des élus locaux. De surcroît, les droits de la propriété privée, les traditions du zonage et une culture dominante qui favorise les maisons individuelles et le transport par automobile, font que la notion de durabilité est un concept et une approche extrêmement différente de ceux de l'urbanisme actuel. Finalement, dans l'idéologie américaine de la nature, la nature est là où la ville n'est pas. La ville ne fait pas partie de la nature, ni de l'environnement – l'environnement est ce qui entoure la ville et forme des éléments qu'il faut défendre contre la ville, comme la qualité de l'air et de l'eau. L'environnement urbain est un milieu auquel on applique des mesures pour essayer de réduire la pollution. Ceci est dû à l'évolution historique du mouvement pour l'environnement aux États-Unis : un mouvement pour la défense des lieux sauvages. Donc, entre la défense de l'autonomie locale politique, les droits de la propriété privée et l'évolution du mouvement pour l'environnement, la ville est restée largement à l'écart, comme dans un cocon spécial urbain.

Cependant, la croissance urbaine, surtout dans les États de l'Ouest, provoque beaucoup d'inquiétude car les infrastructures ne sont pas capables de servir cette croissance et la qualité de vie se dégrade. Ces phénomènes ont suscité un appel à la planification et certains commencent à suggérer qu'il faudrait élaborer des politiques urbaines fondées sur le principe de la durabilité. Mais souvent l'approche de la durabilité est limitée à l'élaboration d'une série d'indices : taux de pollution, consommation d'eau et d'éléctricité, mesures de temps de déplacement et de circulation, quantité de déchets, sans inclure de véritables politiques pour entraver la tendance à l'éclatement. Les propositions de réforme sont faites pour de nouvelles villes, comme Celebration en Floride, ou pour les nouveaux lotissements en bordure de ville. Pour ce qui est de modifier la ville existante, peu sont prêts à affronter le défi.

Il faut aussi prendre en compte que la ville, dans l'idéologie américaine, est un endroit dangereux et malsain et par définition anti-naturel. Puisque la nature n'y existe pas, pour obtenir une meilleure qualité de vie, pour pouvoir avoir un contact avec la nature – considérée comme bénéfique – les Américains se sont réfugiés dans les banlieues pavillonnaires. L'autre dimension de cette aversion de la ville est le désir de se distancer de la pauvreté, des immigrés et des minorités. Ceci date de la période de l'accroîssement fulgurant des villes industrielles au XIXe siècle et de toute la misère, l'insalubrité et la violence qui accompagnaient cette transformation. L'arrière-pensée était aussi un désir de s'éloigner des quartiers dégradés d'immigrés.

Il est important de noter que, même dans les années trente et quarante du XXe siècle, les aides du gouvernement pour l'acquisition de la propriété n'étaient possibles que pour les maisons individuelles et les quartiers à majorités noires ou juives étaient totalement éliminés a priori (J. B. Jackson, 1985). Dans cette période, la Federal Housing Authority (FHA) initia de nouveaux programmes destinés spécifiquement à encourager les promoteurs fonciers à construire de petites maisons dans les banlieues (G. Hise, 1996). La FHA énonca des normes de construction (taille des pièces, disposition des pièces, jardins, systèmes de circulation routière etc.) selon lesquelles il fournirait des baux à bas taux d'intérêt pour que les acheteurs puissent accéder à la propriété. Non seulement le gouvernement fournissait des baux à bas intérêt, mais il assurait les baux, protégeant les promoteurs fonciers de tous risques.

Ces critères furent adoptés dans tout le pays et ont continué depuis à déterminer la forme et la fonction des banlieues. Ils renforcent une sorte de conformisme de style de développement national et l'anti-urbanisme puisqu'il n'y a pas eu de programmes équivalents pour les centre-villes. Ces critères ont, bien entendu, évolué depuis, mais ils sont tellement profondément ancrés dans la mentalité et les institutions américaines qu'ils forment une conscience collective qui rend l'évolution d'alternatives (comme le *new urbanism,* ou *smart growth*) très difficile. Les banques, les compagnies d'assurances et les constructeurs s'en méfient et le marché en est incertain. On pourrait dire que l'interdisciplinarité institutionnelle du secteur foncier est sous-développée, car il y a peu de communication entre les acteurs qui financent, ceux qui construisent et ceux qui achètent le bâti pour pouvoir envisager une approche différente.

L'INTERDISCIPINARITÉ À L'UNIVERSITÉ

Si la durabilité est difficile à cerner, à définir et à mettre en place dans le contexte politique, elle n'est pas plus facile à aborder dans le domaine universitaire. Un des objectifs des disciplines nouvelles du XXe siècle, comme la sociologie, l'économie, l'anthropologie et autres, était de se distinguer et de se définir par rapport aux autres, d'établir un champ d'étude et une méthologie propre à leur domaine disciplinaire. Depuis, les universités ont renforcé la discipline des disciplines et l'interdisciplinarité, qui devient de plus en plus nécessaire pour aborder la complexité des problèmes du XXIe siècle, ne se fait qu'avec beaucoup de détermination. À l'université de Southern California (USC), université privée, chaque département est largement financé par la tuition payée par les étudiants qui se spécialisent dans le domaine du département – histoire, physique, sociologie etc. Pour établir un programme d'étude interdisciplinaire dans ce contexte capitaliste, il faut donc trouver des financements indépendants (des bourses) et trouver des enseignants qui acceptent d'y participer sans que leur département soit directement rémunéré financièrement ; il faut des personnes qui soient volontaires en quelque sorte.

À l'université de Southern California, le programme doctoral interdisciplinaire sur les villes durables est issu de nombreuses années de concertation entre un groupuscule de géographes, ingénieurs, urbanistes et spécialistes en sciences politiques. Il a fallu environ dix ans de réunions et de dialogues pour créer une atmosphère de confiance et de compréhension suffisantes pour coopérer au niveau d'un programme formel. N'ayant pas trouvé au sein de l'université un soutien institutionel suffisant pour créer un programme d'études interdisciplinaires, ces collaborateurs se sont réunis pour faire une demande de financement à la National Science Foundation (NSF). La NSF venait d'établir un nouveau financement sur cinq ans pour encourager les études doctorales interdisciplinaires. Il est significatif que la NSF ait créé ce programme d'études interdisciplinaire. La NSF est un organisme dépendant du gouvernement fédéral et est établie pour promouvoir la recherche universitaire et encourager l'éducation des prochaines générations de chercheurs américains. Sa mission est d'encourager la créativité et d'assurer que le pays soit compétitif dans tous les domaines intellectuels et dans la recherche. Que la NSF ait créé un programme de financement pour encourager l'interdisciplinarité dans les études doctorales montre que les problèmes qu'auront à affronter les nouveaux universitaires sont incompatibles, selon la NSF, avec des programmes traditionels disciplinaires. Pour la NSF, il est donc clair que l'interdisciplinarité est nécessaire dans l'enseignement, pour la formation de doctorants et pour la recherche.

À l'USC, un programme d'étude interdisciplinaire s'est créé autour de la problématique des villes durables. Ce programme a été formulé pour s'inscrire dans les études doctorales d'étudiants de diverses disciplines : biologie, sciences de la terre, économie, ingénierie de toutes sortes, géographie, urbanisme, science politique, histoire. L'introduction des différentes disciplines dépend d'accords passés par les départements. Ils permettent aux doctorants d'assister à des cours spécialisés et de participer en groupe à des projets de recherche appliquée sur les questions de durabilité urbaine à Los Angeles. Ces recherches doivent être menées par des équipes de professeurs de diverses disciplines et pour un client – qu'il soit une municipalité, une agence du gouvernement, une firme ou une organisation à but non lucratif. Il est évident que cette structure est extrêmement complexe et difficile à mettre en œuvre[1].

LA NATURE DANS LA VILLE : LES PARCS URBAINS

Parmi les expertises des participants nous avons choisi plusieurs champs de recherche dont l'un examine la question de « la nature dans la ville ». Pourquoi et comment cette question ? Nous nous intéressions à la croissance urbaine de Los Angeles, à sa forme et ses effets multiples : la ségrégation urbaine (Los Angeles est peut-être la ville la plus ségrégée des États-Unis) ; l'assujettissement à l'automobile ; la dégradation des écosystèmes régionaux ; les pollutions diverses – air, eau, baies maritimes, sols – le manque de logements à loyers modérés, la progression de l'asthme parmi les jeunes vivant dans les quartiers désaffectés et le manque de politiques urbaines pour y faire face. Nous avons alors choisi d'examiner la nature comme dimension de la ville.

En plus de la ségrégation urbaine raciale, l'inégalité spatiale de la distribution des parcs urbains est frappante à Los Angeles. Les quartiers défavorisés ont nettement moins de parcs par habitant que les quartiers aisés et ces quartiers sont aussi les plus anciens de la ville. Dans les cinq circonscriptions municipales les plus pauvres, il y a 455 acres pour 1 000 habitants, soit 17 % de tous les espaces verts de la ville. La moyenne dans Los Angeles est de 1 106 acres pour 1 000 habitants et les normes recommandées sont de 10 acres pour 1 000 habitants. Quelles sont les autres caractéristiques de ces quartiers ? Les taux de pauvreté sont élevés et la population est en prédominance immigrée ou noire. De plus, il y a une insuffisance de

---

1. Effectivement. La NSF n'a pas choisi de refinancer le programme après les cinq ans initiaux (1998-2002), et l'université non plus, ce qui est dû, en partie, aux coûts très élevés de la tuition par étudiant et à une politique de l'enseignement traditionnellement par discipline.

logements en chiffres bruts, mais aussi de logements à des prix abordables pour les habitants. Ceci entraîne des situations de surpopulation et la transformation de garages en appartements. Ce sont aussi les quartiers industrialisés de Los Angeles où souvent les habitations sont à proximité de nuisances – points rouges de pollution toxique, terrains pollués, circulation intense de camions et de chemins de fer, et niveaux sonores élevés.

La distribution géographique des émeutes de 1964 et de 1992 suit ces mêmes caractéristiques : pauvreté, nuisances, personnes immigrées ou noires et elles ont eu lieu dans ces mêmes circonscriptions. Les sondages qui ont été faits pour mieux comprendre les raisons de ces émeutes ont montré que le manque de parcs publics était un grief encore plus important que les mauvais rapports avec la police. Et ceci est resté constant de 1964 à 1992. Il y a donc eu près de 30 ans pour remédier au manque de parcs, et nos recherches découvrent que la situation a peu évolué.

Mais alors, il faut aussi se demander de quel genre de parc il s'agit. En effet, les parcs aussi ne sont pas tous pareils et leur structure et leur fonction englobent de nombreuses dimensions de la société, des rapports de classes et de races, des conceptions de la nature, de l'écologie et de la science et de la morphologie urbaine. Dans cette idée simple « plus de parcs urbains », nous trouvons toute la problématique de *Natures Sciences Sociétés*, sans compter le rapport avec la ville durable. Même s'il était politiquement faisable d'élaborer un programme de construction de parcs, il y aurait des blocages dûs aux différentes conceptions de la nature en ville et des fonctions scientifiques de ces parcs – service public, espace de récréation pour les jeunes sans emploi, lieux de restauration d'écosystèmes.

UN PEU D'HISTOIRE

La politique de construction de parcs urbains aux États-Unis a commencé au milieu du XIXe siècle, inspirée d'une part par le mouvement anti-urbain romantique. Cette approche concevait les parcs comme antidote aux conditions misérables des classes ouvrières dans les grandes villes industrielles comme New York, Worcester, Buffalo et Boston. Les parcs serviraient de poumons verts dans ces villes denses et malsaines. Fréderick Law Olmsted est peut-être le plus connu des dessinateurs et des défenseurs de parcs urbains, en particulier de Central Park à New York, du Emerald Necklace à Boston, de Niagara Falls à Buffalo entre autres. D'autre part, les réformateurs sociaux, révoltés par l'insalubrité de la vie dans les *tenements* se sont joints aux créateurs d'espaces verts urbains et se sont engagés dans de multiples mouvements politiques pour essayer d'améliorer les conditions de vie dans les quartiers déshérités. Parmi ces efforts, il y a eu une campagne pour construire des parcs pour les classes ouvrières, en large majorité composées de populations immigrées. Dans la deuxième moitié du XIXe siècle, ce mouvement pour les parcs urbains avait plusieurs buts : le contrôle social des ouvriers ; une ville plus saine ; une réserve de loisirs ; l'endoctrinement des enfants pour leur rôle dans la société ; l'apprentissage des bonnes manières et des valeurs morales appropriées aux citadins modernes (R. Rosenzweig, 1983 : 143 ; J. E. Draper, 1996 : 108). Les parcs contruits dans les quartiers ouvriers à cette époque étaient très structurés : terrains de jeux, gymnases ;

chaque endroit avait sa fonction. L'on pensait que si les classes ouvrières étaient suffisamment occupées, elles n'auraient pas le temps d'avoir des loisirs de débauchés (fréquenter les saloons) et elles, et surtout les enfants, seraient en meilleure santé. Les sports compétitifs étaient très encouragés car ils devaient développer une meilleure éthique du travail et faire des émigrés de bons citoyens (R. Rosenzweig, 1983 : 142-3). Les préférences des ouvriers eux-mêmes allaient plutôt vers des espaces ouverts et non-structurés. Par contre, les parcs dans les quartiers aisés consistaient en espaces verts, en parcs paysagers plutôt que fonctionnels.

Ces idées sur la fonction des parcs structurés ont été promulguées par la nouvelle discipline de psychologie dont Stanley Hall était un fondateur. Il se trouve que le professeur Hall était très impliqué dans la création des parcs pour les enfants des ouvriers à Worchester. Sa théorie était que le jeu faisait partie du développement naturel des enfants et qu'il était essentiel à la croissance normale. Donc il n'était pas difficile d'aller de cette théorie à l'idée que les parcs pour enfants pouvaient jouer un rôle fondamental dans leur assimilation des valeurs de la société dominante. Le Playground Association of America (fondé en 1907) a promulgué cette façon de concevoir la jeunesse – et le rôle des parcs. Les adhérents de cette Association, parmi lesquels des psychologues et des réformateurs, croyaient que les jeux structurés et le sport encadré et surveillé par des professionels dans les parcs inculqueraient les bonnes valeurs de la société avec une telle efficacité qu'ils pourraient empêcher la délinquance chez les adolescents (R. Rosenzweig, 1983 :145-7).

Les réformateurs comme Jacob Riis, un célèbre écrivain qui avait décrit les conditions déplorables de vie à New York et Jane Addams, fondatrice des *settlement houses*, sont connus pour leurs revendications et leur radicalisme[2]. Ils adoptèrent la « récréation structurée » comme une de leurs plates-formes. Cette approche des parcs urbains – comme centres de récréation structurés – s'intégrait aisément dans leurs efforts d'établir des centres de réunion, *community centers*. Ces centres étaient censés servir de lieux de rencontre pour permettre aux immigrés de se décloisonner de leurs milieux fermés afin de recevoir une sorte d'éducation civique (M. Scott, 1971 : 72-73).

En somme, les réformateurs ont épousé la cause des parcs pour plusieurs raisons. D'une part, la surpopulation dans les quartiers industriels nécessitait des espaces verts et les classes ouvrières elles-mêmes revendiquaient des parcs. D'autre part, les parcs ayant des activités structurées offraient la possibilité d'empêcher la délinquance et de mieux assimiler les jeunes immigrés aux valeurs de la culture dominante.

En même temps, dans les quartiers des classes supérieures, la construction de parcs continuait aussi. Mais dans ces quartiers, en partie à cause de l'espace disponible, mais aussi de l'idéologie de la nature et du loisir des classes aisées, les nou-

---

2. Les *settlement houses*, une approche développée par Jane Addams à Chicago, étaient des maisons où il y avait un personnel à plein temps (24h sur 24) qui s'occupait des habitants des quartiers pauvres et des émigrés. Dans ces maisons, il y avait des salles de réunion, des salles de cours où les femmes pouvaient apprendre à faire la cuisine ou bien où il y avait des cours de langues. Les *settlement house workers* revendiquaient auprès de la ville, de l'État et du gouvernement à Washington pour les personnes de ces quartiers.

veaux parcs servaient aux activités passives – la marche, les pique-niques, la contemplation. Ils étaient aménagés pour la beauté du paysage et pour reconstituer une nature idéale, calquée sur les espaces verts anglais.

La politique des espaces verts dans la ville était donc différente pour les quartiers ouvriers et pour les quartiers plus aisés. Le contrôle des classes dangereuses faisait partie de tout programme de construction de parcs. Cette dichotomie entre type de parcs en fonction de leur clientèle et de leur emplacement continue de nos jours.

LOS ANGELES AU XXIE SIÈCLE

La façon de concevoir les parcs à la fin XIXe siècle continue à influencer aujourd'hui la politique des localités ainsi que les débats publics. À Los Angeles, nous voyons des parcs structurés dans les quartiers pauvres et d'immigrés. Actuellement, avec l'immigration mexicaine et latino-américaine, un *lobby* très influent se manifeste pour la construction de terrains de football. Ce *lobby* est soutenu par un groupe d'associations qui veulent aménager plus d'espaces verts à Los Angeles et pour qui le foot représente un sport sain qui, lui aussi, peut former de futurs citoyens. Les mêmes associations revendiquent des parcs « naturels » dans les quartiers aisés, recréant ainsi inconsciemment les attitudes et les politiques d'une période antérieure. Il est vrai que les quartiers aisés ont été construits en bordure de la vieille ville, là où il y a encore de l'espace naturel à préserver pour faire de grands parcs pittoresques et des parcs naturels destinés à préserver les écosystèmes de la région[3]. La ville est relativement jeune, et il reste encore des endroits non bâtis sauvages et montagneux (souvent, d'ailleurs non bâtissables, car trop en pente).

Mais c'est peut-être là qu'une approche fondée sur la durabilité et l'interdisciplinarité aurait un rôle à jouer. Tout d'abord, la nature existe dans la ville, souvent sans être reconnue comme telle – dans les terrains vagues, entre les pavés des trottoirs, sur les murs, dans les goutières, sans compter dans les parcs, et les jardins (A. W. Spirn, 1998 ; T. Beatley, 2000 ; M. Hough, 1995). Trop souvent aux États-Unis, les professionnels qui s'intéressent à la ville comme les ingénieurs, les urbanistes et les architectes, ne sont pas formés pour trouver des moyens d'intégrer les systèmes naturels dans leurs professions. Par exemple, il est rare que les architectes sachent incorporer la verdure et le paysage dans leurs plans ou qu'ils engagent des paysagistes. Pourtant, les études climatiques des villes montrent bien que les arbres réduisent la température des villes, absorbent la pollution, réduisent la quantité d'eau qui part dans les égouts en entraînant les déchets pollués des rues et des trottoirs (E. McPherson, J. R. Gregory, P. Simpson, J. Peper and Q. Xiao, 1999). Nous savons également qu'il y a des surfaces perméables à l'eau qui peuvent réduire le ruissellement urbain. Dans le bâtiment aussi, il y a de nombreuses nouvelles – et anciennes – techniques qui peuvent être employées pour réduire la consommation de l'énergie et pour rendre les bâtiments plus sains et agréables pour leurs habitants et les travailleurs. Nous savons, par exemple, que l'éclairage naturel augmente la

---

3. La Californie du sud est au deuxième rang aux États-Unis après Hawaii pour le nombre d'espèces de la faune et de la flore en voie d'extinction, alors que la politique pour la défense de la nature y est très pointue.

productivité en même temps qu'elle réduit la consommation d'électricité. Mais c'est rarement un critère utilisé dans le dessin des bâtiments ou dans les réglementations.

Quant aux ingénieurs, ils préconisent pour les inondations ou l'épuration des eaux sales des solutions qui, aux États-Unis, consistent trop souvent en gros équipements : stations d'épuration, grandes tuyauteries souterraines etc. souvent subventionnés par le gouvernement fédéral. Ces subventions forcent les municipalités à adhérer à des critères peu flexibles et qui favorisent des méthodes chimiques. Cependant, ces approches ne sont pas les seules. En intégrant les connaissances de la biologie et de la chimie, en reconnaissant les processus écologiques, ces besoins urbains peuvent être résolus autrement. Il y a maintenant des exemples d'épuration des eaux usées réalisée par des marécages naturels existants ou artificiellement construits ; certaines villes commencent à se servir aussi des marécages pour absorber les flux des fleuves en temps de grande pluie et à repaver les surfaces en ville avec des matières perméables pour absorber les eaux pluviales.

Tout ceci nous le savons, mais l'interdisciplinarité est nécessaire pour rassembler tous les éléments. Ce qui manque le plus, peut-être, tout au moins dans le contexte américain, est de reconnaître que la nature existe déjà partout dans la ville et qu'elle peut contribuer à résoudre des problèmes urbains comme l'assainissement, la pollution atmosphérique et le sol pollué tout en servant aussi les besoins humains de récréation et d'esthétique. Mais, pour ce faire, il faut développer de nouvelles politiques et de nouvelles réglementations. Il faut éduquer le peuple de la ville ainsi que les experts pour qu'une nouvelle approche de l'infrastructure puisse émerger.

Pour en revenir à Los Angeles et à ses quartiers déshérités, ce que l'on remarque immédiatement, c'est la profusion de « dents creuses » le long des rues, qu'elles soient résidentielles, commerciales, ou industrielles. Ces « dents creuses » sont le résultat d'un abandon économique progressif, et de la démolition de bâtiments insalubres, incendiés ou simplement abandonnés depuis longtemps. Ces endroits, normalement, sont considérés comme indésirables, mais du point de vue de la ville durable, ils représentent une ressource extraordinaire pour rétablir la nature dans la ville à une échelle significative. Les terrains pourraient être transformés en espaces verts avec diverses activités : potagers, vergers, petits terrains de sports, jardins d'enfants ou lieu de rencontre pour les personnes agées.

À l'USC, nous avons eu l'occasion de travailler avec le bureau d'un conseiller municipal et avec un urbaniste de la ville sur un quartier de Los Angeles près du centre ville. C'est un quartier construit dans les années vingt-trente et qui est essentiellement composé d'appartements actuellement surpeuplés. Les immigrés s'y sont installés car il est relativement peu cher. Il y a des Mexicains, des Coréens, des Thaïlandais, des Arméniens, des Russes et des « Blancs ». Quand au début nous avons rencontré les professionnels de la ville, ils étaient au désespoir car selon les critères de la ville, ce quartier avait besoin d'environs 50 acres de parcs pour la population existante, ce qui était impossible économiquement, socialement et politiquement. Par contre, il y avait plus de 67 terrains vagues disséminés un peu partout, des rues résidentielles très larges, des allées peu utilisées, sauf par les éboueurs, des hôpitaux, des écoles, des terrains industriels semi abandonnés et une autoroute qui traverse le tout. Une équipe d'étudiants du programme – ingénieurs, urbanistes et géographes – encadrés par un urbaniste et un ingénieur – a commencé à analyser les possibilités de réintroduire la nature dans la ville à cet endroit. Elle a produit un rapport qui suggérait que les critères dictés par la ville pour les parcs (10 acres pour 1 000 personnes) n'étaient pas applicables dans ce quartier, d'une part parce qu'il aurait fallu détruire des logements, déjà insuffisants, et qu'ensuite cette méthode aurait été très coûteuse.

Nous avons alors envisagé la possibilité d'aménager des espaces verts dans ce site en examinant les terres, terrains, allées et rues existantes et sur une vaste passerelle construite sur l'autoroute. Il se trouve que, même dans cette texture urbaine d'apparence dense, il y a beaucoup d'espace possible pour des petits parcs, des petits terrains de jeu, des pistes cyclables, des arbres, des potagers et des vergers. Notre rapport a servi à stimuler l'intégration de *wunerf* (rues partagées avec les piétons) dans certaines rues résidentielles et à intégrer un programme de financement pour construire des parcs lié à toute nouvelle construction.

Nous avons obtenu ce succès en grande partie parce que nous avons pu travailler avec une urbaniste de la ville qui était réceptive à ces idées et avec les adjoints du conseiller municipal qui, eux aussi, cherchaient une solution à un problème qui leur semblait irrémédiable. Il faut dire aussi que les habitants faisaient pression pour avoir plus d'espaces verts. Toutes les forces se sont réunies dans ce cas-ci pour appliquer une politique urbaine de durabilité. Malgré la bonne volonté que nous avons trouvée et les propos tenus en faveur de ce quartier, il y a peu de chance malheureusement qu'il y ait des changements majeurs, tout au moins dans le court terme. Le quartier étant pauvre, il y aura peu de constructions et donc peu de revenus pour la construction de parcs et les services des transports de la ville sont opposés aux *wunerfs*. Le conseiller municipal responsable des changements est parti et la volonté politique pour effectuer les changements nécessaires devra être assumée par son remplaçant, ce qui n'est pas évident à l'heure actuelle.

Les modalités pratiques du changement sont importantes. Les administrations de la ville n'ont simplement ni la qualité, ni les structures d'aménagement pour mettre en œuvre cette nouvelle approche. La rigidité des systèmes budgétaires et fiscaux est telle qu'il leur est difficile d'intégrer de nouvelles dépenses pour des services qui, dans un temps futur, seront vraisemblablement moins coûteux en infrastructure, mais qui pourraient être chers au départ. De plus, comment comptabiliser dans le budget de la ville un bien-être pour les habitants qui provient de plus d'espaces vert ? Le manque d'interdisciplinarité dans les administrations de la ville est sûrement un obstacle important, mais il y a, de surcroît, le problème des mentalités à surmonter. Nous en revenons à l'idéologie des fonctions des parcs que j'ai esquissée auparavant et de la conviction que la nature n'existe pas en ville. Il est donc très complexe de faire changer la manière de concevoir la ville vers des méthodes fondées sur des processus naturels, car les structures gouvernementales ne s'y prêtent pas et elles n'admettent pas que la nature dans la ville soit un phénomène réel.

LES SERVICES QUE REND LA NATURE : NATURES, SCIENCES ET SOCIÉTÉS

Il est vrai que cette approche suppose une nature qui peut être aménagée scientifiquement pour le bien-être de la société. Alors examinons de plus près ces hypothèses.

La valeur des « services » que rend la nature à la société et à l'économie commence à être quantifiée (G. C. Daily, 1997 ; J. N. Abramovitz, 1997 ; R. Costanza, C. Folke, 1997). Ces études démontrent l'énorme contribution des écosystèmes à l'économie globale. Par exemple, la valeur de la pollinisation par les abeilles pour l'économie de l'agriculture en Europe, a été estimée à 100 milliards de dollars en 1989. Dans ces études, la nature n'est pas problématisée. C'est, en quelque sorte, une nature naturelle. Une nature qui est définie par les écosystèmes de la planète. Il est évident que, quand nous regardons de plus près, la nature que nous trouvons est une nature qui a été perturbée par les actions des hommes. Alors l'aménagement de la nature est une question qui renvoie aux valeurs de la société et de la science.

Aux États-Unis, nous avons tendance à idéaliser la nature, à ne pas prendre en compte les changements de la nature provoqués par les hommes depuis des milliers d'années. La science en est victime autant que la société. Quand le problème de la restauration des écosystèmes se pose, il est rare que les biologistes confrontent ouvertement les actions humaines à avoir pour restaurer le paysage, et qu'ils posent la question de savoir quelle nature restaurer. Ceci s'applique aux espaces verts en ville également. Comment faire pour que ces espaces contribuent à ce que la ville ait un rapport plus durable avec l'environnement et à ce qu'elle soit plus vivable pour ses habitants ? On a actuellement aux États-Unis plusieurs exemples d'efforts de restauration écologique dans le contexte urbain. Le plus ambitieux peut-être a eu lieu à Chicago où les écologistes ont voulu restaurer la forêt urbaine dans son état préanglosaxon. Il fallait couper et brûler les arbres non indigènes ainsi qu'éliminer les herbes et les buissons non-natifs. Quand le projet a débuté, les écologistes ont rencontré une opposition féroce à leurs efforts et la pression politique a été telle qu'ils ont dû abandonner (P. H. Gobster et R. Hull, 2000).

Les raisons de cette opposition sont complexes, mais d'une part, les gens pensaient que la forêt existante était naturelle, et, d'autre part, ils étaient profondément choqués par l'idée de tuer de beaux arbres en parfaite santé. La forêt, telle qu'elle était, était la forêt qu'ils connaissaient et ils la considéraient parfaitement adéquate telle quelle. Certains avaient peur du feu et trouvaient que c'était une méthode trop radicale et barbare. Alors se sont confrontées, de façon très brutale, sciences, natures et sociétés.

LA RECHERCHE-ACTION

Le programme de l'université aborde ces questions sous l'angle de la recherche-action. Dans le quartier où nous travaillons, nous sommes en train de mesurer les « services » que rend la nature avec un programme informatique d'analyse géographique (SIG). Ce programme « CITYgreen[4] » évalue la quantité de pollution

---

4. « CITYgreen » est un programme développé par l'association American Forests et est une extension de Arcview.

atmosphérique absorbée par les arbres, la quantité d'eau fluviale consommée par les arbres et la quantité d'eau contenue dans l'herbe et les surfaces perméables. Une fois ces services que rend la nature connus, nous pouvons alors construire des scénarios qui utilisent tous les espaces ouverts – terrains vagues, allées, larges rues – pour démontrer qu'en introduisant plus de nature dans la ville, le taux de pollution pourra être diminué, le besoin de climatisation aussi, qu'il y aura moins de ruissellement pluvial, d'inondations et de pollution dans la mer transportée par les crues dans les égouts, ainsi que d'autres bénéfices. Nous examinerons le problème de la comptabilisation de ces bénéfices en étudiant les budgets de la ville et nous essayerons d'élaborer une analyse démontrant les économies pour la ville qui résulteraient de l'intégration des services de la nature.

Nous entreprenons également une série de consultations avec le public pluri-ethnique concerné qui vit dans le quartier que nous analysons avec le programme SIG. Pour cela, nous créons des partenariats avec des associations dans le quartier. Elles nous aideront à mobiliser des participants pour deux *focus groups* et nous organiserons une réunion où nous présenterons un curriculum éducatif sur les services de la nature dans le cadre urbain ainsi que des scénarios de re-naturation de leurs rues et leur quartier. Le premier *focus group* servira à découvrir si cette population émigrée hétérogène amène avec elle certaines idées préconçues culturelles de la nature dans la ville dont nous devrions tenir compte pour ne pas reproduire le désastre de Chicago. Ensuite, avec nos partenaires associatifs, nous développerons une présentation qui expliquera les principes écologiques qui opèrent pour la ville et les améliorations qui peuvent accompagner l'introduction de la nature dans la ville. En troisième lieu, nous referons un *focus group* avec les mêmes personnes pour voir si leurs attitudes ont changé et pour les encourager à dessiner eux-mêmes des scénarios différents que nous évaluerons avec le SIG « CITYgreen ».

Il restera à voir quelles sont les conceptions de la nature dans la ville de toutes les ethnies dans le quartier, si elles correspondent les unes aux autres et s'accordent avec le type d'écosystèmes de Los Angeles et avec une politique de re-naturation. Une fois que nous aurons mieux compris les valeurs que les gens sur le terrain accordent à la nature, il faudra ensuite voir quelles sont leurs idées de ce qui serait approprié comme parcs et comme réaménagement urbain. Il est certain que la politique des parcs urbains et de la nature en ville contient beaucoup d'idéologie sociale sur les rapports entre les hommes, comme l'avait indiqué R. Williams pour les idées de la nature. Ce que nous tentons de faire à Los Angeles afin de rendre la ville plus « soutenable » est d'élaborer une recherche qui est consciente de ce fait et consciente des rapports entre sciences, natures et sociétés.

RÉFÉRENCES BIBLIOGRAPHIQUES

ABRAMOVITZ J. N., 1997, « Report turns 'economy-versus-environment' argument on its head », *World Watch* 10, Sept/Oct., p. 9-10.

BEATLE T., 2000, « Preserving biodiversity: challenges for planners », *Journal of the American Planning Association* 66, 1, p. 5-20.

COSTANZA R., FOLKE, C., 1997, « Valuing ecosystems services with efficiency, fairness, and sustainability as goals », *in* G. C. DAILY (Ed.), *Nature's Services, Societal Dependence on Natural Ecosystems*, Washington D.C., Island Press, p. 49-70.

DAILY GRETCHEN C. (Ed.), 1997. *Societal Dependence on Natural Ecosystems*, Washington DC, Island Press.

DRAPER J. E., 1996, « The art and science of park planning in the United States: Chicago's small parks », 1902-1905, *in* M. C. SIES et C. SILVER (Eds.) *Planning the Twentieth-Century American City*, Baltimore, The John Hopkins University Press.

GOBSTER P. H., HULL R., 2000, *Restoring Nature, Perspectives from the Social Sciences and Humanities*, Washington DC, Island Press.

HISE G., 1996, « Homebuilding and industrial decentralization in Los Angeles; the roots of the post-world war II urban region », *In* M. C. SIES et C. SILVER (Eds.) *Planning the Twentieth-Century American City*, Baltimore, The John Hopkins University Press.

HOUGH M., 1995, *Cities and Natural Process*, London, Routlege.

JACKSON J. B., 1985, *Crabgrass Frontier, the Suburbanization of the United States*, Oxford, Oxford University Press.

LAKE R., 2000, « Contradictions at the local scale: local implementation of Agenda 21 in the USA », *in* N. LOW, B. GLEESON, I. ELANDER, R. LIDSKOG (Eds.) *Consuming Cities, The Urban Environment in the Global Economy after the Rio Declaration*, London, Routledge.

LANG R. E., 2000, *Office sprawl: the evolving geography of business, Center on Urban and Metropolitan Policy*, Washington D.C., The Brookings Institute.

MCPHERSON E., GREGORY, J. R., SIMPSON, P., PEPER, J., XIAO, Q., 1999, « Benefit-cost analysis of modesto's municipal urban forest », *Jounal of Arboriculture*, 25, 5, p. 235-248.

ROSENZWEIG R., 1983, *Eight Hours for What We Will; Workers and Leisure in an Industrial City*, 1870-1920, London, Cambridge University Press.

Chapitre 15

Pratiquer l'interdisciplinarité pour gérer l'animal en ville*

« C'est en marchant que l'on trouve le chemin[1] » ; mis en face d'un certain nombre de phénomènes naturels étranges qui affectent les villes (concentrations de sansonnets à certaines époques, arrivée de goélands nicheurs, maintien d'animaux sauvages comme des lapins à proximité de nos laboratoires…) et que nos champs disciplinaires avaient du mal à appréhender, nous nous sommes mis en quête de chercheurs curieux prêts à converger pour observer, analyser, expliquer. Tels des Monsieur Jourdain, sans trop le savoir ni s'en soucier, nous nous sommes frayés un passage entre ces groupements scientifiques bien assis et nous avons tracé une figure particulière, non exemplaire, d'une pratique de l'interdisciplinarité. En préalable des présentations de quelques acquis qui dépassent les résultats de la connaissance, nous évoquerons ici les circonstances de la rencontre.

AU-DELÀ DU BORNAGE DE NOS DISCIPLINES

Depuis 1994, trois disciplines (biologie, géographie, sociologie[2]) se sont associées, incitées en cela par les missions de recherche incitative[3], sur deux thématiques : d'abord sur celle des oiseaux à risques dans la ville (P. Clergeau coord., 1996), puis sur celle de la faune sauvage dans les espaces verts (P. Clergeau coord., 2000). On y reviendra plus loin, mais cet engagement scientifique ne fut jamais borné par la seule et nécessaire explication, il s'ouvrait à des mises en œuvre opératoires pour accompagner la planification et la gestion des territoires urbanisés, pour optimiser le ménagement des biotopes dans les villes.

** Chapitre rédigé par André SAUVAGE et Philippe CLERGEAU*

1. Traduction du vieux proverbe espagnol *Caminando hay camino* auquel bon nombre de scientifiques font écho pour expliquer leur démarche scientifique.

2. Il s'agit des laboratoires suivants : INRA SCRIBE-Faune sauvage et UMR CNRS/université de Rennes 1 « ECOBIO » avec le Laboratoire de recherche en sciences sociales « LARES » de l'université de Rennes 2, l'École d'Architecture de Bretagne et l'UMR CNRS/université de Rennes 2 « COSTEL ».

3. PIR-Villes CNRS, ministère de l'Aménagement du Territoire et de l'Environnement, ministère de l'Équipement et du Transport.

Une mise à l'œuvre interdisciplinaire conditionnée

Ces ambitions opératoires ont surgi dans le sillage des mutations et dans les ruptures qui affectent les modes d'intervention sur les agglomérations urbaines et leurs compositions.

D'abord, le phénomène de concentration des populations dans les villes s'accélère sous tous les tropiques et à toutes les latitudes. Globalement les 6,122 milliards d'humains recensés en 2000, étaient établis pour 46,6 % dans les villes ; on prévoit pour 2025 que les 8,206 milliards vivront à 60,1 % dans des agglomérations qui se seront encore profondément modifiées (M. Bassand, 2000).

Ensuite, les relations entre communes changent profondément. Rappelons seulement que les territoires sont soumis à des tractions et des tensions d'ajustement issues des pressions législatives récentes : communautés urbaines, communautés d'agglomérations, de communes, pays… Ne voit-on pas surgir aussi en Europe des conurbations où la ville tend à se diluer sur des territoires indéfinis ? La Randstadt hollandaise, la Rhur allemande ne sont-elles pas annonciatrices de ce que les espaces de demain seront faits ?

Nous ne manquions pas non plus de remarquer des changements doctrinaux pour opérer sur les villes. Hier, avec la planification urbaine, on appliquait le principe de zonage issu des thèses corbuséennes dont le corollaire était les mosaïques urbaines (déclinées des inventions plastiques de Mondrian et du mouvement De Stjil ; Y. A. Bois et B. Reichlin, 1985). Aujourd'hui, il nous faut réapprendre les dynamiques de systèmes associés composites dans lesquels les proliférations urbaines devraient composer avec les systèmes naturels et non plus les réduire à une réalité mécanique ou artistique, voire les exclure. Bref, il s'agissait de se libérer autant des horizons étroits de l'enclavement spatial dans le domaine de l'action que d'échapper à l'enfermement dans une discipline propre à instaurer des univers explicatifs figés qui ne nous semblaient plus à même d'éclairer les enjeux du présent.

Une rencontre qui témoigne de nouveaux positionnements

Ne faut-il pas voir dans l'intérêt porté par des biologistes, éthologues et écologues, à l'analyse des systèmes naturels modifiés, une posture nouvelle conduisant à retenir la pertinence des villes pour l'élaboration de connaissances, similaire aux variations opérées par les ethnologues au tournant des années soixante-dix ? Ces derniers ont alors abandonné les îles Trobriand, ou quelques peuplades perdues dans les forêts amazoniennes, pour plonger dans les univers urbains (G. Althabe, 2001). Ils constataient à la fois la réduction radicale des primitifs sur notre nouveau village planétaire, et ils se déclaraient beaucoup moins persuadés du passage obligé par la connaissance des « naturels » pour fonder définitivement les sciences de l'homme (F. P. Lévy, 1986). La fin annoncée du corpus « naturel », la disparition de la Nature originelle non affectée par quelque action de l'homme et le changement de paradigme scientifique que l'on peut résumer ainsi : l'administration des preuves extraites des recours aux origines nécessiterait plus des validations par observation, expérimentation d'hypothèses solidement formulées qu'expliquer scientifiquement les processus naturels et culturels. De nouvelles interrogations émergent, issues des prises en compte des territoires et des environnements produits, des mises à l'épreuve des formes du vivant induites par l'artificialisation généralisée du monde, des mutations et des imprévus qui sont afférents à ces circonstances inouïes.

Pour autant, ces quelques éléments externes ne peuvent rendre justice à la nécessaire convergence disciplinaire. Dans ces recompositions qui nourrissent incertitudes et inquiétudes, le décentrement disciplinaire pourrait proposer des interrogations plus complexes des systèmes, sans abandonner pour autant son point de vue. Ne s'agirait-il pas de s'engager dans des braconnages aux marges disciplinaires, de réviser et ré-ajuster nos lunettes (théoriques) pour faire apparaître du non vu ou de l'insu ? Construire autrement l'objet nature, croiser les regards, n'annoncent-ils pas une aventure tout aussi incertaine : ré interroger nos disciplines et mettre le cap sur une improbable anthropo-écologie ?

Mise en question structurelle d'un croisement des disciplines

Le découpage socio-historique en champs[4] (P. Bourdieu, 1980) des connaissances, base organisatrice de chaque discipline, a constitué des corps et des univers sociaux résistants à ces tentatives de convergence. D'abord, parce que nous mettons en œuvre des cultures scientifiques différentes, non par coquetterie, mais parce que nous épousons peu ou prou nos disciplines, pour des arguments multiples (jeu d'habilitation, expériences embarquées, etc.). Pour revenir à notre aventure, les disciplines des sciences de la nature et de la vie nous ont dotés d'un savoir faire qui restait étranger aux sociologues : mesurer des populations d'oiseaux à partir d'indices, de traces, croisant les paramètres… Pour ces disciplines naturalistes, les résultats prennent avant tout des apparences quantitatives ; ils se présentent sous forme de tableaux, de graphiques représentant nombre d'espèces animales parfaitement identifiées, voire de formules. Ceci a constitué pour les chercheurs de Sciences humaines, des apports très précieux pour bien connaître ces variétés et leurs évolutions dans les zones urbaines. Le champ opératoire commun a été en partie délimité par ces préoccupations. Les sociologues ont défini les perceptions et jugements par rapport à la faune présente dans l'environnement immédiat des urbains (P. Clergeau *et al.*, 1997 ; A. Lemoine et A. Sauvage, 1997). Les géographes ont apporté leurs outils d'observation et d'analyse des tissus urbains (F. Gilot, 1999). Les biologistes ont pu qualifier de façon distinctive les espaces en fonction des conditions qu'ils spéculent pour l'existence de telle catégorie en désignant les traits essentiels des biotopes des espèces étudiées : perchoirs, nichoirs, sites d'alimentation pour les granivores, les insectivores, les herbivores… (P. Clergeau *et al.*, 1998). De même, la description des paysages urbains s'appliquait moins au paysage plastique qu'à la densité des constructions bâties et des modes d'implantation des éléments de verdure : la forme et la surface deviennent des éléments de composition essentielle pour saisir la fixation ou la fuite des espèces d'un site donné (J. P. L. Savard, P. Cler-

---

4. Ainsi avons nous rencontré des difficultés avec des termes comme transect, gradient, quartier, habitat…

geau et G. Mennechez, 2000). Ainsi, par retouches successives se co-construisent par les disciplines qui coopèrent des territoires adaptés aux questions posées.

À côté de ces accords, les sociologues ne trouvent pas forcément dans les données statistiques l'assurance d'une connaissance scientifique solide ; ainsi, la question posée des modes d'appropriation des oiseaux par les habitants des villes ne saurait être éclairée, à leurs yeux, par les seuls pourcentages de pratiques. Ces derniers s'y sont cependant astreints, en réalisant deux enquêtes par questionnaires auprès de 200 personnes chaque fois (P. Clergeau *et al.*, 2001). Mais l'administration de la preuve ne suit pas seulement une voie quantitative. Ils ont aussi tenu à réaliser des observations de terrains (à des saisons propices et des jours favorables) complétées d'une cinquantaine d'entretiens qualitatifs d'habitants de secteurs urbains différents et d'usagers des jardins publics.

Bien d'autres conditionnements disciplinaires poussaient encore à la disjonction. Nous concluons ce point en en soulignant trois principaux.

1. Les modes de nomination du monde (langues, concepts…) que la discipline s'emploie à construire et connaître. Nous avons eu le souci dans le travail de recherche interdisciplinaire de ne pas user d'une langue si spécialisée qu'elle devienne un jargon inaccessible, semant la confusion et le malentendu, mais de bien expliciter à la fois la manière de construire notre savoir en usant de métalangage et de conserver chacun notre posture tout en évitant des idiomes trop singuliers. Le sociologue a pu ainsi participer à des séminaires sur le décentrement nécessaire en vue de reconsidérer ce qui aurait pu être la conception d'un milieu biologique général à tous les vivants, et parler de milieux singuliers (qui ne nie pas les interférences) construits par les capacités sensorielles et motrices de chaque espèce.

2. Les styles de production des savoirs et l'instrumentation. Tout cela vise à la fois à définir les cadres de l'expérimentation (les signatures de la fabrique des connaissances sont évidentes avec les outils, les unités spatiales, et les produits finaux) et les conditions d'échanges des résultats de celle-ci. Mais, dans le travail, le biologiste n'a pas rechigné à s'impliquer dans la construction du questionnaire sociologique, faisant valoir certains types d'attentes de résultats.

3. Les codes de légitimation (de respect des principes qui valident des résultats comme la forme statistique par exemple) aux yeux des disciplines associées qui facilitent ou non la reconnaissance, la valorisation des acquis.

Sur tous ces plans, l'incompréhension, l'incompétence et l'interdiction dans lesquels l'appartenance à nos disciplines propres pourraient nous enfermer à l'égard des autres, auraient pu briser à tout moment le cénacle, le forum singulier que nous tentions de mettre en place. La bonne volonté, le savoir faire de l'animateur de la recherche, la persuasion qu'ensemble nous découvrions autre chose a permis de nous engager pleinement dans ces échanges et de poser les bases d'une « nouvelle alliance ».

Résultat sans doute peu spectaculaire, cette coopération a cependant permis à la fois de prendre distance à l'égard de l'objet nature pour s'interroger sur la nature de cet objet et, tel un boomerang, ce compagnonnage a provoqué des ré-agencements au sein même de nos propres champs.

LA NATURE EN QUESTIONS

Nos collaborations, nos observations, nos confrontations sur la nature et la ville nous ont conduits vers des points de vue relatifs et à se déprendre du mot nature, tout au moins à lui insuffler une part d'incertitude. Ce scepticisme sur la permanence éternelle de la nature prend une forme interrogative. Nous nous faisons ici l'écho de quelques angles particuliers.

Question I - En dehors ou dans la nature ?

Notre dernière étude en commun portait sur : quelle faune sauvage dans les parcs ? et présentait un volet d'enquête sur les attentes et les observations des relations des usagers aux animaux (P. Clergeau coord, 2000 ; P. Clergeau *et al.*, 2001). Si, à 53 %, les utilisateurs enquêtés des parcs centraux (jardins des plantes) voient dans ces lieux des abris protecteurs pour la faune, ils considèrent aussi à 86,5 % que les animaux modifient leurs comportements dans ces mêmes parcs. Pourquoi ? Dans quel sens ?

À leurs yeux, ces animaux « joueraient des saynètes » pour le plaisir et la contemplation des Candide, usagers du parc. « L'acteur animal » se ferait-il passeur, produisant du dépaysement ou de l'exotisme pour l'habitant, assurant ainsi une mise entre parenthèse de la ville, lui ouvrant grandes les portes d'une sorte de jardin d'Eden ou d'Arcadie *soft* (B. Lizet, A. M. Wolf et J. Celecia 1999) ? Moins romantiques, les usagers engagent les procédures d'une inscription des animaux dans leur monde humain. Ils procèdent d'abord à des classements. Ils identifient les animaux domestiques, familiers, sauvages… :
– les hérissons, insectes, étourneaux, souris, mulots… ne sont pas simplement éloignés, ils sont jugés dangereux, nuisibles… ;
– les animaux domestiques (canards, paons, lapins…), à l'inverse, entretiennent une grande proximité avec l'homme, proches mais aussi dépendants. Saisis comme sympathiques, utiles, on établirait avec ces animaux une véritable fusion ;
– quant aux animaux familiers (moineaux, rouge gorge, pigeons, poules d'eau, papillons…), ils font partie de ces acteurs plastiques du parc.

Mais les usagers des parcs sentent les animaux proches d'eux également parce qu'ils perçoivent chez ceux-ci des capacités différenciées à manifester de l'égard pour les dons – notamment alimentaires – que les visiteurs dispensent. Et si les sauvages sont totalement hermétiques à ceux-ci, on perçoit les satisfactions tirées des relations avec la faune qualifiée de domestique.

Nous avons aussi mesuré les plaisirs à l'égard des papillons, cygnes et écureuils ainsi que les aversions suscitées par les insectes, les souris et les mulots, les limaces… inspirés des confrontations aux uns et aux autres. Bref, ce tableau s'organise comme l'appréciation d'un monde environnant, défini par les rapports sociaux et les attractions / répulsions déclenchées, dont l'urbain est l'ordonnateur dominant.

Cette posture externalise totalement l'homme à l'égard de la nature ; il prend une position surplombante qui témoigne d'un réel anthropocentrisme. Les mots utilisés pour en parler trahissent ce glissement : au comportement des animaux, on substitue souvent celui de performance, vocabulaire des univers artistiques ! Le parc public, et plus particulièrement le jardin des plantes de centre ville, représente typiquement cette situation d'un ensemble composé pour la contemplation, accomplissement de l'homme dominant. Mais ces parcs contre-nature, résultant de cette mission inspirée du créateur – soumettre la nature, si elle était en harmonie, en congruence avec une vision messianique divine, a largement contribué à une réduction anthropologique. Car l'humain urbain oublie trop que ses fibres intimes l'ancrent à un monde de nature. Et tandis qu'il cherche à anthropomorphiser les naturels[5] (V. Pelosse, 1997), voire à naturaliser les relations humaines et le monde des villes, ne faut-il pas lui rappeler que sa « nature humaine » siège d'une tension-dialectique le redéfinit en permanence comme animal dénaturé[5] ?

Question II - La nature ou des natures ?

Parler de la nature n'est-ce pas se laisser piéger par les mots, n'est-ce pas rester dans une perspective philosophique, voire métaphysique (M. Heidegger, 1968) ? Nos observations nous font converger puisqu'elles nous ont fait glisser du singulier au pluriel, comme si le prisme urbain révélait des fractures, comme si le monde naturel s'éclatait sous l'effet de ces mises en rapport avec les humains.

L'analyse des parcs publics de « centre ville » nous a permis de remarquer combien les attentes des urbains diffèrent. Ces parcs constituent une scène où acteurs (ici les animaux) et spectateurs (les visiteurs contemplateurs) évoluent dans un univers de jardins très composés avec ses tapisseries florales, moquettes engazonnées et ses décors (statues, kiosques...). Endimanchés, les spectateurs évoluent en respectant les règles en vigueur dans les salles de spectacle : en famille, les complets vestons ne sont pas rares, les conversations sont feutrées, l'agitation bruyante n'y est pas de mise, la marche sur les pelouses réprimée. Des comportements convenus, différenciés et respectueux à l'égard de « la faune actrice » sont observables : on encourage ceux qui tiennent le devant de la scène (canards, cygnes, biches...) en les gratifiant de quelque nourriture, quand les figurants ne bénéficient pas des mêmes égards.

Avec les grands parcs publics en périphérie de ville, on quitterait la « noble cour » des jardins à paraître pour la « basse-cour » et une ambiance agricole policée. Trois traits permettent d'identifier une autre nature. L'insécurité émanant de ces grands parcs de périphérie (F. Terrasson, 1991) tient d'abord aux fantasmes insufflés par une faune qui ne se hisserait pas à un rang de civilité acceptable (les risques de croiser des vipères, des batraciens sont évoqués comme répulsifs, inquiétants) et l'on n'y voit pas les mêmes animaux – la part remarquée des oiseaux sauvages pourrait être l'indice d'un parc plus nature. On ajoute peut-être aussi des risques plus ou moins confirmés d'être importuné par quelque faune humain. S'ils sont porteurs de

---

5. Ceci désigne un processus dialectique par lequel nous tentons de nous échapper de la nature sans jamais nous en absenter, nous ne cessons cependant jamais de la contester et ceci nous permet de dépasser nos seules capacités naturelles.

menaces diffuses, ces parcs périphériques révèlent aussi une dissociation attractive selon le sexe. Les hommes y trouvent un écho à leurs attentes plus fortes des animaux sauvages et imprévus (on ne croit plus que les animaux adaptent leurs manières aux nécessités du parc et aux interactions avec les visiteurs), tandis que tout cela provoque des abstentions méfiantes de la part des femmes. Quant à ceux qui fréquentent ces parcs, ils s'habillent de façon intermédiaire entre sport et campagne. L'allure décontractée, les efforts sportifs (jogging), les cris qui accompagnent les jeux, les exclamations à grands cris devant un biquet tétant sa mère ou des envols d'oiseaux... offrent une tout autre nature aux visiteurs.

Sans affirmer « à chacun sa nature », nos identités singulières – y compris disciplinaires – conditionnent des représentations différentes. Ne serions-nous pas tentés de nier ou remarquer des natures du fait que l'on se situe dans deux visées opposées :

– l'une serait mythique. Dans cette perspective, les mots sont retenus comme points fixes et le monde à décrire n'est pas observé, interrogé. Il s'ajuste aux mots. La nature sauvage originelle, « naturelle »...constitue une terminologie figée largement connotée de rêves et de croyances. Ce mythe relève d'un enjeu ontologique qui se jouerait à notre insu : faire perdurer ce sauvage naturel étranger, pour nous réassurer de notre réalité humaine comme dépassant, niant ou s'absentant de la nature à laquelle nous ne cessons pourtant jamais d'appartenir ;

– l'autre scientifique nous inciterait, à l'inverse, à ajuster les notions, les catégories au monde à décrire. Comment en prenant en compte les affrontements immédiats avec les habitants des villes, les constitutions internes... ces systèmes naturels se tordent, se plient et s'adaptent, résistent, éclatent, se transforment ? Comment les collaborations entre champs disciplinaires déplacent, rendent caduques certaines colonisations conceptuelles (par exemple, la sociologie parlait d'anatomie, de physiologie sociale...) pour connaître mieux les systèmes naturels et leurs modifications ? Ne serions-nous pas, avec cette conception anthropologique de la nature, au bord d'une nécessaire « révolution copernicienne » ? Ne nous soumet-t-elle pas à cet impératif catégorique consistant à tirer toutes les implications du constat selon lequel la nature n'échappe pas à la circularité plaçant l'humain au fondement de toutes les représentations ?

Question III - Des natures paradoxales ?

Traditionnellement, certains termes sont exclusifs, ils désignent des mondes que l'on pensait définitivement séparés : villes et campagnes, mondes artificiel et naturel, Arcadie et monde urbain etc. Or hier, les villes ont été conçues selon le principe de l'homme roi de la création, dominant et régissant le monde. Aujourd'hui le paradigme a changé, et le principe de responsabilité (H. Jonas, 1991) oriente vers une appropriation composant avec les nécessités naturelles. Les villes engagent (par nécessité réglementaire, pour répondre aux principes de développement durable...) des actions pour corriger les milieux (affectés de dégradations multiples), pour réintroduire de la biodiversité... Les biologistes de l'équipe ont montré que les villes moyennes étudiées accueillent 50 % des espèces mammifères et oiseaux présents dans la région. Ce qui n'est évidemment pas le cas de bien des villes qui constituent des repoussoirs ou des cimetières d'espèces. Plus encore, des villes agissent fortement sur certains segments naturels comme le comportement des espèces : par exemple les sansonnets qui se regroupent dans les centres villes attractifs pour des raisons de *stimuli* lumineux et thermiques, mais aussi certains mammifères qui comme les renards rentrent dans les villes européennes. On pourrait aussi évoquer certains oiseaux (rapaces, goélands…) qui s'urbanisent (Sauvage, 2002) ; poussés vers les milieux habités, ils recomposent leurs systèmes nutritionnels, deviennent dépendants des humains.

Question IV - Des natures co-produites ?

Cette affirmation paradoxale permet cependant d'éclairer les différences de nature. Car les nouvelles connaissances, celles des paléo-anthropologues ou des spécialistes des glaciers, ne permettent plus aujourd'hui de se tenir à cette représentation selon laquelle la « Nature » constituerait un donné originel non altéré par l'Homme. On peut apprécier cette co-production selon différents points de vue.

Rappelons d'abord, que les chercheurs sont engagés dans des perspectives d'invention et de production biologique. Des brevets se multiplient : variété de soja hybride (1930), bactérie génétiquement modifiée (1980), souris transgénique fabriquée, brevetée et commercialisée comme modèle de recherche (1988)… Mais, au-delà de ce spectaculaire qui déborde notre champ, nous avons aperçu des modifications d'espèces et nous avons été amené à faire l'hypothèse que certains milieux nouveaux peuvent conduire à la modification de systèmes naturels[6]. Autrement dit, ils intègreraient les interactions avec les milieux urbains dans leur génome. Ne serions-nous pas fondés à considérer que ce qui constitue le renouvellement d'un extérieur – urbain ici, mais tout aussi bien des produits chimiques pour détruire une espèce nuisible, comme des moustiques par exemple – ne peut plus être totalement considéré comme un épiphénomène à traiter à part de l'espèce ; cela finirait par constituer des composants des individus de l'espèce considérée.

En poursuivant ce postulat, on en arriverait à soutenir que les hommes, apprentis sorciers souvent involontaires de modifications des milieux suscitent, sans le savoir, l'émergence d'individus aux caractéristiques inouïes, qui, à terme, peuvent se généraliser par l'apparition d'espèces différentes (du fait de la conservation et de la transmission par le génome de ces nouveautés[7]…). Alors, une autre diversité biologique se produirait par le fait même que les spéciations varieraient à cause des incorporations (des mémorisations) de ces interactions nouvelles conditionnées par des facettes matérielles urbaines.

---

6. Certaines espèces, tels les pigeons bisets distincts des ramiers par exemple, deviennent des pigeons des villes, alors qu'ils disposent des capacités à s'en absenter. D'autres espèces semblent avoir des capacités adaptatives tout à fait remarquable, si l'on en croit les échos des livraisons récentes de *Nature* par H. Morin dans le journal *Le Monde* « Le corbeau calédonien, aussi malin que les grands singes », *Le Monde,* 21-01-2005, p. 1.

7. Cette affirmation déplace sensiblement les vieilles distinctions de l'intérieur et de l'extérieur environnemental, de l'inné et de l'acquis, voire la référence à l'instinct.

Ainsi, et de façon consécutive aux aménagements urbanistiques, l'*homo industrialis* et l'*homo urbanus* sont des *homo artificialis*. Le fait que plus de la moitié des humains se concentrent dans des agglomérations urbaines signifie que l'urbanisation de la Terre est en voie de se généraliser. Dès lors, celle-ci sera de plus en plus produite, les paysages et les milieux modifiés. Vigilance, sens des responsabilités à l'égard des espèces dont l'humaine, devront s'inscrire dans une éthique (le développement durable) et s'éclairer de nouveaux savoirs. Alors, comme on l'a vu dans nos recherches, les combinatoires spatiales, les ceintures vertes présentes ou non… composent des biocénoses, des coexistences de faunes et de flores bien différentes, aux perspectives de maintien et de reproduction fortement dissociées.

Question V - L'homme, environnement à risque pour les espèces ?

Inconscient des risques, l'homme s'avérait forcément dominateur et dangereux pour les espèces. Ainsi, en évoquant seulement le monde des oiseaux, le CRBPO[8] souligne une baisse de population de l'avifaune de 10 % entre 1989 et 2001. Par exemple, les chercheurs de cette institution montrent que « les effectifs d'hirondelles de fenêtre ont diminué de 84 % depuis 1989, ceux de la linotte mélodieuse de 62 %, de la pie bavarde 61 % ; la mésange nonnette perd 59 % de ses congénères, la perdrix et la huppe 49 %, le moineau domestique 21 % et le rossignol 15 % ». Ils pointent en même temps les causes d'une telle régression : les ruptures brutales de l'écosystème : « L'intensification du domaine agricole, l'uniformisation de ses espaces, la disparition des bas-côtés d'une route peuvent être fatales à une espèce. »

Maintenant, les zones urbaines restent un immense marché plein d'avenir, tandis que les humains deviennent plus avertis des conditions de vie des espèces naturelles. Ils observent les dommages causés par certains aspects de l'urbanisation sur les reproductions de certaines espèces, les accidents causés. Par exemple, le Field Museum de Chicago a compté qu'en 2000 et 2001, autour du Centre de Congrès Mac Cormick (face au lac Michigan), 1 297 oiseaux migrateurs se sont tués en heurtant une fenêtre éclairée, contre 192 en percutant une fenêtre sombre. Le chemin scientifique reste encore long, mais non insurmontable ; l'enjeu central réside dans un retournement culturel : abandonner l'anthropocentrisme, pour faire place avec détermination à la ville durable, gardienne des milieux favorables. La délibération relative aux voies à retenir devient beaucoup plus incertaine, ardue quand les sacrifices à faire ne laissent pas apercevoir l'évidence des bienfaits qu'on pourra dégager.

---

8. Centre de recherche sur la biologie des populations d'oiseaux du Muséum d'histoire naturelle qui a mis en place le programme STOC (Suivi temporel d'oiseaux communs).

INTERDISCIPLINARITÉ ET MODES D'INTERVENTION PRUDENTE SUR LES VILLES ?

Si la recherche interdisciplinaire peut élargir le cercle éclairant le développement durable et les visions sur l'horizon historique, elle peut, tout autant, contribuer au balisage de l'action et de l'opération.

L'effet boomerang de l'interdisciplinarité

On est arrivé à un tournant de l'itinéraire suivi dans cette aventure de l'interdisciplinarité : celui de la fin d'une réification des savoirs disciplinaires. Ceux-ci n'ont-ils pas eu tendance à se corseter dans un positivisme crispé ? La poursuite des savoirs ne pouvait-elle plus être envisagée autrement que dans une segmentation de plus en plus radicale des objets ? Avec G. Gusdorf (1974) on pourrait convenir que ce n'est pas l'empilement des lamelles sous le microscope qui permet une meilleure connaissance de l'éléphant. Cette remise en cause nous a poussés à procéder autrement : l'objet (de recherche) n'est plus construit *a priori* par la discipline, il se co-produit par plusieurs point de vue à visée scientifique, ce qui amène à oser des regards en coin, à s'intéresser à ce qui restait comme des éléments *a priori* non interrogés parce que les limites de la discipline ne permettaient pas de s'y aventurer, parce le savoir faire était absent et que la déontologie ne l'autorisait pas.

Alors, l'interdisciplinarité s'est imposée non pas comme la panacée, mais comme une voie réaliste, médiane entre suffisance et ignorance. Elle contraint et consent à un travail sur sa propre discipline. Comme on l'a souligné, cette convergence suppose avant tout la rencontre, et, en ce sens, il est fort probable qu'elle ne se décrète pas. Notamment parce qu'au-delà de ce qui a été dit, elle passe par une prise de risque permanente. Elle suppose en particulier une traduction constante, autant dire une trahison fréquente dans l'effort de se traduire soi-même, d'être compris sans livrer toutes les références qui permettraient de donner sens ! Elle éprouve à toute occasion la nécessité de composer avec l'altérité de l'autre scientifique en s'efforçant de réduire l'altération.

De la connaissance interdisciplinaire à une diversification des actions

Trois prolongements de l'entreprise évoquée peuvent prendre corps :
1. D'abord, passer de la preuve à l'épreuve. La validation de nos résultats, la preuve de leur bien-fondé conduit certes à trouver la première certification auprès des maîtres et des pairs de la communauté scientifique. Mais la science docte trouve, selon nous, des limites qu'il convient de chercher à dépasser en lui opposant des résistances différentes. Nous avons commencé ces mises à l'épreuve avec une journée intitulée « Vers une nature urbaine. Enjeux publics et projet urbain » (P. Clergeau, L. Fleury et A. Sauvage, 1999) à l'occasion de laquelle décideurs, professionnels et chercheurs ont pu confronter leurs savoirs et leurs points de vue.

La formulation des problèmes complexes d'équilibres des milieux biologiques et les questions qu'ils suscitent ne sont nullement l'apanage des chercheurs : les décideurs, les professionnels, les praticiens comme les journalistes participent activement à leur construction, à leur audibilité, à leur intelligibilité et à leur pertinence. Dès lors, pourquoi ne pas prendre largement en compte leurs points de vue sans abandonner notre mission, mais sans ignorer non plus cette richesse ? Pourquoi ne pas mettre sur pied des dispositifs permettant de co-produire les objets de recherche ? Pourquoi aussi ne pas restituer, ne pas créer les conditions de cette soumission de nos acquis, de nos résultats à ces acteurs comme passage obligé, structurant de la recherche ? S'il ne s'agit ni de prétendre de façon scientiste à gouverner, ni non plus à être faible au point de brider les processus scientifiques dans leurs développements par les préoccupations d'opération ou de décision, la recherche ne saurait non plus produire des résultats pertinents sans être attentive aux formulations des problèmes par ces divers acteurs d'horizons hétérogènes.

2. Le second prolongement devrait nous faire passer de l'éprouvette... à l'atelier. Pour cela, il nous apparaît pertinent de poursuivre notre recherche en ouvrant un nouveau volet plus proche des attentes des décideurs et des praticiens. Ne convient-il pas de faire évoluer les procédures de la planification pour rendre plus probable, plus vigilante une planification prudente ? Forts des résultats préalables acquis, ne nous faut-il pas repenser maintenant la reconfiguration des tissus urbains, ceux de la périphérie de nos villes et arriver à une nouvelle écologie urbaine ? La recherche ne doit-elle pas se désenclaver et co-produire avec les décideurs, les professionnels et les habitants de nos villes aujourd'hui pour réussir à faire passer les acquis de connaissances dans de nouvelles façons de concevoir les espaces pour permettre une regénération plus « homéostasique et autonome » des milieux biologiques de nos agglomérations pour demain (P. Clergeau, 2003) ? Faire atelier commun pour inventer de nouveaux outils s'avère une ardente nécessité pour une autre gestion « durable » des villes. C'est dans cette optique que nous développons actuellement une recherche sur des outils de gestion pluridisciplinaires tels que la carte de risque appliquée à la gestion de la faune urbaine et intégrant cartographie écologique et vulnérabilité humaine (G. Le Lay, P. Clergeau et L. Hubert-Moy, 2001).

Deux séries de questions ressortissant au développement durable peuvent être posées quant à l'organisation de ces territoires en cours d'urbanisation élargie :

– les premières concernent les transformations périphériques aux villes centres. Pour un certain nombre d'entre elles, les schémas directeurs (Schémas de cohérence territoriale), les POS (Plans locaux d'urbanisme et les plans d'aménagement de développement durable) l'élaborent et instaurent un certain nombre de ceintures vertes, la protection de zones vertes, voire d'activités agricoles de périphéries des grandes villes. Que vont devenir celles-ci sous l'action conjuguée de la péri-urbanisation qui progresse, du fait des départs des urbains qui s'établissent dans un rural proche des villes, des transformations réglementaires des agglomérations, des modifications des pouvoirs qui en résultent ?

– les secondes touchent aux ré-agencements naturels internes des ensembles urbains. Lors des travaux précédents, nous avons posé des questions, du point de vue biologique et sociologique pour faire en sorte que l'on passe d'un aménagement des espaces verts (pour le seul spectacle des urbains) à l'instauration de milieux écologiques vivants, accueillants pour la faune de la périphérie « rurale » et susceptible alors de se reproduire naturellement dans les villes (*Bel*, 1991). Mais cela suppose de ne pas élaborer la ville comme cimetière d'espèces, ou moins radicalement comme obstacle définitif, dissuasif pour en faire un espace et un milieu éthologiques viables, ouverts, systémiques pour les espèces que l'on souhaite voir survivre ou ré-apparaître en ville.

Réassurer ces échanges naturels entre territoires agglomérés et espaces périphériques suppose des expertises, des bilans tant sur les milieux naturels concernés que sur les espèces ; cela suppose secondairement de bien préciser comment les milieux urbains pourraient être aménagés autrement pour favoriser ces régulations susceptibles de refaire des milieux urbains favorables à une nouvelle biodiversité ; ensuite, il s'agira de créer les conditions d'un système de planification en prise avec cette nouvelle écologie urbaine. Enfin, il faudra aussi être attentif à la pédagogie en direction des habitants des villes et des périphéries, car on n'oubliera pas que ces derniers sont les constituants mêmes d'un environnement favorable ou nuisible à cette reproduction de la variété. Comment rendre compatible cette perspective et la densification urbaine nécessaire ? N'y a-t-il pas à réinterpréter, à prendre en compte dans les aménagements à venir, les éléments structurels des mondes ruraux précédents comme les savoirs nouveaux esquissés (J. Meeus, 2000) ? Les expériences européennes menées autour des questions de l'intérêt porté à une meilleure vision globale des micro interventions sur les composantes naturelles des espaces naturels dans les villes s'affirment ; on prendra pour preuve les festivals autour des jardins individuels initiés par P. Amphoux à Lausanne, les prises de conscience par les habitants de Bruxelles que la succession des jardins individuels constitue des corridors verts empruntés par les animaux… On découvre là tout un champ d'interventions inspirées par le principe de responsabilité susceptible d'allier les perspectives de propriétaires individuels pour inscrire leurs initiatives dans l'ambition de la ville viable (C. Younès, 1999).

3. Le dernier prolongement évoqué devrait permettre de passer de la veille à l'éveil. On le voit bien, nous entrons dans une ère inédite où des questions toutes nouvelles, urgentes, émergent ; n'est-il pas nécessaire de préparer les cadres, futurs acteurs susceptibles d'impulser d'autres sensibilités, d'être en capacité de peser pour emprunter d'autres orientations ? Par quels moyens les porteurs des dossiers d'urbanisation devront-ils faire passer devant les aspects de mode, d'esthétisme, voire de calculs économiques immédiats, ces soucis non plus incantatoires mais opératoires ? Comment ne pas s'inspirer des exemples de la maison européenne (V. Mega, 1998), comment aussi ne pas travailler à une conception doctrinale urbanistique lisible de la ville viable ? En nous inscrivant dans cette ambition, nous avons mis en place une formation de DESS puis de master d'aménageurs dans laquelle nous avons inclus un éveil au développement durable, non pas comme une spécialité, mais comme une des composantes obligatoires dans la formation initiale de professionnels de la maîtrise d'ouvrage urbaine susceptibles d'attirer l'attention des décideurs, de les inciter à la prudence sur différentes implications de leurs choix relatifs aux milieux peu réactifs – ou lents – dans l'immédiat. Transmettre les connaissances d'une

recherche qui doit renforcer ses acquis tout en s'enrôlant dans une mission de « passeur » représente un autre impératif incontournable.

POUR UNE NOUVELLE ALLIANCE ENTRE DISCIPLINES

Nous revenons sur le mot d'ordre souvent relancé par Jean-Marie Legay, de la nécessité de diverger entre champs disciplinaires, d'oser l'indiscipline.

Cette expérience interdisciplinaire (E. Morin, 1999) constitue, à nos yeux, un acquis essentiel ; les problèmes de biodiversité, de développement durable n'ont aucune définition canonique et nous conduisent

> à prendre des habitudes de pensée mettant sa discipline en relation de coopération et de présupposition réciproque avec d'autres disciplines, face à un problème qu'aucune ne peut définir. (ni apprehender dans sa globalité). Il est intéressant que les chercheurs relevant des sciences expérimentales trouvent [...] les moyens de mettre en scène d'eux-mêmes les raisons pour lesquelles sont nécessaires les recherches relevant des sciences humaines et sociales ainsi que le rôle indispensable des savoirs non scientifiques ;

mais on n'oublie pas que chacun prend « des risques par rapport à la discipline qui les autorise et à la culture disciplinaire qui les sécurise » (I. Stengers, 1999).

Cette audace de l'indiscipline comporte des inconnues : avec l'interdisciplinarité n'ouvre-t-on point une boîte de Pandore ? Comment agir sans être identifié comme le disciple prodigue, le traître à une communauté pour en reconstituer une, autrement ? N'y a-t-il pas à opérer cette distance en se déprenant des perspectives corporatives, des certitudes disciplinaires, des assurances impériales non seulement entre champs disciplinaires, mais aussi en échappant à cette barrière élevée durant longtemps entre le monde des savants et des actants aménageurs, sachant que l'on ne sait pas ou si peu !

En dépit du scepticisme, des freins et des obstacles, deux éléments ont favorisé ce que l'on pourrait dénommer néanmoins une « conversion scientifique » : d'abord, le débat. Nous nous sommes efforcés de dépasser ce conflit latent (des disciplines, des parlers et des formulations propres à chacune de nos disciplines) en confrontant nos convictions honnêtement. Paradoxalement, nous avons considéré le conflit à surmonter (que nous avons évité de rendre pénible) comme une altérité pleine de potentialités ; et puis une éthique, car l'interdisciplinarité suppose de jouer à qui perd gagne : qui perd de son acuité quelque part, quand on se traduit pour être compris, on se trahit ou on nourrit des malentendus, avec des termes polysémiques sur lesquels on ne cesse de buter comme « populations », « territoires », « communautés », « systèmes »... L'interdisciplinarité accroît la complexité et donne l'impression de rendre des explications moins évidentes. Qui gagne pourtant dans les déplacements des manières de penser les problèmes, dans le garde fou qu'oppose l'*alter ego* de l'autre discipline. Alliance nouvelle que nous impose pourtant l'ambition de poser les jalons d'une autre lecture des conséquences des transformations massives que divers (mal)traitements ont fait subir à notre planète.

RÉFÉRENCES BIBLIOGRAPHIQUES

ALTHABE G., 2001, « Pour une ethnologie du présent » Regards sur l'avenir, *Ethnologies*, ACEF, 23, 2.

BASSAND M., 2000, *Séminaire sur les villes.*

BOIS Y. A., REICHLIN B.,1985, *De Stjil et l'architecture en France*, Bruxelles, Mardaga éd.

Bel (*Bulletin des élus locaux*), 1991, « Les animaux dans la ville : une cohabitation difficile », BAVP n° 528.

BOURDIEU P., 1980, *Questions de sociologie*, Paris, Minuit, 279 p.

CLERGEAU P. (coord.), 1996, *Les relations hommes-oiseaux-habitats sur des gradients d'urbanisation : comparaison entre les villes de Rennes et de Québec.* Rapport PIRVilles-CNRS, 170 p.

CLERGEAU P., SAUVAGE A., LEMOINE A., MARCHAND J. P., DUBS F. & MENNECHEZ G., 1997, « Quels oiseaux dans la ville ? Une étude pluridisciplinaire d'un même gradient urbain ». *Annales de la Recherche Urbaine*, 74, p. 119-130.

CLERGEAU P., SAVARD J. P. L, MENNECHEZ G. & FALARDEAU G., 1998, « Bird abundance and diversity along an urban-rural gradient: a comparative study between two cities on different continents », *Condor 100*, p. 413-425.

CLERGEAU P., FLEURY L., SAUVAGE A. (dir.)., 1999, *Vers une Nature urbaine ? Enjeux publics et projet urbain.* Séminaire du 19 mai 1999, DESS Maîtrise d'ouvrage urbaine, Institut d'urbanisme de Rennes, 69 p.

CLERGEAU P. (coord.), 2000, *Biodiversité en milieu urbain : quelle faune sauvage dans les espaces verts ?* Rapport du ministère A.T. Environnement, 138 p.

CLERGEAU P., MENNECHEZ G., SAUVAGE A. & LEMOINE A., 2001, « Human perception and appreciation of birds: a motivation for wildlife conservation in urban environments of France » *in* J. M. MARZLUFF, R. BOWMAN, and R. DONNELLY (Eds.), *Avian Conservation and Ecology in an Urbanizing World*, NY., Kluwer Academic Press, p. 69-88.

CLERGEAU P., 2003, « Biodiversité et paysage urbain », *Paysage Actualités*, 264, p. 30-31.

GILOT F., 1999, *Typologie des espaces verts dans les villes moyennes européennes ; importance des structures en corridor dans l'urbanisme et la conservation de la nature*, DEA, Univ. Rennes 2.

GUSDORF G., 1974, *Introduction aux sciences humaines*, Paris, éd. Ophrys.

HEIDEGGER M., 1968, *L'idée de nature, idée fondamentale de la métaphysique, Questions II*, Paris, Gallimard.

JONAS H., 1991, *Le principe de responsabilité*, Paris, Les Éditions du Cerf.

LE LAY G., CLERGEAU P. & HUBERT-MOY L., 2001, « Computerised map of risk to manage wildlife species in urban areas », *Environmental Management* 27, p. 451-461.

LEMOINE A., SAUVAGE A., 1997, « Urbains et oiseaux : une coexistence ambivalente » *in* CLERGEAU P. (dir.), *Oiseaux à risques en ville et en campagne ; vers une gestion intégrée des populations*, Paris, Inra, p. 181-197.

LEVY F. P., 1986, « À la fondation de la sociologie : l'idéologie primitiviste », *in* L'anthropologie, état des lieux, *L'Homme*, n° spécial, 97-98, Paris, EHESS/Navarin, réed. Livre de poche.

LIZET B., WOLF A. E., CELECIA J. (dir.), 1999, *Sauvages dans la ville de l'inventaire naturaliste à l'écologie urbaine. Hommage à Paul Jovet*, Paris, Publications Scientifiques du MNHN.

MEEUS J., 2000, « How the Dutch city of Tilburg gets the roots of the agricultural 'kampen' landscape ». *Landscape and Urban Planning*, 48, p. 177-189.

MEGA V., 1996, « Vers la ville durable et citoyenne : un kaléidoscope d'innovations européennes à l'aube du XXIe siècle »*in* BURDESE J.-P., ROUSSEL M.-J., SPECTOR T., THEYS J. (dir.) *De la ville à la mégapole : essor ou déclin des villes au XXIe siècle*, Paris, DRAST, p. 177-194.

Morin E., 1999, *Le défi du XXIe siècle. Relier les connaissances*, Paris, Seuil, 476 p.

Pelosse, V., 1997, « L'animal comme ailleurs », *L'Homme*, vol. 37, 143, p. 199-206.

Sauvage A., 1992, *Les habitants. De nouveaux acteurs sociaux*, Paris, L'Harmattan, Coll. Villes et Entreprises.

Sauvage A., Chevrier S., Derrien A., 2000, *Des outils de planification pour construire des villes durables. Le PRQA breton, Le PPA (Rennes) et les PDU (Rennes- Brest- Lorient)*, Rapport ADEME-Lares.

Sauvage A., 2001, « Digressions sociologiques sur l'incertain urbain ». *in* M. Bassand, V. Kaufmann, D. Joye (dir.), *Enjeux de la sociologie urbaine*, Lausanne, Presses polytechniques et Universitaires Romandes, 257 p.

Sauvage A., 2002, *Urbains, oiseaux et habitats. Quelques effets de co-localisations, Espaces et sociétés*, Paris, L'Harmattan, n° 110-111, p. 189-205.

Savard J. P. L., Clergeau P., Mennechez G., 2000, « Biodiversity Concepts and Urban Ecosystems ». *Landscape and Urban Planning*, 48, p. 131-142.

Stengers I., 1999, « Le développement durable, une nouvelle approche ? » *Alliages,* n° 40, site : http://www.tribunes.com/tribune/alliage/40/stengers_40.htm.

Terrasson F., 1991, *La peur de la nature*. Paris, éd Le Sang de la Terre.

Younès C., 1999, *Ville contre nature. Philosophie et architecture*, Paris, La Découverte.

Chapitre 16

L'habitabilité des milieux urbains : un objet au croisement des disciplines*

INTRODUCTION

Les chercheurs, les journalistes, les politiciens mais aussi les citadins font état d'une crise profonde de la ville. Celle-ci se manifeste notamment au travers de l'échec des politiques urbaines pour répondre aux besoins de bien-être des citadins mais aussi, et surtout, par la dégradation des conditions de vie dans presque tous les quartiers.

Partant du constat que les recherches urbaines accordaient peu d'importance aux questions d'environnement et de nature contrairement aux analyses portant sur le milieu rural (N. Mathieu, M. Jollivet, 1989), notre groupe de recherche[1] s'est engagé dans une opération intitulée « la nature dans la cité » (N. Mathieu *et al.*, 1995) avec pour hypothèse que cette crise devait être mise en relation avec « l'effacement de la nature » dans l'idée de ville (N. Blanc, N. Mathieu, 1996). Trop longtemps, et encore aujourd'hui, la ville a été pensée comme un espace d'artifice. Les grandes agglomérations sont des modèles de sur-nature qui effacent jusqu'à la nature vivante. Celle-ci y est niée, voire reniée, ne laissant la place qu'à une pseudo nature désirée, domestiquée, maîtrisée, en somme : une nature non naturelle. C'est une méta nature urbaine qui ne correspond plus aux aspirations naturalistes et écologistes des habitants, citadins et citoyens, qui se développent dans le sillage de la montée des préoccupations autour des questions du développement durable.

L'hypothèse fondatrice des travaux entrepris dans notre collectif de recherche était de considérer que cet effacement de la nature dans la ville est à l'origine non seulement d'une partie du mal-être urbain mais aussi de l'incapacité à gérer la ville en tenant compte des naturalités réelles. Ainsi, il était nécessaire de casser l'opposition nature/ville et de revenir à une conception de la ville comme un milieu – au sens où le définissent les géographes – dans lequel interagissent les processus de naturalisation de l'homme et de ses artifices et les processus d'artificialisation des éléments naturels (P. et G. Pinchemel, 1998). Il fallait donc, pour mieux comprendre son organisation et son fonctionnement complexe, reprendre la ville et les

---

** Chapitre rédigé par Wandrille HUCY, Nicole MATHIEU, Thierry MAZELLIER et Henri RAYNAUD*

1. Créé en 1992 dans le cadre de l'Axe « Interactions systèmes naturels/systèmes sociaux » du laboratoire Strates (Stratégies territoriales et dynamiques des espaces) Unité de recherche du CNRS associée à l'université de Paris 1 Panthéon Sorbonne.

espaces urbains comme un milieu, ou plutôt comme un ensemble de milieux géographiques dans lesquels la nature

> [définie] comme étant tout ce qui, dans notre environnement nous résiste, nous surprend et nous échappe, nous inquiète ou nous enchante, [mais définie aussi comme] toutes les déterminations causales que nous pouvons étudier, sur lesquelles nous pouvons agir mais nous ne pouvons pas supprimer (J. M. Drouin, 1997)

doit pleinement être prise en compte, autant dans ses dimensions matérielles qu'idéelles.

Dans cette optique, l'analyse urbaine ne peut plus être mono disciplinaire ni même se suffire d'une pluridisciplinarité entre sciences sociales. La géographie (urbaine) doit renouer avec son « interdisciplinarité interne » entre géographie physique et humaine et réexaminer la pertinence du concept de milieu. Les sciences sociales doivent s'ouvrir aux sciences physiques, aux sciences de la nature et aux sciences de l'ingénieur et réciproquement. L'interdisciplinarité est une condition nécessaire pour traiter de la question de l'habitabilité (de la durabilité) des milieux urbains du point de vue des représentations et pratiques des citadins comme de celui de la matérialité de ces milieux.

Une première série de recherches a été entreprise pour tester la pertinence de cette nouvelle problématique. Prenant la relation homme/animal comme base d'investigation des rapports sociétés/natures en milieu urbain et l'écologie comme discipline partenaire (N. Blanc, 1996 ; W. Hucy, 1997 ; N. Mathieu, Y. Luginbühl et N. Blanc, 1995), ces recherches ont montré parallèlement et en convergence avec les recherches urbaines récentes (F. Choay, 1994 ; G. Dubois-Taine & Y. Chalas, 1997) qui culminent avec le concept de « Ville mal aimée » (J. Salomon-Cavin, 2003) l'intérêt heuristique de cette ré interrogation du couple de concepts généralement opposés de nature et de ville. Elles ont confirmé que la question de la nature joue un rôle important dans les représentations anti-urbaines et que les rapports à la nature des citadins (leurs cultures de la nature et leur « sensibilité ») constituent une dimension négligée et pourtant essentielle pour comprendre l'évolution de l'idée de ville ainsi que des modes d'habiter. Elles ont précisé l'hypothèse : la crise de la gestion de l'espace procèderait bien d'une crise générale des représentations sociales du mode d'habiter urbain. Ce serait également une crise des représentations des citadins habitants de leur milieu de vie, de la valeur des lieux au regard du bien-être qu'ils procurent aux individus. De plus, comme nous le verrons plus tard, ces première recherches ont été décisives pour confirmer le bien fondé de notre démarche méthodologique à savoir une combinaison de l'approche systémique et de modélisation et de l'analyse quasi anthropologique des habitants dans des microsites lieux d'expérience de l'interdisciplinarité.

Dés lors, à la fin des années quatre-vingt-dix, s'est posée avec acuité, pour les chercheurs engagés dans l'opération « La nature dans la ville »[2], le problème de l'ap-

---

2. Opération de l'équipe « Sociétés et milieux naturels : la question de l'environnement » de l'UMR Ladyss créée en 1996 où se retrouvent les chercheurs du programme précédent, en particulier Nathalie Blanc et Nicole Mathieu.

profondissement des premiers résultats obtenus sur les rapports sociétés/natures dans un nombre très limité de milieux urbains. Ceci impliquait de multiplier le nombre de terrains d'expérimentation de la démarche interdisciplinaire pour en tester la pertinence et les possibles généralisations. La réponse à des appels d'offre s'est révélé être le seul moyen de poursuivre et de financer ce type de recherche sur trois sites dans Paris (N. Blanc *et al.*, 2003) et trois sites dans l'agglomération rouennaise (W. Hucy, 2002 ; N. Mathieu *et al.*, 2004). C'est sur cette dernière recherche que ce chapitre s'appuie pour montrer comment une pratique interdisciplinaire mettant au centre de son questionnement le concept d'habitabilité des milieux urbains et de mode d'habiter peut contribuer au plan scientifique à la construction de l'utopie politique de la ville durable.

OBJECTIF, HYPOTHÈSE, OBJET

Lorsque nous avons engagé le projet de recherche intitulé « Vivre et habiter une ville au naturel »[3] la question de la durabilité émergeait dans le domaine scientifique et n'était pas encore trop prégnante au niveau des citadins. Pourtant notre questionnement d'alors procède pleinement des problématiques qui sont aujourd'hui embrassés dans cette large notion qu'est la « ville durable ». En effet l'objectif de la recherche est de répondre à une question qui donne sens à son titre : y a t il un rapport entre les propriétés naturelles et environnementales d'une ville et le bien-être de ses habitants ? Comment analyser et mesurer les processus d'appropriation ou de non appropriation des milieux *intra* urbains ? Comment les urbains envisagent et peuvent construire un milieu de vie durable ? En somme, que signifie vivre et habiter la ville au naturel ? Dès lors l'hypothèse à tester se définit en ces termes : la prise en compte des dimensions naturelles et matérielles de la ville, en produisant des connaissances scientifiques tant sur les dynamiques biophysiques « objectives » que sur les cultures de la nature des « sujets » citadins supposées à la base des pratiques habitantes, peut contribuer à une meilleure compréhension de ce qui fait la valeur des lieux et des milieux, leur plus ou moins bonne habitabilité.

Cette hypothèse implique une interrogation équivalente du problème par les disciplines des sciences physiques et du vivant d'une part, et des sciences sociales, de l'autre (M. C. Robic, N. Mathieu, 2001). Ce programme de recherche, initié par des géographes, s'est inscrit dès sa genèse dans une dynamique interdisciplinaire. À l'origine, l'équipe devait comprendre des biogéographes, des écologues, des éthologues et des architectes, elle fut finalement réduite à une interdisciplinarité entre géographes[4] et architectes[5]. Les relations entre géographes et architectes relèvent d'une certaine évidence qui peut tenir des outils employés par les deux disciplines (le plan, l'importance des notions de formes, d'habitat…), mais aussi, et plus pro-

---

3. En réponse à l'appel d'offre « la ville ; enjeux de société & questions scientifiques » lancé par l'Action Concertée Incitative Ville (Ministère de l'éducation nationale, de la recherche et de la technologie – 2000).

4. W. Hucy, UMR Idees ; N. Mathieu, UMR Ladyss.

5. T. Mazellier & H. Raynaud, Cabinet d'architectes « Drôles de trames », Paris.

fondément, à des questionnements convergents. C'est autour de la ville et de son aménagement que cette convergence est sûrement la plus importante tels que l'illustre le développement de l'urbanisme. Toutefois, notre propos, dans ce travail de recherche, n'était pas de cet ordre. Il s'agissait avant tout de réinterroger, non pas la ville, mais les rapports des citadins à leur milieu de vie, à la naturalité, à la matérialité de l'espace urbain. Le resserrement sur la géographie et l'architecture de notre équipe de recherche a conduit à recentrer la problématique sur une hypothèse plus restreinte : la ville est une mosaïque de milieux de vie, et ce qui définit l'habitabilité d'un milieu urbain tient à la fois à ses propriétés « du dehors » (l'espace public, la forme urbaine, les qualités matérielles et sensibles produites par son histoire), et aux représentations et stratégies pratiques des habitants interrogées depuis « le dedans » de leur habitat (N. Mathieu, W. Hucy *et al.*, 2004). L'exploration de la pertinence du concept de « mode d'habiter » comme évaluateur du bien-être et de la durabilité, du double point de vue des individus habitant et des espaces habités, est devenu central.

L'objet de cette recherche a donc consisté à tenter, d'une part d'identifier et de qualifier le système dynamique des interactions sociétés/natures spécifiques des milieux de vie de la ville contemporaine post-industrielle par une recherche exploratoire sur les relations entre les « natures » (plutôt que les formes urbaines) d'une ville régionale (Rouen), et les représentations et pratiques habitantes de cette naturalité (les « modes d'habiter » plutôt que les modes de vie) ; d'autre part de les articuler aux deux échelles d'analyse appréhendées : l'ensemble spatial complexe de l'agglomération de Rouen et trois micro quartiers (« La gare », « Le temps perdu », « La zone verte ») choisis comme archétypes des milieux de vie *intra* urbains de cet espace urbain (*cf. figure 1*).

UNE MÉTHODOLOGIE VALORISANT LE CROISEMENT DES OUTILS ET DES COMPÉTENCES DISCIPLINAIRES

La question de la méthodologie a d'emblée été portée au cœur de notre démarche. La prééminence de ce questionnement tient à trois raisons majeures : la complexité de l'urbain, la nouveauté d'une approche centrée sur l'individu/habitant (en géographie à grande échelle et en architecture à moyenne et petite échelle) et la volonté de construire une interdisciplinarité pragmatique et réflexive toute entière orientée par les problèmes à résoudre pas à pas.

En raison des proximités existantes entre géographie et architecture, un travail simplement pluridisciplinaire peut aisément se concevoir, mais notre objectif était d'aller au-delà d'un simple travail en parallèle pour intégrer les deux démarches dans un même cheminement théorique et pratique. Le double postulat de complexité (celle de l'objet et celle de la démarche de recherche) nous inscrivait d'emblée dans le courant de l'analyse systémique (Le Moigne, 1990), mais surtout dans celui qui est à l'origine de la création de la revue *Natures Sciences Sociétés* (M. Jollivet, 1992) en privilégiant la posture de Jean-Marie Legay (1997) en faveur de l'indiscipline et de la réflexion sur le modèle et l'expérience. Il s'agissait avant tout, non pas d'arriver à une résolution systémique de notre questionnement sur les rapports

Rouen et son agglomération :
Trois micro-sites ont été définis à l'issue d'une analyse portant sur les formes objectives des rapports sociétés/nature dans l'espace intra-urbain. Ils ont été retenus en fonction, notamment, des contraintes dans les pratiques et les représentations de la ville et des milieux de vie dont ils pouvaient être porteurs et par le souci de couvrir plusieurs profits sociaux et plusieurs formes d'habitat, c'est-à-dire différents types de milieux géographiques. Ces trois micro-sites sont :

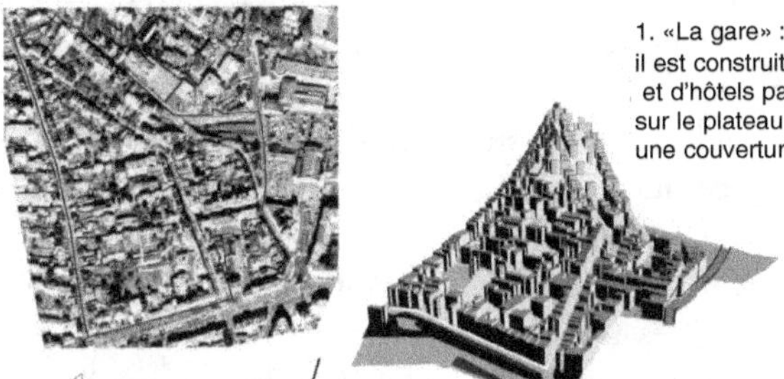

1. «La gare» : situé au dessus de la gare ferroviaire, il est construit d'immeubles de villes du XIXe siècle et d'hôtels particuliers. Couloirs d'accès à l'université sur le plateau Nord, les intérieurs d'îlots abritent une couverture végétale exceptionnelle.

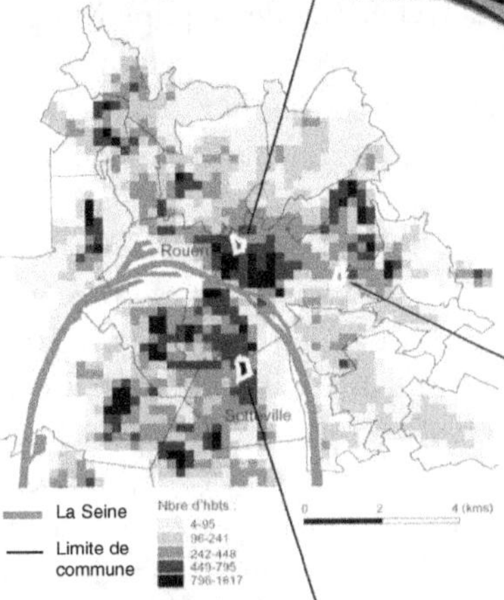

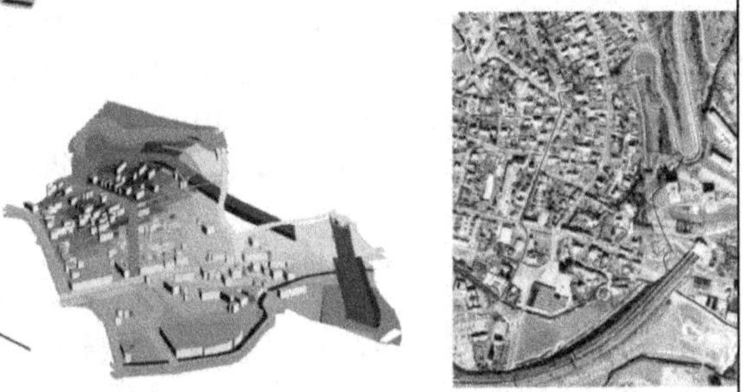

2. «Le temps perdu» : zone pavillonnaire construite entre 1900 et 1980, ce site est situé à l'endroit d'une ancienne barrière d'octroi, au débouché d'un vallon sec. À la périphérie de la ville, il bénéficie d'un cadre verdoyant et d'un environnement agréable, si ce n'était la proximité d'une des autoroutes de contournement de l'agglomération.

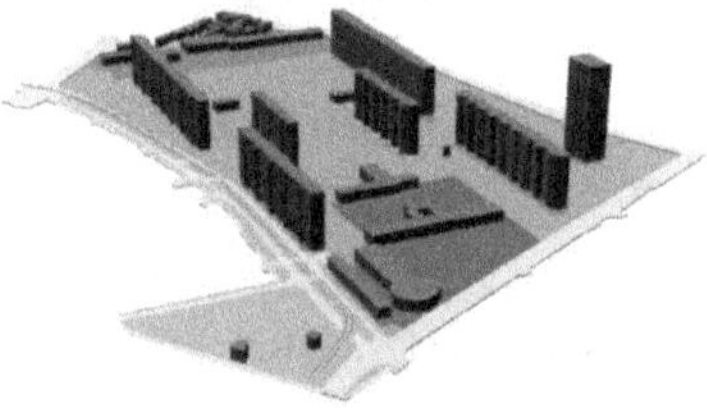

3. «La zone verte» : grand ensemble construit en 1950 par M. Lods selon les préceptes de la Charte d'Athènes et complété en 1970, les immeubles les plus anciens sont en copropriétés et les plus récents en HLM.Ils s'organisent autour d'un vaste espace vert isolé du reste de la ville et qui donne son nom à cet îlot.

Nombre de biographies par site : 8 d'au moins 3 heures et souvent plusieurs visites, couples, familles avec enfants et quelques célibataires. L'objectif de ces récits est d'embrasser les pratiques et les représentations de l'actuel logement dans son contexte urbain, mais aussi celles des logements précédemment occupés, et ce jusqu'au premier.

D'après les données sources IGN, cadastre   W. Hucy, 2002

Figure 1. Les micro-sites

société/nature en milieu urbain, mais plutôt de construire une méthodologie d'analyse selon les principes de la systémique. Ainsi nous pouvions combiner les différents points de vue et les différentes échelles d'analyse en amont et au fur et à mesure de la recherche. Une démarche systémique, par le biais des effets retour (*feed-back*), permettait aussi de faire évoluer notre méthodologie en fonction des difficultés rencontrées sans pour autant remettre en cause ses fondements.

Ce schéma initial construit autour de l'interrogation de la relation individu/nature – citadin/matérialité est transversal aux « intérêts disciplinaires ». Il ne représente pas directement la méthodologie à suivre, mais plutôt son squelette théorique qui peut supporter des ajustements liés à la pratique de recherche. Il s'articule principalement autour d'une hiérarchie scalaire et médiante et autour des effets de rétroaction entre objectif et subjectif, matériel et idéel. Ce va-et-vient méthodologique entre analyse de l'objectif et du subjectif, du matériel et de l'idéel, est un des principes essentiels – parce que partagé par les architectes et les géographes – de notre démarche.

En définitive, la méthodologie se caractérise par la mobilisation parallèle et croisée des méthodes et compétences des trois postures de recherche : 1. l'analyse spatiale quantitative et modélisatrice prolongeant les recherches de l'équipe MTG à Rouen (Y. Guermond, dans ce livre) et réalisée à l'échelle de l'agglomération (W. Hucy, 2002) ; 2. une méthode d'analyse quasi anthropologique des rapports représentations/pratiques de la nature des habitants prolongeant les recherches du collectif nature dans la ville de Ladyss (N. Mathieu *et al.*, 1997 ; N. Mathieu, 2000) réalisée à l'échelle des trois micro quartiers (W. Hucy, 2002 ; N. Mathieu, W. Hucy *et al.* 2004) ; 3. enfin de l'analyse « sensiographique » des architectes (parcours pédestre) qui ont affiné à cette occasion une méthodologie expérimentée dans d'autres villes (Drôles de Trames, 2002). Les trois cultures scientifiques, celle de la modélisation, celle d'une anthropo-géographie, enfin celle des architectes « constructeurs », ont pu s'articuler autour de la problématique partagée : la durabilité des milieux urbains passe par l'interrogation sur la naturalité/matérialité de l'espace urbain et doit être évaluée à l'aune du bien-être de l'habitant, dans tous ses lieux de vie, soutenue par l'intérêt commun pour l'appréhension des systèmes complexes.

Analyse spatiale quantitative et modélisatrice : les « natures » dans l'agglomération rouennaise

Le premier mouvement de notre méthodologie consiste donc dans l'analyse de la composante naturelle des milieux géographiques urbains et dans la distinction des relations objectives entre celle-ci et les populations humaines résidentes. Construction de données « natures » géoréférencées, introduction dans un SIG, traitements cartographiques, modélisation caractérisent cette phase réalisée à l'échelle de l'agglomération (W. Hucy, 2002).

En raison de l'absence quasi totale d'études sur la matérialité naturelle de la ville, la première étape fut l'acquisition d'informations et de données sur cet objet à la suite de réflexions communes menées par les géographes et les architectes (ces derniers nous ont offert une approche plus spécifique sur les matériaux de construction et d'aménagement mais aussi sur les formes végétales et leurs usages).

En s'inscrivant dans le prolongement des recherches d'analyse spatiale de MTG, W. Hucy a donc procédé à une qualification et un recensement des éléments naturels ainsi qu'à l'analyse de leur répartition dans l'espace de l'agglomération rouennaise. En effet, en termes d'analyse urbaine, le site de l'agglomération rouennaise bénéficie d'une tradition assez ancienne qui permet d'en faire quasiment un observatoire de l'évolution urbaine (Y. Guermond, dans ce livre) où sont disponibles bon nombre d'informations et de données suivies dans le temps. L'existence d'une telle base nous permettait donc de disposer d'un fond de données important[6] d'une part, et, d'autre part, d'études socio spatiales de type plus traditionnel sur lesquels nous pouvions appuyer l'évaluation de nos résultats. Dans le souci de pouvoir confronter ces données à celles dont on disposait déjà sur les populations humaines urbaines l'outil d'analyse retenu a été le Système d'information géographique (SIG) qui nous permet de construire une base de données géo-référencées et autorise des croisements spatiaux et statistiques localisés au sein d'un carroyage unique[7]. C'est par ce moyen que nous avons analysé les relations « objectives » qui peuvent se nouer entre les citadins et la matérialité naturelle de leur habitat. L'analyse des croisements spatiaux et statistiques entre les données sur les citadins et celles sur la nature, apporte une information mathématique et chorologique. Les résultats ainsi obtenus offrent un état des lieux objectifs des phénomènes naturels et de leur mise en rapport avec les populations humaines dans l'espace urbain. Le versant matériel, objectif du concept de mode d'habiter est ainsi instruit.

Anthropologie géographique : cultures de la nature et rapports aux lieux de vie des habitants

La seconde orientation méthodologique développe une approche cognitive au sens large des citadins en tant que sujet et acteur des processus individuels (familiaux ou de « ménages ») qui intègrent la matérialité de la ville dans l'élaboration des milieux géographiques urbains. Elle a pour objectif d'instruire le versant individuel, sensoriel et subjectif auquel renvoie le concept de modes d'habiter (habitant). C'est-à-dire que se pose la question du parcours individuel de l'enquêté, non pour éclairer sa spécificité mais pour le restituer dans un contexte culturel et géographique donné que sa seule localisation urbaine, ou sa fiche d'état civil, même enrichie, ne saurait fournir[8]. D'où une méthode d'analyse quasi anthropologique à l'échelle de l'individu-sujet et des habitants des trois micro-quartiers. L'observation flottante, les entretiens non directifs répétés dans les lieux de vie des enquêtés (*in situ*) sont des

---

6. Travailler sur les rapports société/nature implique de disposer d'indicateur des deux parties. La quasi-absence de données quantifiées sur les différents indicateurs de nature que nous avions retenus nous imposait de les créer. La possibilité de disposer d'un fond important de données sociales nous a donc permis d'économiser un temps précieux pour la création de ces nouveaux indicateurs de nature.

7. Le premier avantage de cette méthode est de disposer de toutes les données dans un même découpage spatial, ce qui permet de les croiser plus facilement de manière verticale, mais aussi horizontale, du fait que l'on s'affranchit ainsi de toute détermination morpho-spatiale individuelle. Nous avons retenu un pas qui conserve la pertinence de chaque donnée et qui ne soit pas en résonance avec la configuration spatiale d'un indicateur particulier (carreau de 250 m). Le second avantage est plus intéressé car le carroyage nous permet de disposer à l'échelle la plus petite, celle de l'îlot, des données du RGP (Recensement général de la population) de l'Insee. En effet, pour des raisons de confidentialité, la Cnil n'autorise l'utilisation de ces informations que filtrées.

8. La représentativité de ces personnes sera finalement fonction de la configuration naturelle de leur milieu de vie. En effet, dans une optique systémique nous devons concevoir ce volet en confrontation avec le premier. Ainsi, la représentativité des individus interrogés se fera dans leur implication dans un (ou plusieurs) milieu géographique urbain type, comme valeur de la société qui y est intégrée.

outils permettant d'identifier le poids des cultures de la nature dans l'attribution de valeurs aux lieux et milieux de vie, de cerner les décalages entre les représentations du bien être et les pratiques habitantes. La dimension subjective et idéelle des rapports société/nature est ainsi confrontée aux configurations matérielles sur lesquelles s'exercent ces pratiques habitantes. Esquissée dans les premières recherches des chercheurs du Ladyss, elle a débouché sur un outil que nous avons dénommé « biographies résidentielles » ou « récits de lieux de vie » (N. Mathieu, W. Hucy *et al.* 2004). Il consiste en la conduite d'entretiens géographiques auprès d'habitants de substrats naturels[9] *intra* urbains types. Au travers des biographies résidentielles qui sont ainsi recueillies sont analysées leurs pratiques et leurs représentations de la matérialité dans leur milieu de vie. Les milieux de vie étant recentrés sur le logement (intérieur et extérieur).

Analyse « sensiographique » des architectes

Les architectes ont affiné, à cette occasion et dans le dialogue avec les géographes, une méthodologie expérimentée dans d'autres villes qui se fonde sur un outil : le « parcours pédestre » (Drôles de Trames, 2002). Refusant de se limiter dans leur usage des sciences sociales aux quelques éléments peu appropriables de leur formation en architecture, les architectes préconisent en quelque sorte une immersion dans le tissu social et spatial d'une ville reposant sur l'expérience empirique et sensiographique des milieux *intra* urbains. Leur proposition était donc de ré explorer la ville en se plaçant dans le point de vue d'un sujet ordinaire au centre des formes (architecturales) urbaines passées et présentes. Ceci pour les mettre à l'épreuve de l'expérience de ses sens, de la qualité de son habitat. Les sens sont considérés comme le lien entre notre raison émotive et notre environnement ; c'est un legs de la nature et ils fonctionnent sur les principes du vivant, c'est-à-dire ceux de l'échange. Grâce à eux, l'expérience cognitive est possible, il s'agit de réapprendre la ville, comme Candide, en la parcourant sous l'angle du banal et du quotidien, débarrassé des nécessités et des produits de substitution. Il était ainsi supposé que la mise en situation du sujet sensible permette de faire l'expérience de l'environnement urbain et de mesurer l'écart entre les représentations de la ville et la réalité du vécu. Les parcours pédestres ont eu un rôle dans le choix des microsites mais ils ont aussi servi de contrepoint « du dehors » aux biographies résidentielles dont le centre était le « dedans » du lieu habité.

Ainsi le croisement des méthodologies devait d'abord permettre l'évaluation de la réalité et de l'ampleur de l'effacement de la nature dans la pratique et les représentations des milieux urbains. Il devait permettre ensuite, à un second niveau, d'interroger l'importance de la nature dans les milieux géographiques urbains ainsi que dans les milieux de vie pour leur construction, leur identification, leur mise en

---

9. Pour faire du concept de nature un objet de recherche opératoire, nous avons été amené à distinguer trois catégories d'éléments naturels : la nature sauvage, la nature domestique et la nature de l'*artefact*. Ces catégories rendent compte du degré d'interactions entre les sphères biophysiques et les activités humaines. La première est celle où il est le moindre, la dernière où il est le plus important. Un substrat naturel représente un ensemble cohérent (un type) des éléments de ces trois catégories.

valeur et leur reproduction. Enfin, au niveau le plus élevé de la hiérarchie systémique dans laquelle s'inscrit la recherche, son objectif, à travers cette interrogation cognitive des citadins dans leurs représentations et leurs pratiques de la nature, de mettre au jour l'existence de cultures de la nature spécifiques des modes d'habiter la ville au regard de la question de la durabilité des milieux urbains.

La hiérarchisation scalaire participe, quant à elle, d'un double principe systémique ; à la fois le principe de hiérarchie bien sûr, mais aussi le principe d'effet retour. En effet elle consiste, dans notre démarche, à permettre une analyse des composantes naturelles des milieux urbains et de leurs interrelations avec les sociétés urbaines tant à l'échelle de l'agglomération elle-même qu'à celle d'un milieu à proprement parler et ce jusqu'au milieu de vie individualisé de chaque citadin.

L'interdisciplinarité à l'épreuve du choix des microsites

La ville se présente comme un système complexe composé d'objets complexes. Prendre l'un d'eux pour objet d'analyse nous renvoie à cette organisation systémique dans toutes ses dimensions. Dès lors, la mise en œuvre d'une méthodologie d'expérimentation se trouve directement confrontée à cette multidimensionalité que nous avons synthétisée ici, à un niveau hiérarchique supérieur, sous les notions d'objectivité et de subjectivité de la nature dans le milieu urbain. De par sa conception et sa tenue, notre méthodologie fait donc aussi office d'hypothèse, non plus au regard de l'objet précis de notre recherche, mais dans la perspective plus générale de l'instruction de la « ville durable ».

Dans cette perspective, le choix du site d'expérimentation s'est avéré déterminant. L'agglomération rouennaise présente une configuration environnementale particulièrement intéressante par les profils exacerbés qu'elle peut présenter. Pour schématiser, on peut dire qu'à une « nature sauvage » englobante s'oppose une « nature de l'*artefact* » omniprésente et réputée polluante tandis que les formes de « nature domestique » se font très discrètes. On note ainsi une quasi absence d'espaces verts publics même si, en périphérie, les jardins privés sont verdoyants (fermés par des cloisons opaques, ils ne le sont que pour leur propriétaire). La nature domestique est quelque chose de caché. À l'inverse, s'étalent sur tout le pourtour de l'agglomération d'importantes forêts domaniales qui forment une ceinture verte quasi complète. C'est un sanctuaire de la nature sauvage. Enfin, la ville est fortement marquée par une activité industrielle lourde, potentiellement dangereuse et certainement polluante. Rouen et ses zones industrielles internes à l'agglomération concentrent près de la moitié des sites classés Seveso de la basse vallée de Seine. Avec son site en cuvette, nombre des fumées que dégagent raffineries et autres usines de productions d'engrais stagnent dans l'atmosphère de la ville. Ce problème de pollution n'a pas pour seule origine l'activité industrielle mais elle est peut être la plus « visible ».

Enfin, l'intérêt architectural et urbanistique de l'agglomération rouennaise tient aux formes de son développement. On retrouve, encore très présentes au centre ville, les formes de la ville médiévale. Un centre ville fracturé et étendu selon les principes haussmanniens mais aussi par la coupure de la Seine et des infrastructures ferroviaires et autoroutières. Pour le reste de l'agglomération, l'espace se divise entre les fonds de vallées dévolus aux industries et aux logements populaires, espaces marqués par de constants renouvellements sur les friches industrielles et espaces fortement marqués par la dernière guerre mondiale. Par ailleurs, sur les plateaux s'étalent depuis la fin du XIXe siècle, les résidences des CS (catégories socioprofessionnelles) moyennes et supérieures. Ces plateaux sont aussi marqués par de grands ensembles qui se présentent comme de véritables bastions sur leur éperon avançant sur la vallée de Seine. Bref, on retrouve dans cette agglomération quasiment toutes les formes d'architecture dans un contexte urbanistique marqué par de constants remodelages et des contraintes de site et d'activité très importantes.

Dans un premier temps, notre préoccupation fut d'essayer de couvrir l'ensemble des principaux types de prémisses de milieux géographiques *intra* urbains mis au jour lors de la phase d'analyse spatiale. Nous avions dénombré sept types majeurs et une catégorie intermédiaire présentant une grande confusion interne (W. Hucy, 2002). Nos exigences de qualité et les contingences matérielles et temporelles nous ont poussés à ramener notre choix à seulement trois d'entre eux.

Si, au départ, nos critères de sélection de ces microsites semblaient relativement clairs et explicites, cette nécessaire restriction nous a amenés à les réexaminer avec acuité. Une acuité rendue d'autant plus nécessaire que cette réduction du nombre de sites d'expérimentation nous a obligé à resserrer notre conception et surtout notre pratique de l'interdisciplinarité. Ne choisir que trois sites signifiait qu'ils devaient absolument avoir la même pertinence pour les architectes et les géographes ce qui présentait un fort potentiel de conflits. À ce stade, nous avons donc dû chacun reformuler nos attentes et nos hypothèses en relevant celles qui relevaient spécifiquement de nos disciplines et de nos pratiques respectives.

C'est ainsi, paradoxalement, à partir des critères disciplinaires particuliers, que nous avons élaboré un choix véritablement interdisciplinaire. Cette issue achoppait essentiellement sur des points communs « éthiques » et « analytiques » évidents.

Pour les architectes, les microsites retenus devaient être choisis en fonction du caractère stratégique de leur situation, de façon à ce que le piéton (simulé lors des parcours sensiographiques), dans ses parcours quotidiens, soit confronté aux ruptures de la ville contemporaine, c'est-à-dire que l'on doit y retrouver les limites internes de la ville : ruptures d'échelles et de déplacement, changement de types de bâti et de substrats naturels, coupures urbaines, etc.. Limites que nous, géographes, supposons coïncider avec celles des milieux géographiques *intra* urbains.

Pour les géographes, il devait être nécessaire que les microsites suivent un gradient depuis l'hyper centre jusqu'à la périphérie tout en restant dans les limites de ce que nous avons défini comme étant l'*intra* urbain[10]. Au-delà de l'analyse des prémisses de milieux géographiques, ces microsites devaient avoir une cohérence spatiale tant interne qu'externe. Leur situation doit offrir les moyens d'une analyse trans- et interscalaire pour pouvoir confronter la configuration particulière de ces

---

10. *Cf. op. cit.* Hucy, 2002.

microsites à l'espace urbain dans sa globalité et aux résultats de leur analyse « objective ».

Au final, l'échantillonnage des microsites (*cf. figure 1*) repose sur un compromis dans lequel ce sont peut-être les géographes qui ont fait le plus de concessions. Peut-être est-ce aussi une question de rapports entre le monde professionnel appliqué et le monde de la recherche universitaire ? De fait, par exemple, le gradient centre/périphérie n'est pas respecté de manière linéaire même si on passe du péricentral (quartier gare) aux limites de l'urbanité (quartier du temps perdu). La zone verte représentant une « forme » intermédiaire. Pourtant, leur faible extension a permis de conserver une certaine cohérence interne (unité spatiale élémentaire) tout en étant le plus souvent délimité par des ruptures marquées avec les autres milieux (changement de bâti, axe autoroutier, bois, tramway…). Ces ruptures répondant aux exigences des architectes.

Les microsites une fois choisis ont été la base commune des investigations de tous les chercheurs en vue d'une appréhension à hauteur d'homme de leurs milieux de vie, des substrats naturels et des milieux géographiques *intra* urbains. Au regard de nos hypothèses méthodologiques, les conditions de durabilité d'un milieu sont, peut-être avant toute chose, une question d'éthique individuelle, non pas du chercheur, mais des individus acteurs du milieu. Interroger ce que peut être la durabilité urbaine passe donc en premier lieu par ce niveau élémentaire ; celui des substrats naturels et des individus qui les habitent.

RÉSULTATS : DE LA VILLE AUX MILIEUX HABITÉS

C'est peut-être à ce stade de nos travaux que nous avons pleinement fait jouer l'interdisciplinarité. Passées les difficultés de l'élaboration et de la mise en œuvre collective de la méthodologie, c'est sur le terrain et dans la pratique analytique que se sont révélées nos interpénétrations disciplinaires.

Du fait de son caractère exploratoire et pluridisciplinaire rendu possible par le financement de l'ACIV, la recherche a eu des résultats ressentis originaux et positifs pour les géographes comme pour les architectes : avancées théoriques du côté de la géographie, changement de paradigme d'action du côté des architectes, apport théorique et fonctionnel de la pratique interdisciplinaire pour tous. De cet ensemble de résultats souvent innovants, ne seront présentés ici que les plus saillants aux deux niveaux d'analyse : l'échelle de l'agglomération ; l'échelle des sites et des individus habitants. Dans le premier l'articulation interdisciplinaire part de la géographie pour aller vers l'architecture tandis que au niveau des microsites depuis les architectes vers les géographes (c'est un échange autant disciplinaire qu'humain).

À l'échelle de l'agglomération de Rouen : dans tout espace urbain il n'y a pas une, mais plusieurs natures

En réinvestissant la notion de nature pour en faire un concept opérationnel pour la recherche urbaine et, plus largement, pour l'analyse des interactions société/nature, nous avons déconstruit l'idée de « nature en ville » non seulement en rompant avec l'idée de la « bienfaisante nature » (espaces verts, parcs et pelouses), mais aussi en identifiant, par un effort théorique, les différentes catégories de nature qui pouvaient être décrites dans l'agglomération rouennaise (*cf. figure 2*).

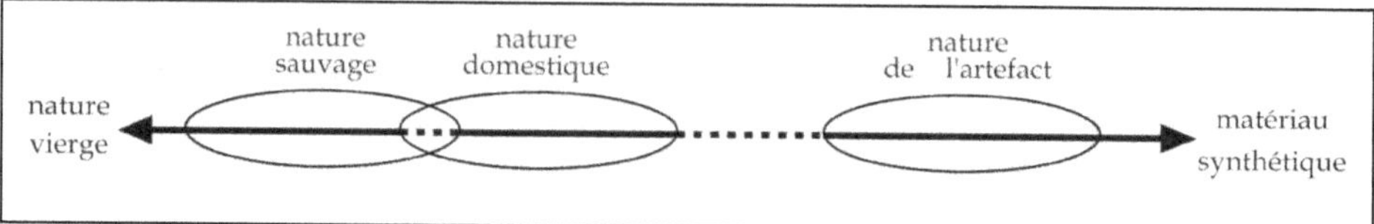

Figure 2. Catégories de nature

La ville est le lieu de l'artificialité. Pourtant la distinction entre nature et artifice y est indécidable. L'artificialisation de la nature répond à la naturalisation des artifices. Toute matérialité, que ce soit un objet ou un phénomène, qu'il soit vivant ou non, est un élément naturel, comprend nécessairement artificialité et naturalité, et ce d'autant plus en milieu urbain. Il nous a fallu, pour la « mesurer », définir des degrés ou des niveaux d'intersections entre ces deux pôles. C'est à partir de ces catégories de nature que nous avons pu définir des indicateurs (*cf. figure 3*) pour nous permettre de mesurer la répartition et la quantité d'éléments naturels présent dans l'espace urbain.

Trois catégories de nature ont été distinguées : 1. la « nature Sauvage » est une nature très peu soumise à l'influence humaine. Dans un milieu où l'homme domine jusqu'à la forme et la structure de l'environnement, cette catégorie est, dans les représentations dominantes, absente de l'espace urbain. Pourtant, elle est identifiable si l'on considère que le caractère sauvage est conditionné, non pas par une « virginité » au sens propre, mais plutôt par le fait que ni l'existence, ni la localisation de ces éléments naturels ne sont subordonnés à une activité anthropique volontaire (ou non). On peut citer comme appartenant à cette catégorie, le site, la météorologie ou les espèces endogènes et conquérantes ; 2. la « nature Domestique » est définie par les éléments qui sont soumis à l'usage et au vouloir de l'homme à travers les choix, la sélection ou le dressage des espèces et des objets. Les exemples types sont les animaux domestiques et les plantes d'ornement, mais cela peut aussi être les cours d'eau endigués, etc. ; 3. la « nature de l'*artefact* » est une catégorie de nature plus spécifique à l'espace urbain. Ce sont des phénomènes ou objets qui ne peuvent être qu'en raison de l'association entre éléments naturels et éléments artificiels ou synthétiques. Leur existence est généralement le produit d'un surdéveloppement de l'artificialité. Les cas les plus extrêmes sont ces catastrophes que l'on dit « naturelles » (inondations urbaines, chutes de neige et circulation…), mais c'est aussi la pollution atmosphérique, les infestations de parasites (cafards) ou la dégradation des matériaux de construction.

Au-delà de l'outil de mesure, ces cartographies ouvrent sur une nouvelle géographie interne de la ville, débarrassée des lissages induits par les découpages administratifs, sociaux ou fonctionnalistes, offrant de nouvelles perspectives pour comprendre la complexité de l'espace *intra* urbain. L'espace urbain est donc un ensemble de « milieux » qui s'organise de manière non pas autonome mais en interaction, en superposition ou en réaction avec les structures artificielles et sociales connues. La combinaison particulière dans un espace et un temps donnés d'objets et de phénomènes appartenant à ces trois catégories de nature forme ce que nous avons appelé des « substrats naturels » dont la répartition offre une nouvelle représentation (image) « objective » de l'espace urbain et *intra* urbain.

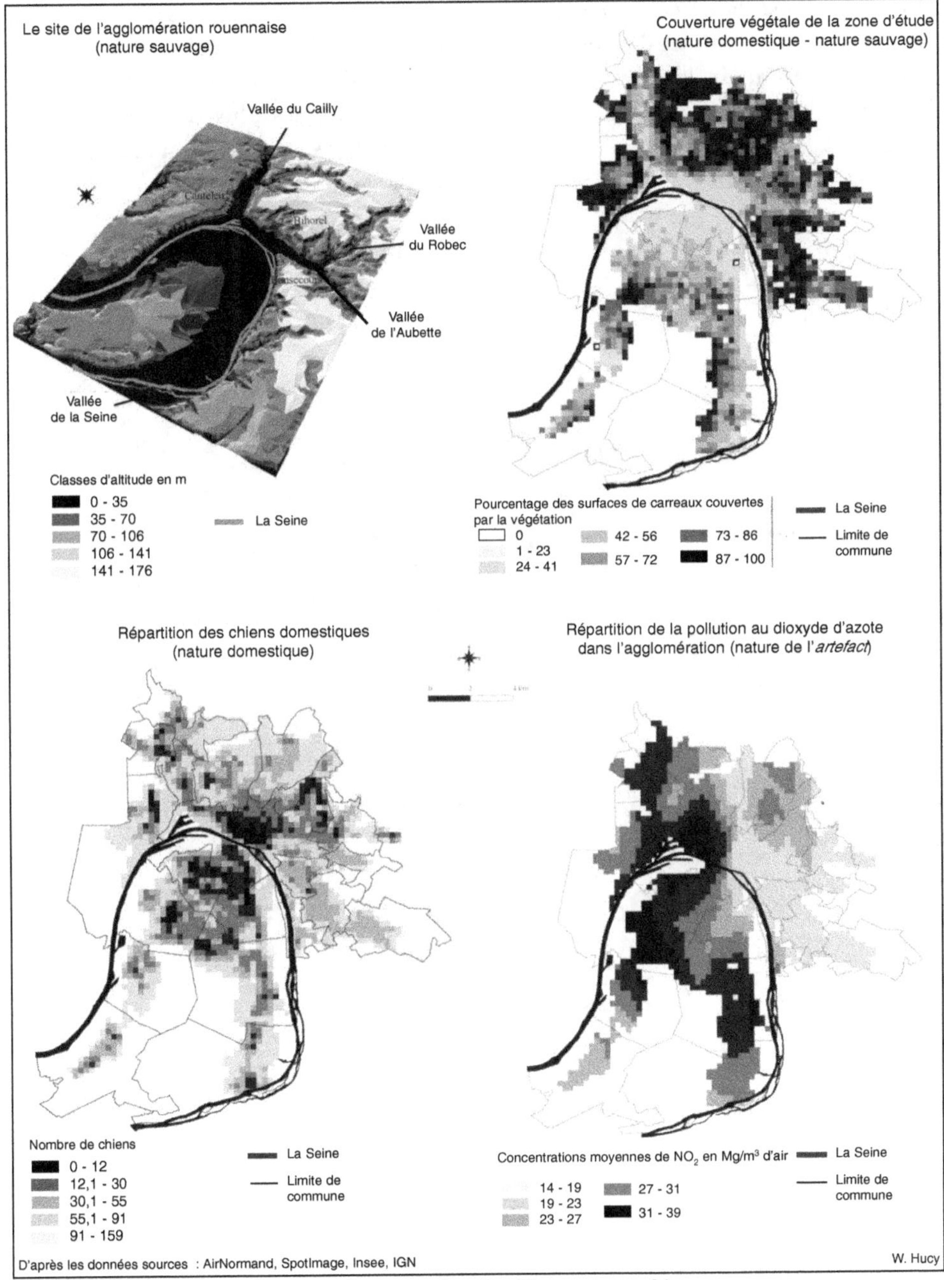

Figure 3. Indicateurs de nature dans la ville - cartographie par carroyage

Une mosaïque de milieux intégrée à la structuration spatiale générale

Paradoxalement, à l'échelle de l'agglomération, décrire la ville dans sa naturalité ne modifie pas son organisation spatiale dans une structuration géographique classique (centre, périphérie, zones sous le vent, zones industrielles…), à l'exception d'une nouvelle forme en lanière mais qui peut aussi s'apparenter à un simple gradient (*cf. figures 4*). Ainsi, la coïncidence entre organisation sociale et organisation naturelle serait la preuve d'une co-localisation des inégalités sociales et écologiques. Mais la complexification de l'analyse par les « catégories de nature » débouche sur une interprétation plus complexe. Ainsi, si les populations les plus pauvres sont plus exposées à la pollution atmosphérique (*cf. tableau 1*), ce sont elles qui disposent (en terme absolu) des plus grandes surfaces végétalisées.

Chaque valeur de gris représente un type de substrat naturel distinct défini après classification des valeurs des indicateurs de chaque catégorie de nature dans chaque carreau de la zone d'étude.

En fait, c'est à l'échelle micro que la mesure et la cartographie des indicateurs révèlent une structuration « éclatée » en une mosaïque de micro milieux de l'ensemble de l'agglomération mais aussi de chaque sous-ensemble du système spatial *intra* urbain antérieurement identifié. On observe en effet de nombreuses discontinuités à l'intérieur des formes spatiales classiques non seulement lorsque l'on cartographie les seuls éléments et substrats naturels, mais aussi lorsque l'on confronte ces données avec les indicateurs de nature.

Objectivement, dans leurs interactions et leur combinaison, sociétés et natures s'organisent de manière (micro- ?) fragmentée. Ces résultats tendent à montrer la réalité de milieux que même l'artificialité ne saurait unifier. Il n'y a pas un milieu urbain mais des milieux *intra* urbains, dont la structuration globale ne serait pas perceptible à l'échelle des habitants.

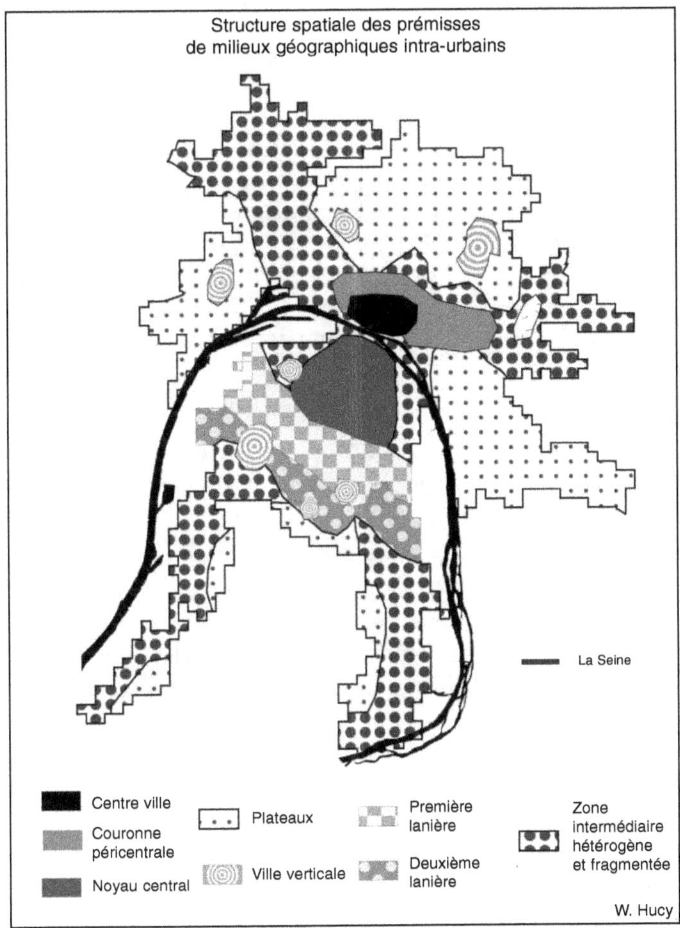

Figures 4 (ci-contre et ci-dessus). Natures de la ville : permanence des formes structurantes à l'échelle de l'agglomération - fragmentation spatiale des milieux

Tableau 1. Taux moyen de NO$_2$ par carreau en mg/m³ d'air

	Proportion de la classe considérée supérieure à :				
	5 %	25 %	50 %	75 %	95 %
Ouvriers	24,1	25	26,1	26,3	26,5
Ouvriers et employés	24	24,1	24,8	25,5	25,5
Cadres	23,1	22,3	21,2	20,3	21,2
Cadres et professions intermédiaires	23,9	23,2	22,8	22,6	23,3
Location HLM	24,7	25,8	26,4	26,5	26,7
Location non HLM	24	24,2	22,9	22,1	22
Propriétaires	23,8	23,5	22,7	21,8	21,9

Taux moyen de NO$_2$ en mg/m³ d'air : 23,93

D'après les données sources de l'Insee et d'Air Normand. W. Hucy, UMR Idees & Ladyss

Du côté des lieux habités (échelle des microsites) une durabilité indéterminée

Le croisement des points de vue des architectes (évaluation des formes du « dehors », parcours sensibles) et des géographes (récits de lieux de vie depuis le « dedans ») dans les trois sites a fourni les bases indispensables pour tester la pertinence du concept de « mode d'habiter », tant du côté de la qualité des lieux habités que de celui des comportements « écologiques » des habitants.

Les trois micro-sites (*cf. figure 1*) sont en fait des types génériques de milieux *intra* urbain : grand ensemble et habitat social, petits immeubles de villes, habitat pavillonnaire. On les retrouve en effet dans l'autre programme du Ladyss qui a été mené en parallèle à Paris (N. Blanc *et al.*, 2003). Dans la littérature scientifique comme dans la sphère des aménageurs et des urbanistes, l'habitat pavillonnaire et l'habitat social, avec des arguments qui s'opposent, sont les deux formes urbaines sur lesquelles pèsent le plus un soupçon d'inhabitable ou d'insoutenable : le pavillonnaire pour l'étalement urbain qu'il provoque, voire l'individualisme et la faible sociabilité ; l'habitat social pour sa faible « qualité environnementale » et le cloisonnement social qu'il génère. Mais notre évaluation des qualités des trois microsites du point de vue de leur durabilité se devait d'aller au-delà du registre des opinions et des représentations dominantes.

Les architectes ont construit une méthode d'évaluation nouvelle de la durabilité d'un quartier non seulement parce qu'il est appréhendé comme un ensemble dans lequel les « natures » et leurs dynamiques sont présentes mais aussi parce que les formes « du dehors » sont regardées depuis le dedans. Après application, ils considèrent que le seul micro quartier pour lequel on peut faire l'hypothèse d'acceptabilité sociale à long terme, dans son articulation avec les milieux environnants, est « La zone verte », grand ensemble construit dans les années cinquante par M. Lods selon les principes de la Charte d'Athènes et qui, aujourd'hui pourtant dévalorisé dans les discours, est « transformable », en fonction de ses propriétés de mobilité (mutation) internes et externes.

Vers une théorisation des comportements écologiques des citadins

À partir de l'analyse des pratiques et des représentations de la nature des habitants de ces trois sites nous avons pu distinguer quatre grand types de modes d'habiter la ville du point de vue des habitants. Ils sont caractérisés par des degrés de « conscience écologique » et de « sensibilité » aux lieux et milieux urbains, par des stratégies pour réduire l'écart entre habitat rêvé et habitat réel, stratégies mentales qui agissent sur les comportements et pratiques des individus-habitants et ont un effet environnemental dont ils ont plus ou moins la conscience d'une responsabilité.

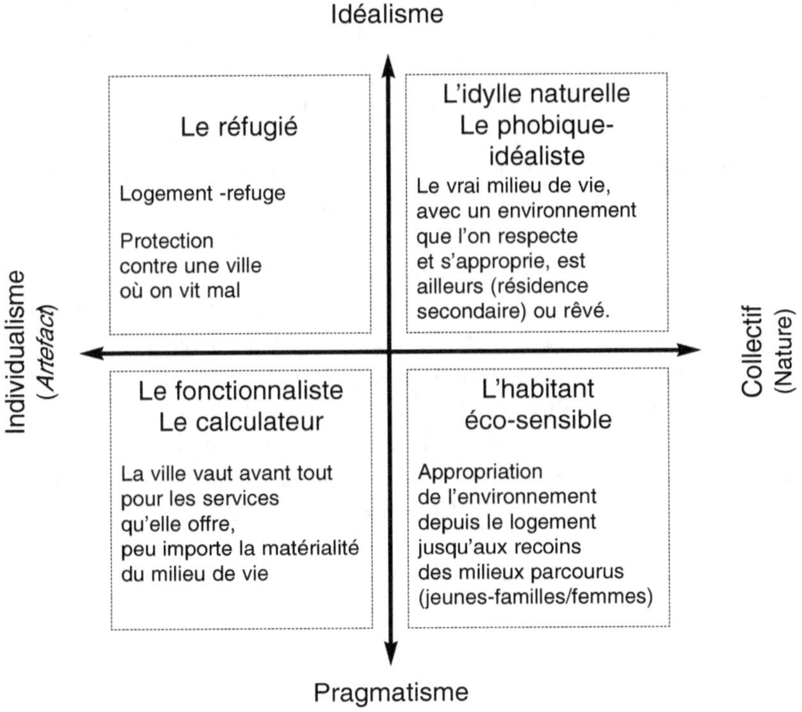

Figure 5. Typologie des habitants urbains

Ces types s'organisent selon le schéma précédent (*cf. figure 5*) :

– le réfugié fait de son logement une cellule protégée contre un environnement extérieur considéré comme hostile. Ce type regroupe des personnes qui, en général, n'ont pas eu le libre choix ni de leur logement, ni de sa localisation (appartement en HLM). Il y a tout d'abord un rejet de cette forme de logement qui, selon les cas, va s'étendre au quartier, aux autres habitants qui ne partagent pas le même mode de vie, et enfin, à la ville. Celle-ci est considérée comme une source de maux matérialisée dans ses constructions, ses artifices. Dans les pratiques, cela se traduit par une minimisation des rapports avec le milieu englobant. De fait, le milieu de vie va donc se réduire au seul logement, voire à une seule pièce. Cela ne se traduira pas nécessairement par une réelle appropriation de cet espace, mais plutôt par sa fermeture. On a aussi une idéalisation angélique de la nature (une nature sauvage) qui est projetée sur les espaces ruraux ou, parfois de manière extrême, sur un ou des animaux domestiques ;

– le fonctionnaliste, ou le calculateur, fait de la ville un espace ultra fonctionnel ; cela peut paraître évident, mais, pour certains, l'espace urbain n'est qu'un lieu qui maximise les fonctionnalités et l'accès aux services. Moins qu'un milieu, c'est un endroit qui permet de vivre le mieux possible. Il ne se réduit donc pas au seul logement, mais va pouvoir s'apparenter à tous les lieux du quotidien. On doit ici parler d'espace vital plus que de milieu de vie. Bien que plus prononcé dans les modes d'habiter de la gent masculine, ce type de rapport concerne aussi des femmes. On suppose alors que la définition des lieux ne se fait pas en fonction de leur appropriation matérielle mais fonctionnaliste ; cela se traduit en effet par une quasi absence de la naturalité dans les discours : elle n'est pas niée, elle est effacée ;

– le phobique idéaliste ou « l'idylle naturelle ». La particularité des personnes qui appartiennent à ce type est de se focaliser, dans le milieu urbain, sur les nuisances des natures de l'artefact ou des natures domestiques et de ne relever dans les espaces non urbains (mer, montagne, campagne où ils ont soit un pied-à-terre, soit des habitudes), que les bienfaits des natures sauvages et toujours domestiques. Il n'y a pas de connotation mauvaise de l'environnement urbain mais ce n'est pas sa naturalité qui prime, mais plutôt sa fonctionnalité. Pourtant ces personnes aspirent à plus de nature, une nature qu'ils vont chercher à l'extérieur de la ville. Un peu comme un paradis perdu. Il n'y a pas d'angélisme non plus mais plutôt une conscience aiguë d'une certaine inadéquation à moyen et long terme des humains qu'ils sont aux conditions biotiques que leur offre le milieu urbain.

– enfin, le dernier type est l'habitant éco-sensible. Sans que l'on puisse parler d'éco-citoyen, puisqu'il n'y a pas nécessairement de dimension militante dans cette manière d'habiter le milieu, les individus de cette catégorie montrent un intérêt, une sensibilité, aux dynamiques naturelles de leur environnement. Cela peut se traduire par des actions d'améliorations ou de préservation mais aussi, le plus souvent, par une simple conformation ou observation dans le mode d'habiter, des phénomènes, des processus et des éléments naturels qui construisent leur milieu de vie. Cette modalité des rapports à la nature et aux milieux urbains est caractéristique, parmi le panel des personnes interrogées, des femmes n'exerçant pas d'activité professionnelle et qui sont propriétaires de leur logement.

En fait, globalement, peu de personnes semblent véritablement considérer la ville comme un milieu vivable durablement pour l'homme d'autant plus que sa densité est importante, en tout cas, dans l'état actuel de leur milieu de vie. Au travers des rapports à la nature, à la matérialité, la durabilité des milieux urbains transparaît sans cesse, tant sous la forme de références à un héritage, que dans la projection d'un environnement idéal ou, au contraire, « déshumanisant ». La nécessité qu'ont les citadins de s'approprier la matière de leur environnement, mais aussi de s'inscrire dans sa dynamique naturelle, revient sans cesse. Qu'elle soit niée, effacée, idéalisée ou bien comprise, elle est au cœur des processus de qualification et d'appropriation des milieux (géographiques) *intra* urbains, de la construction d'une durabilité qui vienne des habitants.

BILAN

En conclusion nous soulignons les effets positifs que chaque discipline a exercé sur l'autre. Traditionnellement l'architecture est proche de la géographie : la formation comprend des plages communes, nombreux sont les concepts partagés : les architectes comme les géographes empruntent des connaissances et des savoir-faire des uns et des autres. Mais dans cette recherche il y a eu travail discuté, réparti et construit en commun, ce qui a eu des conséquences pour les avancées communes mais aussi pour la conception future du travail de chacun des partenaires.

Géographie et jeux d'échelle : l'analyse interscalaire

L'analyse interscalaire, ou plutôt, la transversalité scalaire de notre méthodologie reprend un des principes fondamentaux de l'analyse géographique. Chaque objet y vaut autant pour son contexte local que global et c'est son positionnement dans ces différents espaces qui va contribuer à forger sa valeur d'objet géographique. Partant du principe de la primauté de l'individu comme échelle élémentaire, il doit être considéré aussi bien dans son habitat que par rapport à l'ensemble de l'agglomération où il réside. De la notion d'individu nous pouvons ainsi passer à celle de groupes sociétaux et à des comportements collectifs dont l'individu pris en compte serait représentatif avant tout par les caractéristiques de son habitat et de son mode d'habiter.

Dans le travail des architectes, tel que nous l'avions appréhendé lors de nos réunions préparatoires, cette notion d'emboîtements d'échelles n'existe qu'à l'état embryonnaire. Les architectes vont ainsi pouvoir considérer au sein d'un même espace des réseaux de circulation ou de distribution qui appartiennent à des espaces englobants. Pour autant, ce n'est finalement que la partie locale de ce réseau qui les intéresse, déclinée en différents niveaux hiérarchiques. Leur analyse ne prend pas en compte les structures spatiales qui ne sont pas complètement comprises dans le site d'étude. Dans le cadre de notre travail, cela rendait impossible toute possibilité de généraliser ou de projeter à l'échelle de l'agglomération les résultats obtenus. Ceux-ci demeuraient un cas particulier valable uniquement pour lui-même.

Le travail interdisciplinaire a donc permis de sortir l'analyse architecturale du particularisme urbanistique. Les géographes ne peuvent considérer les microsites uniquement pour eux-mêmes, en tant que milieux géographiques *intra* urbains, ils sont une unité élémentaire de l'espace urbain, de la ville. L'inscription de notre méthodologie dans une démarche interscalaire permet de repenser la structuration et la hiérarchisation systémique de l'espace *intra* urbain. Il ne peut plus, dès lors, être considéré comme un ensemble unique. Il est un territoire complexe, fragmenté où la durabilité ne peut s'exprimer en termes de solution globale. C'est par une procédure ascendante de reconstitution des connaissances depuis le niveau élémentaire, sans que sa particularité ne soit ni déterminée, ni déterminante, que les conditions durables des modes d'habiter individuels, puis collectifs, peuvent émerger de l'analyse interdisciplinaire.

La géographie ou l'architecture à l'extérieur

Les architectes, dans leur pratique courante, se consacrent principalement au logement, c'est-à-dire à son intérieur, à son enveloppe et à ses abords immédiats. Dans le cadre de projets d'urbanisme, ils s'intéressent au dehors, sous ses aspects structurels et fonctionnels, pour construire. Notre association géographes/architectes a amené ces derniers à reconsidérer ce que pouvait être et signifier le « dehors ». Le but n'était pas de proposer une simple étude architecturale, mais de considérer le site d'étude dans son ensemble comme un habitat où les citadins projettent leur vie, leur histoire. Dans cette perspective, ils ont donc orienté leur analyse sensiographique autour de la symbolique sensible dont était porteur l'extérieur de ces lieux.

Ils ont fait émerger du palimpseste des formes, des sons, des couleurs et des ambiances, l'histoire d'un milieu de vie, l'histoire d'un habitat. Ainsi, dans la Zone Verte, ils ont mis à jour la permanence du traumatisme matériel, historique et subconscient des bombardements de la seconde guerre mondiale. Ils visaient à détruire la gare de triage toute proche et ont quasiment abouti à l'arasement de la cité préexistante. Ce milieu est donc un milieu entièrement reconstruit ; tout d'abord dans les années cinquante, puis les années soixante-dix, et jusqu'à aujourd'hui. L'agencement des immeubles en escadrille, le ronflement du tramway qui s'apparente aux bombardiers à hélices, la conservation symbolique des chênes de l'ancienne place du village, tout rappelle la violence de la guerre.

Aujourd'hui, même si ce quartier ne peut être objectivement considéré comme une banlieue à risque, il est vécu comme dangereux, hostile et repoussant. Même si cette imprégnation historique n'est pas vécue de manière consciente par les habitants, le poids violent du passé est extrêmement présent, aujourd'hui, dans leurs résistances à s'approprier ce quartier. Il est essentiellement considéré comme un espace rebut, déshumanisé, ou, au mieux, simplement fonctionnel. Cette impression se retrouve dans les images que les habitants proposent de leur propre logement, de leur intérieur.

En portant l'analyse sur le « dehors », les architectes ont soulevé les fondements symboliques de la construction du milieu. Le substrat naturel n'est pas qu'une matérialité porteuse des représentations des habitants, il a aussi une valeur symbolique qui lui est propre et qui est projetée dans les modes d'établissement du milieu comme habitat. La portée de l'histoire locale ainsi démontrée, aussi récente fut-elle, montre combien la temporalité des lieux est importante dans la conformation et la configuration de ses formes et de ses représentations. Alors, parler de durabilité, ce n'est pas simplement s'interroger sur la situation contemporaine ; c'est y reconstituer les trajectoires des vécus, des habitats, pour éventuellement les projeter ensuite dans l'avenir. L'artificialité, l'anthropisation extrême de la ville rend d'autant plus importante la prise en compte de ces sous couches historiques, naturelles, trajectives qui modèlent les façades de la ville contemporaine.

Une géographie de l'intérieur ?

Si les géographes ont su faire sortir les architectes, ces derniers les ont fait entrer dans le logement, dans l'intérieur des habitants. Contrairement aux architectes qui ont réalisé l'ensemble de leur travail d'enquête en extérieur sur des parcours dans les microsites, les entretiens géographiques se sont déroulés exclusivement dans le logement des personnes interrogées (le jardin ou le balcon étant considéré comme une « extension » de l'intérieur). Ces entretiens commençaient par une reconstitution du parcours de logement puis par une « visite » commentée du logement présent : l'agencement des pièces, leur fonction, leur décoration… Ce n'est qu'à la fin de l'entretien que l'on demandait à l'enquêté de se replacer dans le microsite et, plus largement, dans la ville. En procédant de cette manière, l'objectif était de recueillir les pratiques, les représentations et les modes d'appropriation de l'habitant en partant de la sphère privée pour aller vers la sphère publique et collective. En posant la primauté de l'intérieur, nous avons infirmé l'importance du milieu comme habitat. Cela introduit une immédiateté et une quotidienneté dans la restitution qui permet d'éviter le piège de l'intellectualisation de la ville et donc la mobilisation des idéologies urbaines. On accède ainsi à une expérience sensible des pratiques et des représentations de la matérialité de leur milieu de vie par les habitants.

Géographie et analyse sensiographique

En introduisant cette dimension sensible de manière forte, les architectes nous apportent les moyens d'analyser ainsi l'idée que la rue, l'immeuble, le mobilier urbain, c'est-à-dire le substrat naturel, touchent la sensibilité au sens large des habitants. La nature n'est pas qu'un décor ou un environnement inerte et supposé complètement contrôlé. Il nous faut avoir une vision plus naturaliste, quasi écologique qui nous amène au cœur de la matérialité de la ville. Cette matérialité est le support de la construction et de l'appropriation de leur habitat par les citadins. Il existe de véritables cultures urbaines de la nature. En fait, nous nous ouvrons ici à une nouvelle dimension que celles horizontales et verticales définies dans les milieux géographiques. L'introduction de la dimension sensible dans l'analyse des pratiques et des représentations, permet de revaloriser la naturalité des milieux. L'objectif n'est pas de mener une analyse biologique mais plutôt de replacer l'homme au cœur de son environnement et de ses dynamiques car il doit en être un acteur conscient et à part entière.

Par sa sensibilité, il est en prise directe avec cette matérialité et, même si dans l'idée de la ville qui est véhiculée de manière commune, ses dimensions naturelles sont très largement effacées, nous avons pu voir comment les matériaux sont fortement investis par des représentations directes ou symboliques. L'appropriation du milieu ambiant ne doit pas seulement être considérée de manière idéelle, son usage participe aussi à la détermination de sa valeur.

L'analyse des modes d'habiter en milieu urbain passe par la mise au jour de ces cultures urbaines de la nature, c'est-à-dire par un retour sur la matière de la ville. Environnement construit et extrêmement artificialisé, la ville est le premier habitat de l'homme, pour autant, la réalité de sa matérialité est effacée au profit de sa fonctionnalité. Or, construire, ou plus simplement établir les conditions de la durabilité de cet habitat, c'est le considérer dans sa globalité, comme un système où les substrats naturels ont autant de valeur que les pratiques et les représentations des citadins.

CONCLUSION

Comme nous le précisions en introduction, notre projet ne s'était pas inscrit dès son origine dans la question de la durabilité de la ville et des milieux urbains. Toutefois, dans la mesure où elle s'intéresse à la description et l'analyse des modes d'habiter en fonction des milieux urbains et de leurs substrats naturels, cette recherche offre les moyens de participer aux débats sur la définition et les projections de la durabilité urbaine. Nous pensons que, pour ce faire, nous devons aller au delà de ce qui a pu être fait et produit au cours de ce programme. Tout d'abord, il est nécessaire de renforcer les coopérations interdisciplinaires en accentuant les travaux sur les substrats naturels à proprement parler. Enfin, il faut aller plus loin que les classifications que nous avons dessinées. La ville durable est un objet qui s'inscrit dans le temps et dont les caractéristiques de l'évolution sont déterminantes. Aux fins de mieux couvrir cette part, il nous faut donc envisager de modéliser, de manière statique et descriptive puis dynamique, les rapports sociétés/natures que nous avons mis au jour et, au-delà, les modes d'habiter et la l'appropriation et la reproduction des milieux urbains.

La durabilité n'est pas une question d'économie d'énergie comme veut nous le faire croire le modèle de la ville compacte (modèle que dénoncent les résultats que nous avons obtenus). La ville durable est avant tout construite par ses habitants qui en sont les premiers acteurs. C'est dans cette optique qu'il faut envisager une nouvelle modélisation de la ville durable. Dans un milieu hyper artificialisé, la spécificité des citadins en tant qu'« êtres géographiques » (J.-P. Ferrier, 1998) ne tiendrait-elle pas finalement dans leur regard culturel et leur positionnement physique par rapport à ce qui leur échappe dans leur propre milieu de vie, le substrat naturel ? En raison de la spécificité de son traitement dans le milieu et dans la subjectivité des populations humaines résidentes, la nature apparaît comme un discriminant opératoire de l'urbanité. Si le durable est une question de modes de vie, ou plutôt de modes d'habiter (N. Mathieu *et al.*, 2004), nous devons interroger ce qu'ils sont et/ou ce qu'ils devraient être pour assurer les conditions d'une durabilité qui satisfasse autant le milieu que ses habitants. La question de la ville durable va au-delà de l'analyse urbaine à proprement parler, plus que la ville, elle interroge un milieu habité.

RÉFÉRENCES BIBLIOGRAPHIQUES

BLANC N., MATHIEU N., 1996, « Repenser l'effacement de la nature dans la ville » Villes, Cities, Ciudades, *Le courrier du CNRS*, 82, p. 105-107.

BLANC N., 1996, *La nature dans la cité*, Thèse de doctorat en géographie, Paris 1-Sorbonne sous la direction de N. Mathieu.

BLANC N. *et al.*, 2003, « Des paysages pour vivre la ville de demain, entre visible et invisible », *Rapport final du Programme Politiques publiques et paysages*, Ministère de l'Écologie et du Développement durable, 319 p.

CHOAY F., 1994, « Six thèses en guise de contribution à une réflexion sur les échelles d'aménagement et le destin de la ville », *in* BERQUE A. (dir.), La maîtrise de la cité, urbanité française, urbanité nippone, *Études japonaises*, 2, éd. EHESS, p. 45-53.

DRÔLES DE TRAMES, 2002, *Analyse « sensiographique » d'un déplacement pédestre quotidien dans trois microsites urbains*, notice méthodologique, Paris, 10 p.

DROUIN J.-M., 1997, « Les sens de la nature : une notion équivoque mais irremplaçable », *in* J-M. BESSE & I ROUSSEL (Éds), *Environnement : représentations et concepts de la nature*, Paris, L'Harmattan & USTL, p. 77-87.

DUBOIS-TAINE G., CHALAS Y., 1997, *La ville émergente*, Paris, Éditions de l'Aube.

FERRIER J.-P., 1998, *Le contrat géographique ou l'habitation durable des territoires, Antée 2*, Lausanne, Payot.

HUCY W., 1997, *Les rapports homme/animal dans le milieu urbain : exemple de l'agglomération Rennaise*, Mémoire de DEA, Université de Rouen, 184 p.

HUCY W., MATHIEU N., 1999, « How to describe nature in a town? The example of a GIS in Rouen », *Cybergeo*.

HUCY W., MATHIEU N., 2000, « Rouen : un nouveau regard sur l'espace urbain »- tdc, *La nature dans la ville*, n° 795, p. 20-23.

HUCY W., 2002, *La nature dans la ville et les modes d'habiter l'espace urbain ; expérimentation sur l'agglomération rouennaise*, thèse de géographie Université de Rouen sous la direction de N. MATHIEU et Y. GUERMOND, 327 p. + ann.

JOLLIVET M. (dir.), 1992, *Sciences de la nature, sciences de la société, les passeurs de frontières*, Paris, Éditions CNRS.

LEGAY, J.-M., 1997, *L'expérience et le modèle, un discours sur la méthode*, Paris, Éd. INRA, 111 p.

LE MOIGNE, J.-L., 1990, *La modélisation des systèmes complexes*, Paris, Dunod.

MATHIEU N., LUGINBÜHL Y., BLANC N., 1995, *La nature dans la cité*, redéfinition du projet PIR-Villes, Paris, Strates, 29 p. + ann.

MATHIEU N., 2000, « Repenser la nature dans la ville : un enjeu pour la géographie », *Actes du FIG de St Dié* 1999, Site Web académique du FIG http://xxi.ac-reims.fr/fig-st-die et *Natures Sciences Sociétés*, 3, p. 79-80.

MATHIEU N., 2000, « Des représentations et pratiques de la nature aux cultures de la nature chez les citadins : question générale et étude de cas » *BAGF*, 2, p. 162-174.

MATHIEU N., MOREL-BROCHET A., BLANC N., GAJEWSKI P., GRESILLON L., HEBERT F., HUCY W., RAYMOND R., 2004, « Habiter le dedans et le dehors : la maison ou l'Eden rêvé et recréé » *Strates, matériaux pour la recherche en sciences sociales*, 11, p. 267-288.

MATHIEU N., HUCY W., MAZELLIER T., RAYNAUD H., 2004, « Vivre et habiter dans une ville au naturel. L'agglomération rouennaise : terrain d'expérience et modèle », Rapport final du Programme Action Incitative Ville, Ministère de la Recherche, 250 p. (résumé *in Actes du colloque ACIV*, janvier 2004, 6 p.).

PINCHEMEL P. & G., 1988, *La face de la Terre - éléments de géographie,* Paris, Colin, coll. U, 519 p.

ROBIC M.-C., MATHIEU N., 2001, « Géographie et durabilité : redéployer une expérience et mobiliser de nouveaux savoir-faire » *in* M. JOLLIVET (dir.), *Le développement durable, de l'utopie au concept : de nouveaux chantiers pour la recherche,* Paris ; Amsterdam ; New York : Elsevier, p. 167-190.

SALOMON CAVIN J., 2003, *Représentations anti-urbaines et aménagement du territoire en Suisse. La ville : perpétuelle mal-aimée ?* Thèse de géographie, École polytechnique fédérale de Lausanne, 258 p.

Chapitre 17

Appréhender la ville comme (mi)lieu de vie. L'apport d'un dispositif interdisciplinaire de recherche*

INTRODUCTION

C'est à l'occasion du projet « des paysages pour vivre la ville de demain[1] » que nous avons élaboré une méthode qui permette l'exploration des dimensions idéelles et matérielles de la ville comme milieu de vie. Nous souhaitions ainsi dépasser les discours critiques concernant la ville durable (E. Torres, 2001 ; C. Émelianoff et J. Theys, 2001), donner un contenu scientifique à cette notion et enfin proposer des dispositifs permettant d'instruire les politiques environnementales en ville.

Ces travaux de recherche prolongent une réflexion largement engagée sur l'habitabilité des villes ; ainsi, de nos interrogations sur la place de la nature et des animaux en ville (N. Blanc, 1996 ; N. Mathieu *et al.* 1997 ; N. Blanc, 2000) ou sur l'amélioration des conditions de sécurité des habitants vivant à proximité de zones industrielles (S. Glatron, 1997). Ils s'inscrivent en outre dans un courant de recherche interdisciplinaire alimenté par des réflexions théoriques (M. Jollivet 1992, 2001) et des expériences menées en milieu rural (M. Cohen & G. Duqué 2001, M. Cohen *et al.*, 2003).

Notre hypothèse, à l'origine de ce projet, était que le rapport des citadins à la nature en ville se déclinait sur deux modes : dans ses aspects positifs, avec la relation au végétal, illustratif d'une nature à la fois visible, malléable et bienfaitrice[2], et dans ses aspects négatifs, avec la pollution, symptôme d'une nature hostile, invisible, contre laquelle l'on peine à se protéger. Nous voulions également vérifier la pertinence de la notion de paysage pour illustrer le rapport des citadins à leur milieu de vie.

Ces hypothèses devaient être testées à la fois sur leur versant social et symbolique (pratiques et représentations des habitants et politiques urbaines) et sur leur versant biophysique (caractérisation de la végétation urbaine ; mesure de la pollution). Pour mener à bien cette double approche et la confrontation entre matérialité et repré-

---

* *Chapitre rédigé par Nathalie BLANC, Sébastien BRIDIER, Sandrine GLATRON, Lucile GRÉSILLON et Marianne COHEN*

1. En réponse à l'appel d'offre « Politiques publiques et paysages. Analyse, évaluation et comparaisons » du ministère de l'Aménagement du territoire et de l'Environnement (1998, N. Blanc *et al.*, 2003).

2. Nous n'avons pas souhaité intégrer la dimension esthétique dans nos hypothèses, sa vérification objective nous apparaissant délicate.

sentations, l'interdisciplinarité était un pré requis, que nous avons cherché à matérialiser à chaque étape de la recherche. Pour appréhender ces différentes dimensions, notre équipe a associé des géographes[3], des biogéographes[4], des physiciens et climatologues[5], mais aussi des spécialistes de télédétection[6], d'horticulture[7], d'architecture[8].

Le point de départ de notre démarche est le choix de l'échelle, celle de micro quartiers, qui procède d'une volonté de prise en compte du local, à l'instar d'autres recherches interdisciplinaires (M.-C. Robic et N. Mathieu, 2001). Alors que ce niveau est souvent éludé par les politiques actuelles, selon nous il est indispensable pour appréhender la notion de ville durable en prenant en considération ses habitants et la matérialité des lieux. Notre second choix est la recherche d'articulations entre les contributions disciplinaires, dont nous donnerons quelques exemples illustrés de résultats. Enfin, les politiques de ville durable insistent sur la participation citoyenne : nous proposons ici des pistes d'actions pour une production conjointe, habitants, techniciens et politiques, du milieu urbain. Cette trajectoire est exemplaire de bien des recherches interdisciplinaires, qui mêlent une dimension théorique et méthodologique à une dimension finalisée, voire débouchent sur une forme de recherche-action (M. Jollivet & A. Pavé, 1992).

UNE PRATIQUE INTERDISCIPLINAIRE POUR DONNER DU SENS À LA VILLE DURABLE

Notre définition de la ville comme mi-(lieu) de vie suppose de se pencher sur son fonctionnement écologique et la place qu'y occupent ses habitants. D'où notre choix de travailler à l'échelle locale, sur trois sites dans les Ve et XIIIe arrondissements de Paris (*figure 1, tableau 1*), c'est-à-dire des entités cohérentes sur le plan morphologique et spatial, manifestant une vie collective. Seule une étude menée à cette échelle permet une appréhension complexe des rapports des gens à leur milieu[9], à la fois système concret, matérialité biophysique et système de sens, construction symbolique ; de porter un double regard, de nature interdisciplinaire, sur

---

3. N. Blanc (UMR 7533 Ladyss-cnrs), S. Glatron (UMR 7011), L. Grésillon (doctorante UMR Ladyss).

4. M. Cohen (UMR Ladyss-Université Paris 7).

5. G. de Rosny, LED : laboratoire environnement et développement (Université Paris 7), S. Bridier (Université d'Aix-en-Provence).

6. C. Mering (UMR Prodig-Université Paris 7), G. Arnan (étudiante de maîtrise de géographie).

7. A. Girard, Service des études et paysage du conseil général (Hauts de Seine), étudiant de géographie de l'université Paris 7.

8. L. Limido, architecte, post-doctorante au Ladyss.

9. Pour nous, le milieu n'est pas un donné, objectif ou subjectif. On ne peut l'analyser dans sa dimension biophysique séparément des représentations et pratiques qui le constituent - qu'elles soient scientifiques ou communes – ni le réduire absolument à ces seules représentations. Enfin, on ne peut disjoindre le terme de milieu, encore plus de milieu de vie, de celui de mode d'habiter. Cette notion emprunte au « genre de vie » des géographes et au « mode de vie » des sociologues (N. Mathieu, 1996) ; elle permet une description fine, impliquant le matériel et le social, des façons dont les individus ou des groupes se constituent des milieux de vie (N. Blanc, 1996 ; N. Mathieu *et al.*, 2004).

une réalité certes complexe, hétérogène, pleine de « rugosités »[10] mais dont l'étendue est circonscrite ; et surtout d'intégrer l'habitant et ses pratiques dans la mise en place d'une gestion durable de la ville[11].

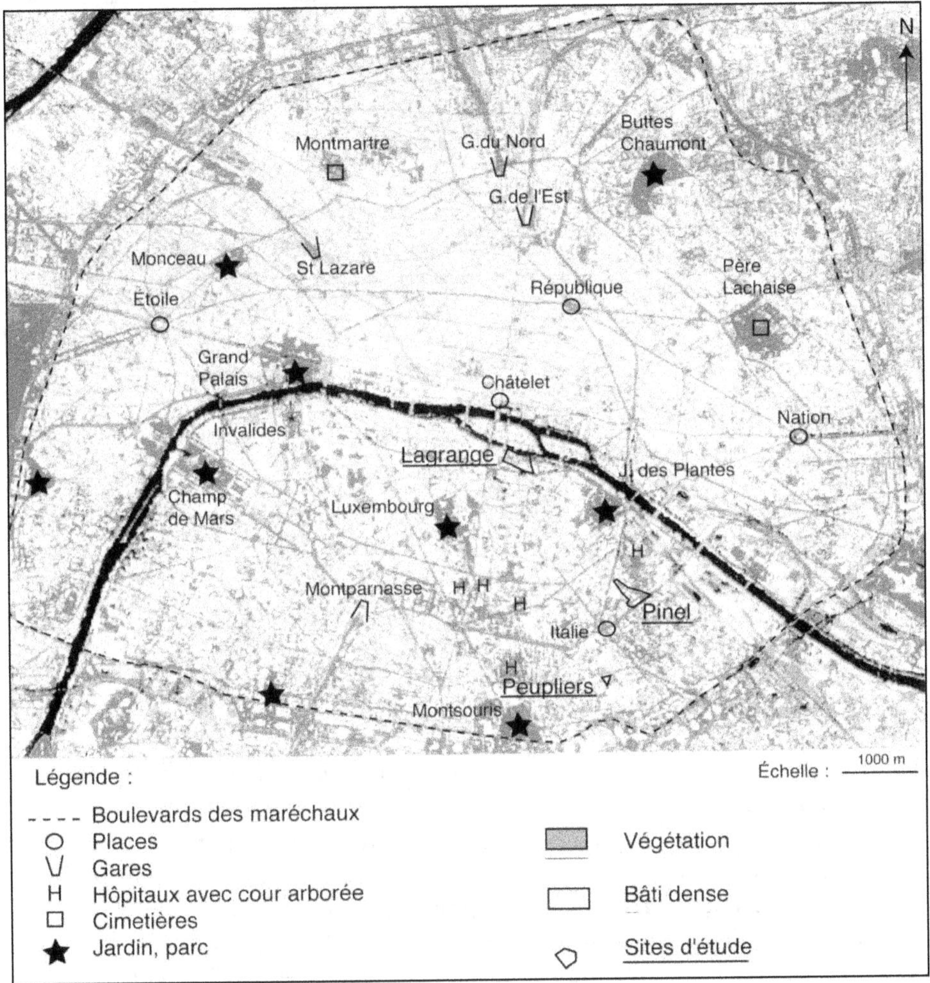

Figure 1. Les sites d'étude dans la ville de Paris, représentée par une image SPOT.
Schéma adapté d'Arnan, 2001

Cette définition de la ville justifie aussi les différents angles d'attaque dans l'étude des sites : une approche biogéographique, avec un inventaire de la flore, des

---

10. Terme emprunté au géographe P. Pinchemel.

11. Les anthropologues urbains ou de l'espace ont décrit les rapports des individus à l'espace dans ses composantes matérielles, mais ils n'ont pas intégré la dimension biophysique des lieux de vie (J. Castex, J.-L. Cohen, J.-C. Depaule, 1995). D'autre part, si certaines des dimensions naturelles de la ville ont été décrites, les chercheurs mettent peu en évidence leurs relations avec les pratiques individuelles.

pratiques jardinières ou de leur abandon ; une étude morphologique d'architecte ; une étude des représentations et des pratiques issue d'entretiens avec les habitants et les jardiniers ; une étude de la pollution locale, au moyen des mesures de polluants. Si l'on ne s'attachait qu'au niveau des représentations des habitants, nous n'aurions pas eu le même regard sur la prétendue diversité floristique, par exemple. Il fallait une appréciation de cette même diversité floristique par rapport à un système bio-géographique, pour l'apprécier dans le cadre d'un « fonctionnement écologique ».

Tableau 1. Caractéristiques des sites d'étude

Critères	Morphologie architecturale et urbaine	Vie sociale	Degré de centralité	Composantes bio-physiques
Site Lagrange	Percée hausmanienne dans quartier médiéval	Vie sociale faible sauf Association « Lagrange Air Pur »	central	Bord de Seine ; faible végétalisation ; circulation interne importante
Site Peupliers	Anciennes maisons ouvrières reconverties en « maisons de ville »	Vie sociale importante, association des Peupliers, chorale	périphérique	Jardinets individuels ; circulation périphérique à l'îlot
Site Pinel	Habitat collectif des années 70	Locataires de longue date, rôle de la Place comme lieu de rencontre	périphérique	Jardin collectif ; circulation périphérique à l'ensemble

Du point de vue de la méthodologie, il ne s'agit pas de juxtaposer des résultats d'études disciplinaires, mais de les confronter et de les mettre en relation. Nous avons cherché une vision commune de la question centrale de notre travail, la relation de l'habitant à son milieu, à travers plusieurs objets participant à la composition de ce milieu.

Sur le plan de l'enquête sociale, il s'agit de vérifier la place du paysage, de la pollution et de la végétation dans les modes d'habiter, par des entretiens ouverts. Notre enquête s'est orientée à partir de ces questions sur le rapport à la matérialité urbaine et les façons sensibles – faisant intervenir la vue, l'odorat, l'écoute etc. – d'appréhender la ville. Bien entendu, nous avions des clés d'entrée plus particulières : ainsi, l'opposition entre végétation et pollution et la question du paysage. Les entretiens ont porté sur un panel représentant une proportion parfois importante de la population des îlots étudiés.

L'observation du milieu biophysique s'est faite au sein d'unités spatiales à une échelle compatible avec celle de l'habitant (*figures 2, 3, 4*), avec des difficultés inhérentes à la représentation des individus (problème de généralisation, de statistique). Une telle procédure a ensuite permis de confronter les dires des habitants à la réalité de leurs milieux de vie : la maison, le balcon, le jardin intérieur, l'îlot, le jardin public de proximité, l'itinéraire emprunté fréquemment, etc.

Ainsi, la mesure de la pollution a été réalisée à proximité de l'habitant dans chacun des trois sites, très localement, à la fois dans des stations proches du niveau du sol et le long d'itinéraires empruntés par les habitants. Cette mesure reflète bien davantage[12] une situation locale, celle de la circulation automobile au niveau de la rue, que la pollution de fond. Le marqueur utilisé est le CO (W. B. Petersen et R. Allen, 1982 ; L. Y. Chan *et al.*, 2002 ; P. Wåhlin, F. Palmgren et R. Van Dingenen, 2001 ; N. Kalthoff *et al.*, 2002), mesuré à l'échelle de la rue lorsque les taux sont supérieurs aux seuils de détection.

La description de la végétation a été opérée par des inventaires botaniques exhaustifs, de fréquence des taxons, et du niveau d'entretien des plantes, au sein d'unités spatiales élémentaires, comme la parcelle cadastrale lorsqu'un seul habitant l'occupait. Dans les sites où les parcelles cadastrales correspondaient à des immeubles collectifs, cet inventaire a été détaillé par étage, voire par locataire sur les balcons divisés. Les résultats obtenus sont là aussi assez éloignés de la représentation conventionnelle de la végétation urbaine (ex. le plan, le cadastre vert, C. Garnier & P. Legrand 1997, *figures 2 et 4*).

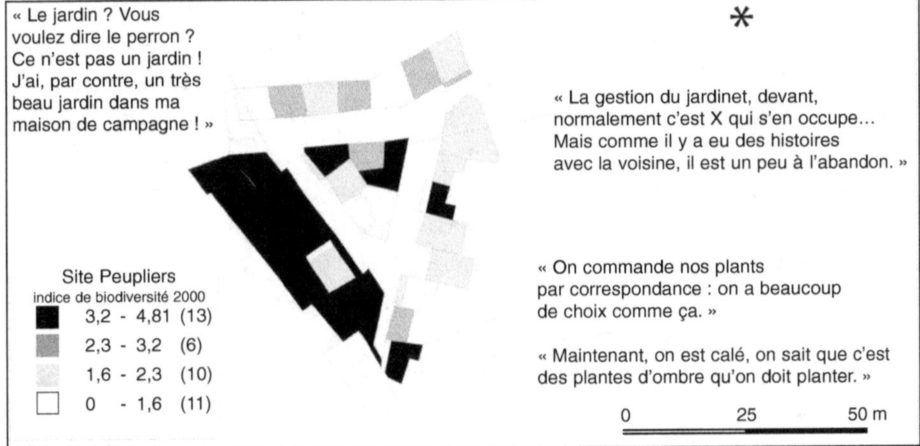

L'indice de biodiversité est le produit entre la fréquence moyenne des espèces (nombre d'espèces/nombre total d'individus) et le log. du nombre d'espèces. Il traduit ainsi la richesse floristique et le faible recours à la répétition de motifs (répétition de motifs : massifs fleuris avec individus d'une même espèce).

Figure 2. Cartographie des rapports entre végétation et représentations - site Peupliers. La biodiversité végétale mesurée et perçue. Schéma : M. Cohen et L. Grésillon

La mise en relation des approches disciplinaires a été opérée de trois manières, à trois moments-clef de la recherche :
– dans la phase de démarrage des observations, biogéographes et climatologues ont communiqué leurs premiers résultats ; ainsi, les essais de mesure de la pollution menés rue Lagrange, où la circulation automobile est dense, ont montré des niveaux élevés de CO à 2,50 m du sol (*figure 3*). Les observations sur la végétation

---

12. 50 fois plus d'après Hoydysh & Dabbert, 1988.

ont mis en avant de fortes hétérogénéités entre sites, s'insérant dans une organisation spatiale de la végétation parisienne (*figure 1, encadré 1*), chacun ayant une « identité floristique » bien particulière, et alerté sur l'existence de traces d'abandon : plantes indigènes spontanées, sub-spontanées et naturalisées[13], abandon des pratiques jardinières (taille, soins phytosanitaires négligés, pots abandonnés, *figures 2 et 4*). Ces thèmes ont été explorés en retour dans les enquêtes auprès des habitants. Symétriquement, les géographes réalisant l'enquête confrontaient les dires des habitants aux observations du milieu, en s'appuyant sur les premiers documents produits, voire en allant sur le terrain avec eux. Les itinéraires piétonniers le long desquels a été mesurée la pollution ont ainsi été déterminés par l'enquête (*figure 3*) ;

Encadré 1. L'apport de télédétection
pour la connaissance de la végétation urbaine

Des études de télédétection ont précisé la représentativité de la végétation des trois îlots dans l'ensemble parisien (G. Arnan, 2000). Elles confirment l'opposition entre le site Lagrange, où le végétal apparaît inexistant ou très isolé (ex. corridor biologique formé par les alignements d'arbres et « île » constituée par le square Viviani, en gris moyen sur la *figure 1*), à l'instar des quartiers marqués par l'urbanisme haussmannien (centre et nord-ouest de la ville, majoritairement en blanc, *figure 1*). Les deux autres sites, où la végétation est dite « de proximité », car disséminée dans l'espace urbain, prêtent à une interprétation de « quartier vert ». On peut observer cette organisation dans une auréole disjointe allant du sud du XVIᵉ au XIXᵉ arrondissements, et incluant une partie des Vᵉ et VIIᵉ arrondissements, une parenté paysagère semblant se jouer des clivages sociaux entre quartiers. Ceci correspond en fait à une réalité composite, mêlant bâtiments publics (hôpitaux, ministères), ensembles modernes et quartiers pavillonnaires (plus ou moins prestigieux), friches et végétation de proximité (*figure 1*, le semis de tâches grises indique cette végétation dispersée dans le bâti). La poursuite des traitements d'image a permis de qualifier cette végétation de proximité, selon sa biomasse et sa teneur en eau, faisant à nouveau émerger une différenciation entre quartiers populaires et bourgeois parmi ces arrondissements excentrés.

---

13. Les plantes indigènes spontanées font partie du cortège floristique régional ; dans nos sites, seules celles capables de s'adapter aux dures conditions de la vie urbaine seront présentes (ex. le pâturin annuel : *Poa annua*, la cymbalaire des murs : *Cymbalaria muralis*). Les plantes sub-spontanées sont des plantes introduites accidentellement et se disséminant ensuite spontanément (ex. l'érigeron du Canada : *Conyza canadensis*) ; les plantes naturalisées sont des plantes introduites intentionnellement et se reproduisant seules ensuite (ex. l'arbre à papillons : *Buddleia davidii*, espèce originaire de Chine, planté dans les jardins, naturalisé en Amérique du Nord et en Europe et qui colonise des friches urbaines à gravats).

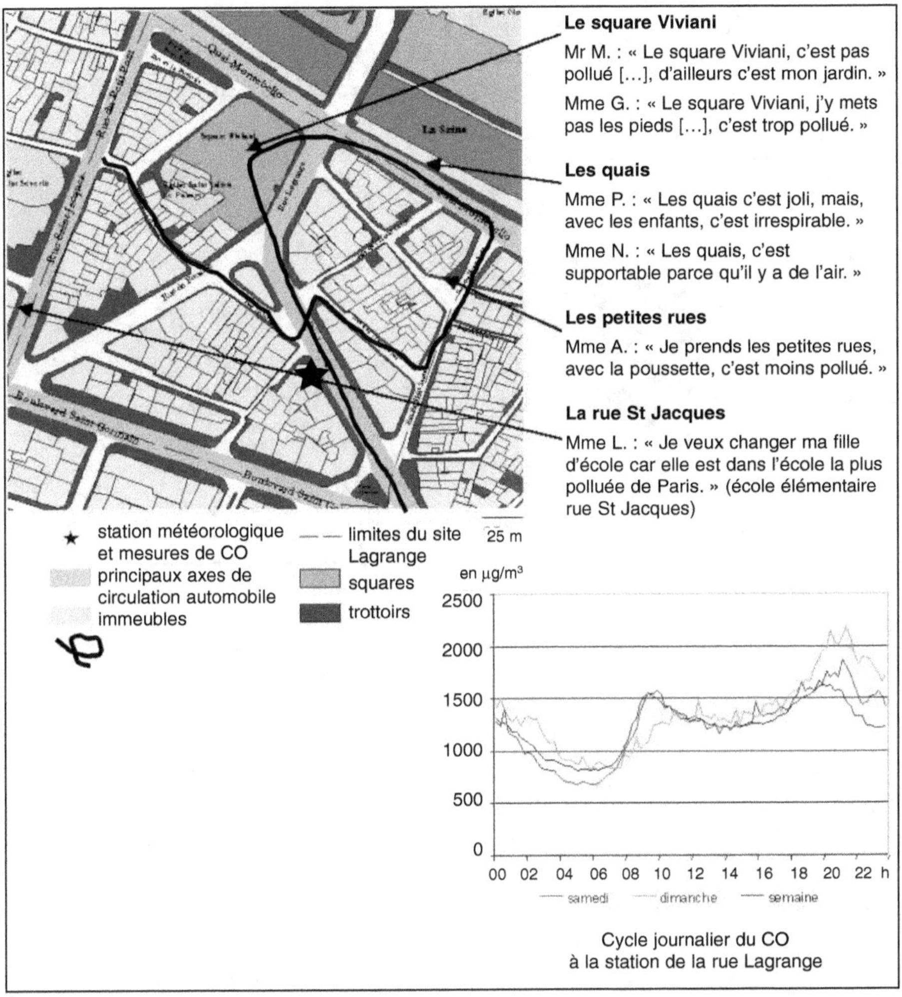

Figure 3. Cartographie des rapports entre pollution et représentations des lieux pollués.
Schéma : S. Bridier et L. Grésillon

– dans une phase intermédiaire, nous avons réalisé des enquêtes par double regard, en commun entre géographes humains et biogéographe. Cette méthode a été mise en œuvre suite aux contradictions remarquées entre les discours des habitants, recueillis généralement dans les maisons, et la végétation observée. L'inventaire botanique a aussi représenté une opportunité pour prendre contact avec des habitants, soit qu'ils nous demandaient des explications sur notre activité, soit que nous les sollicitions pour une autorisation d'accès ou un renseignement. Ces contacts nous ont permis d'identifier une catégorie d'habitants particulièrement impliquée dans la gestion de la végétation de proximité. Les enquêtes menées auprès de ces acteurs – concierges, jardiniers de la Ville, habitants s'occupant d'un jardin de cour – ont pris comme fil conducteur la matérialité des lieux : l'inventaire floristique a été réalisé en même temps que l'enquête, dont il a été le support. Le discours de ces praticiens du végétal a donc été appréhendé « en situation », et confronté avec la réalité biophysique. Ressaisies dans l'objectif de la ville durable, ces enquêtes permettent d'entrevoir le rôle de médiateur, « révélateur » joué par les scientifiques ;

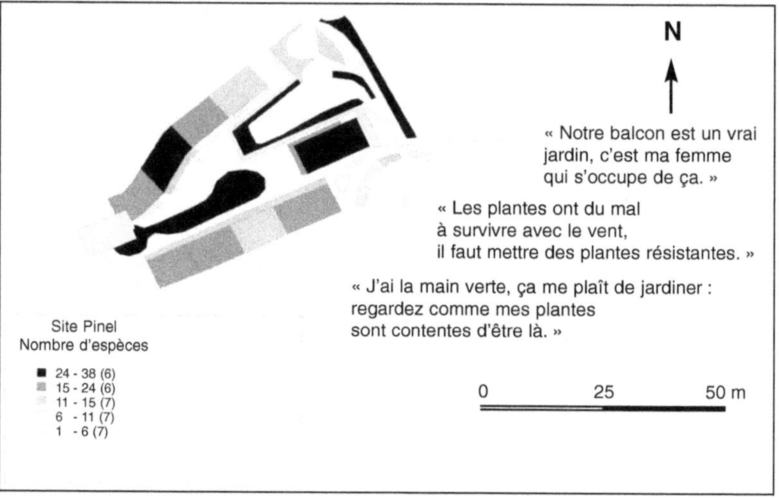

Figure 4. Cartographie des rapports entre végétation et représentations site Pinel : la richesse floristique mesurée et perçue. Schéma : M. Cohen, L. Grésillon

– dans une phase finale de la recherche, cette confrontation entre données disciplinaires a été opérée par ce que nous appelons la carte-dialogue (*figures 2, 3 et 4*). Un SIG a permis de mettre en regard, en dialogue, les résultats des mesures climatologiques et des observations floristiques, représentées sur des cartes thématiques, avec les discours des habitants recueillis lors des enquêtes. Nous avons choisi d'écrire des citations sur la carte elle-même en indiquant avec une flèche le lieu où a été réalisée l'enquête : à un certain point d'un itinéraire, ou dans le logement de l'habitant par exemple. Cette procédure a été privilégiée parce qu'elle permet d'entendre la voix des habitants, leur point de vue, que l'on peut comparer avec la réalité biophysique, avec lequel il peut être plus ou moins en décalage. Elle s'accorde de plus avec la structure spatiale de la base de données ; ainsi l'inventaire floristique a été réalisé sur l'ensemble de chaque site, alors que l'enquête n'a pas été exhaustive, mais a concerné un échantillon de personnes. Un croisement systématique des données, au niveau de chaque parcelle cadastrale, n'était donc pas envisageable, d'autant que plusieurs habitants pouvaient y cohabiter, dans le cas d'immeubles collectifs (W. Hucy & N. Mathieu, 1999).

CONFRONTATION DES REPRÉSENTATIONS ET DES PRATIQUES DES HABITANTS À LA MESURE SCIENTIFIQUE

Une typologie des « citadinités », terme forgé à partir de celui d'urbanité, s'est tout d'abord polarisée dans l'espace des sites pour qualifier le rapport des habitants à leur milieu urbain :

1. « L'habitant » s'investit entièrement dans les lieux qu'il fréquente et vit préféren-tiellement dans le square des Peupliers. Pour parler de sa relation à la ville, il évoque tout un registre de sensations. Ces gens ont une relation privilégiée au logement : ils le considèrent comme leur et ils s'y sentent abrités. Cette occupation dense de l'espace peut s'étendre à d'autres lieux que le logement, notamment à leur « jardin », à leur quartier où ils ont plaisir à se promener à pied.

2. Le « citadin » vit dans la ville selon l'usage qu'il en a : il mobilise pleinement les services urbains, qu'ils soient culturels, techniques… Il désigne les endroits fré-quentés par l'activité qui s'y trouve ou les informations qu'ils proposent. Il utilise majoritairement sa voiture pour se déplacer et la valeur des espaces dépend beau-coup de la facilité de leur accès et du stationnement. C'est dans le site Lagrange qu'on le trouve plus fréquemment.

3. Pour le « citoyen », la ville est un gisement en terme relationnel. Ces gens s'impli-quent généralement dans des structures collectives ou associatives. Cet attachement à la fréquentation d'autres personnes modèle, par la suite, un attachement au lieu. Ils font grand usage des transports en commun parce que « c'est efficace ». Ils sont surreprésentés parmi les habitants de la place Pinel.

En revanche, le terme de paysage s'est révélé peu pertinent pour caractériser le rapport des urbains à leur milieu de vie. Pour les « habitants », la ville, lieu sensible, n'est pas un paysage. Ces personnes ne valorisent pas les composantes urbaines habituelles et refusent de s'approprier le terme. Les « citoyens » oublient ses formes bâties et ses caractéristiques biophysiques : « il n'y a pas de nature en ville ! ». Quand ils acceptent le mot « paysage », c'est pour qualifier des lieux touristiques. Les « citadins » refusent à la ville ses qualités esthétiques. Ils rejettent le terme « pay-sage » pour les perspectives urbaines, y compris pour l'axe fluvial.

L'échelle locale a aussi permis d'intégrer la micro hétérogénéité du milieu bio-physique et la façon dont elle est vécue, entretenue, amplifiée ou évitée par les habi-tants, remettant ainsi en avant la notion de pratiques sur le milieu, qu'elles soient directes ou indirectes. Les stratégies à l'égard du végétal ou de la pollution sont ainsi apparues très différentes selon les sites et le type de « citadinité » dominant des habi-tants.

L'étude de la pollution montre ainsi de forts effets locaux, liés à la morphologie urbaine, à la topographie, à la circulation (elle-même différente en fonction des rues, des heures, des jours…), à l'exposition, qui ne sont pas pris en compte dans les mesures de pollution parisiennes type « Atmo » réalisées dans le cadre de la loi sur la qualité de l'air de 1996 (Airparif, 2000). Celles-ci rendent compte d'un air à l'abri de toutes sources polluantes de proximité lesquelles, pourtant, influencent considé-rablement l'air que les citadins respirent. En ce sens, notre micro échelle d'observa-tion permet d'opposer à la vision « lisse » de l'air urbain une vision pleine d'aspérités et contradictoire. Ainsi, à un espace politique de l'air pollué on peut opposer un espace habitant.

Comment les habitants perçoivent-ils cette pollution, comment s'y adaptent-ils (ou croient-ils s'y adapter) ? Les ressentis à l'égard de la pollution diffèrent en fonc-tion des citadinités. « L'habitant » est le plus sensible car il s'investit dans les différents espaces qu'il traverse : « Avant, j'allais en vélo au boulot mais j'ai renoncé… ». Comme les déplacements du « citoyen » sont vécus comme des parenthèses, ce type de citadinité est moins gêné par la pollution, son attention est ailleurs. Le « citadin » agit sur le milieu urbain avec sa voiture et déplore curieusement la pollution : « Ma fille est dans l'école la plus polluée de Paris, je pense la changer d'établissement » (*figure 3*).

En croisant représentations et pratiques, pollution et végétation, on comprend que les gens croient s'abriter de la pollution grâce au végétal ou dans des bâtiments à l'écart de la circulation, voire repliés sur des cours ou voies intérieures (ex. place Pinel). Cependant, la mesure de la pollution montre bien la dimension fantasmatique de telles représentations.

Ainsi, habiter le quartier des Peupliers est un choix de cadre de vie : il s'agit de verdure, de « la campagne à la ville » et de maisons de ville. Cette vision s'accompagne d'un verdissement des espaces extérieurs, supposé protéger les habitants de la dégradation du milieu ambiant, de la pollution, du bruit. Or, ce quartier de maisonnettes à jardinets est humide et peu ensoleillé ; engoncé dans un tissu urbain d'immeubles de plus grande taille et de voies très circulantes, il constitue une zone de subsidence de l'air, propice au piégeage des polluants. La révélation de cette distorsion entre les mesures et les représentations de la pollution, lors de la restitution de nos résultats à des habitants très attachés à leur quartier, a entraîné de vives réactions ! Les personnes qui habitent au-dessus de la rue des Peupliers ressentent par contre très fortement la pollution (la présence d'un arrêt de bus compte pour beaucoup).

À l'opposé, dans le quartier Lagrange, les « citadins » veulent profiter du confort de l'utilisation de leur voiture individuelle tout en dénonçant la pollution, qu'ils attribuent aux autocars de tourisme et aux bouches d'aération des parkings. Il est vrai que la centralité du quartier se paye au prix fort, avec une circulation (et une pollution) quasi-permanente (*figure 3*), sans que l'on puisse vérifier le rôle des deux facteurs désignés par les habitants. L'association « Lagrange Air Pur » témoigne de leur inquiétude ; de même, la façon qu'ont les habitants de gérer les rapports dedans/dehors, parfois, sur le mode extrême : filtres, ouverture planifiée des fenêtres, grand ménage, résidence alternée, etc. Les bords de fenêtres et balcons sont du coup faiblement investis par des pratiques de jardinage. Certains habitants n'ont guère conscience du rôle de l'axe fluvial dans le transport des polluants, selon la direction et l'intensité des vents. Le quartier médiéval est perçu comme une zone d'abri, ce qui correspond cette fois-ci davantage aux mesures (*figure 3*).

On le voit, dans les deux sites, la distance est souvent grande entre la pollution « rêvée » et la pollution réelle.

L'étude de la végétation de proximité montre aussi la place très inégale dévolue aux plantes indigènes spontanées, en fonction de la morphologie des quartiers (ex. sols pavés ou asphaltés) mais aussi, plus localement de l'écoulement des eaux. L'histoire est également lisible dans les « cortèges floristiques » de plantes horticoles introduites : aux quartiers pavillonnaires les plantes grimpantes, glycine et vigne vierge, du jardinet « romantique », aux jardins de HLM la convention du « toujours vert », avec le choix de résineux (cèdres, pins) et de feuillus *sempervirens* (*Cotoneaster*, bambous), aux quartiers centraux les arbres d'alignement de la tradition haussmannienne, puis les arbustes de « jardinières »[14] plus récemment introduites.

Cette diversité est relayée par les pratiques des habitants : fleurissement, bouturage, éradication sélective de certaines plantes indigènes spontanées. La prise en compte de cette micro hétérogénéité met en avant une diversité floristique et paysagère inattendue, contribuant à une réintroduction du vivant en ville. Les enquêtes conjointes biogéographie/géographie humaine ont permis de comprendre par exemple le rôle que jouent les citadins en plantant des végétaux dans l'espace public au nom du respect du vivant. La végétalisation des quartiers est donc certes liée aux morphologies (et en amont aux politiques) urbaines, mais aussi à l'investissement affectif et pratique des habitants et praticiens des villes.

La place de la végétation varie aussi selon les citadinités. Le jardinage est, pour « l'habitant », un moyen d'agir sur le milieu urbain. Son attention aux végétaux est particulière ; il les considère comme des êtres vivants. Il apprend, par expérience, à adapter ses soins à chaque plante : « On a beaucoup d'hibiscus... Pendant six ans, on a réussi à avoir des arbres, après ils s'épuisent... On étudie le sol pour savoir ce qu'il faut ». Square des peupliers, les jardins datant de l'époque du lotissement, « l'habitant » participe à leur renouvellement : « J'ai refait le jardin, avant c'était une vraie jungle ». Dans d'autres quartiers, planter est un moyen d'élaborer un nouveau milieu : « Vous savez, on peut se recréer des jardins ! Moi, j'ai des plantes à l'intérieur de chez moi, dans ma cuisine, dont un bougainvillier ! » dit une « habitante » de la place Pinel (*figures 2 et 4*).

Les personnes des deux autres types de citadinité s'investissent moins dans les plantes : les « citoyens » considèrent que « ça prend du temps », temps consacré en majorité aux activités extérieures (*figure 4*). Les « citadins » réservent l'activité de jardinage pour leur propriété de campagne, le week-end (lorsqu'ils en ont une, *figure 2*) et disposent de plantes artificielles, « ça fait du vert et c'est pas salissant », comme on le voit souvent dans le quartier Lagrange. Ils ne puisent pas leurs ressources dans la ville par le jardinage. En témoigne le faible taux de végétalisation des balcons et la richesse floristique modérée dans les deux sites où dominent « citoyens » (place Pinel, *figure 4*) et « citadins » (Lagrange, où intervient aussi le rapport à la pollution, *supra*). Au contraire, dans le square des Peupliers, l'entretien des plantes anciennement introduites le dispute à une personnalisation des jardins par la plantation de nouvelles espèces, sachant que la tolérance des « habitants » à l'égard de la dissémination des espèces indigènes spontanées génère une biodiversité bien supérieure (*figure 2*).

---

14. Ces « jardinières » sont soit des bacs grillagés, soit de petits terre-pleins ceinturés d'une bordure de pierres, dispersés dans le tissu urbain. À Paris, ils sont gérés par un service différent de celui des jardiniers des squares.

DES PISTES D'ACTION POUR UNE VILLE DURABLE ET PARTICIPATIVE

La durabilité, telle qu'elle est définie[15], suppose une prise en compte systémique de la gestion des villes d'une part, et une participation accrue des habitants, d'autre part. Quant à ce dernier point, notre travail peut concourir à cet objectif de plusieurs manières. Tout d'abord par le biais même de l'enquête, ensuite par l'aboutissement de notre faisceau d'études sur des propositions concrètes de gestion, prenant en compte les habitants en tant que « fabriquant de ville ».

L'enquête, un révélateur des pratiques des habitants

Une recherche telle que celle que nous avons menée, avec ses terrains d'étude, met l'enquête au cœur de la démarche. Celle-ci constitue une étape d'acculturation, de mise en commun des langages et des savoirs, ainsi qu'un révélateur des pratiques qui peut déboucher sur des pistes d'action. Comme retour sur les connaissances acquises au cours des enquêtes, ces pistes d'action s'appuient sur ce qui a pu être constaté des pratiques habitantes, traçant des pistes pour leur participation. Les propositions ainsi formulées ne sont pas issues de positions politiciennes ou militantes, énoncées depuis une sphère qui peut parfois paraître lointaine ou déconnectée de la vie courante par les citadins. Elles ont bien pour base un constat de la manière dont les habitants pratiquent la ville. Plus encore qu'un constat, en menant l'enquête, c'est une élaboration commune de connaissance qui se fait conjointement par l'enquêté et l'enquêteur, le scientifique se faisant révélateur du « vivre la ville ». En partant du point de vue des habitants, nos propositions ont pu porter sur des points concrets de gestion du milieu urbain, en rapport avec les deux objets analysés que sont la pollution et la végétation. Il ne s'agit pas ici simplement de participer à une gestion préexistante, mais d'ouvrir des espaces concrets d'action.

Ainsi, la végétation urbaine semble procéder, à première vue, d'une construction savante de la ville et de la ville comme paysage. Mais l'étude des modes d'habiter nous révèle une brèche. Les enquêtes auprès des habitants des trois îlots montrent la complexité de la place accordée au végétal, étroitement liée à la morphologie des lieux et à l'idée que l'on s'en fait. Le végétal joue un double rôle : matériel avec son fonctionnement biologique et idéel par l'idée des lieux que manifeste sa présence même et sa gestion (M. Godelier, 1984). De façon générale, il est surprenant de constater « l'autonomie jardinière » de beaucoup d'habitants, même s'ils sont nombreux à dire qu'ils n'ont rien à faire avec les jardins de proximité ; on constate pourtant qu'ils font au-delà de ce qu'ils disent. Pour le comprendre, l'analyse de discours ne suffit pas. Il faut, bien entendu, les accompagner dans les jardins, les interroger sur les végétaux et leur histoire (*cf.* Enquête par double regard). Beaucoup plantent dans l'espace public avec des objectifs, des motifs et selon des modalités très diverses. Ces pratiques hétérodoxes, très variées, contribueront à une personnalisation de la ville par le biais du vivant et à l'augmentation de la biodiversité.

Ainsi, les citadins s'insèrent dans un réseau de pratiques normées et y installent un espace « personnel », un espace de « désir ». Un espace que l'on pourrait rendre

---

15. Ex. Rapport de la DG XII, Commission européenne, 1996.

« officiel », en permettant à l'individu d'implanter sa présence – une présence vivante – dans un espace public où il annonce avoir peu à faire. Au bout du compte, avec ces espaces, il ne s'agit pas moins que d'ouvrir des lieux de production conjointe de la ville, en même temps que de contribuer à œuvrer dans le sens de la biodiversité. Ces constatations nous conduisent à une proposition : celle d'agrandir l'espace collectif (public) d'action individuelle (privée) en ville. Un tel raisonnement pourrait être transposé pour ce qui concerne la pollution : rapprocher la mesure de l'habitant lui permettrait de dépasser le stade du phantasme et de l'inquiétude face à un phénomène invisible, d'adapter ses pratiques et de participer de façon plus éclairée à la gestion durable de la ville.

Une méthode d'étude de la végétation de proximité

L'inventaire floristique, tel qu'il a été réalisé de façon très détaillée, a permis de caractériser des cortèges floristiques par site. Ces cortèges avaient un intérêt social et historique pour les plantes horticoles introduites, un intérêt écologique pour les plantes indigènes spontanées, sub-spontanées ou naturalisées. Le rôle des acteurs explique aussi la forte variabilité dans l'espace et dans le temps de la place de la végétation de proximité à l'intérieur des sites, que ce soit dans l'espace « privé » (jardinets, balcons et fenêtres, trottoirs des commerces) ou « public » (squares et jardinières de ville).

Ainsi distingue-t-on la végétation institutionnelle et normée, héritée de la codification haussmannienne des parcs ou squares parisiens et celle des jardinières de Ville, bacs ou plates-bandes cernées de murets disséminés sur la voirie, devenue décor coloré. À l'opposé de cette végétation organisée, la végétation « sauvage » qui envahit les friches, les anfractuosités, les voies et ballast est intégrée dans la construction de la ville comme milieu de vie par les naturalistes, seule digne de l'intérêt des botanistes qui étudient la biodiversité urbaine (B. Lizet, 1997). Les pratiques jardinières ont pour conséquence un enrichissement des cortèges végétaux, une diversification de la végétation urbaine. L'habitant, s'il est loin d'échapper au stéréotype (le pot de géranium, comme le lierre se répètent à l'infini), contribue aussi à créer une diversité biologique ; à faire exister une « végétation de proximité », à côté d'une végétation officielle normée et spatialement circonscrite. Ces pratiques hétérodoxes sont également rencontrées chez les jardiniers municipaux. Elles correspondent alors à un espace d'autonomie gagné dans un système fondé sur la division du travail et auront aussi pour conséquence l'augmentation de la diversité floristique et paysagère, assez faible dans les jardins publics conventionnels.

Cette diversité, ou plus exactement ce *patchwork* d'espèces disparates, disséminé dans le tissu urbain, indique-t-elle, comme c'est le cas de la biodiversité, le bon fonctionnement d'un écosystème ? Elle contribue en tout cas à créer une diversité paysagère, dans les plans vertical et horizontal. Elle ménage des relais spatiaux et des sources de nourriture pour la faune sauvage, notamment les oiseaux, sortes de corridors biologiques diffus entre les taches des squares et les jardins officiels. Ceux-ci ne sont dès lors plus des « îles », (J. Blondel, 1979) isolées dans le tissu urbain, tels les squares et les parcs haussmanniens du centre et du nord-ouest de la capitale, mais font au contraire parties d'un réseau vert, comme celui qui apparaît dans l'anneau disjoint entourant le centre de Paris (*figure 1, encadré 1*).

À partir de ces résultats, nous proposons donc une méthode d'observation de la végétation de proximité qui puisse être étendue à d'autres lieux. Les inventaires réalisés, en raison de leur lourdeur[16] et des difficultés de mise en œuvre[17] n'ont pas vocation a être systématiquement étendus. Une procédure simplifiée et plus rapide pourrait être envisagée.

Les identifications botaniques seraient limitées aux espèces horticoles les plus courantes et emblématiques ; le nombre de taxons présents, le nombre de pieds et le type biologique de chacun d'eux seraient précisés au sein de chaque unité spatiale. Ceci permettrait de caractériser les cortèges de façon plus grossière, mais malgré tout de calculer des indices de diversité floristique et paysagère. Une telle méthode représente un avantage par rapport au cadastre vert (C. Garnier & P. Legrand, 1997), qui n'explore guère cette dimension de la diversité taxonomique. Or, nos recherches ont bien montré que c'était sur celle-ci que pouvaient agir les habitants, outre son intérêt pour inférer d'un fonctionnement de la ville intégrant le vivant.

Les comparaisons entre inventaires réalisés en début et fin de programme ont également montré la versatilité des pratiques jardinières, qui peut être appréhendée par la variation du nombre d'espèces, de l'indice de biodiversité, ou encore par l'émergence d'une autre catégorie de végétaux (ex. les végétaux méditerranéens, portés par un effet de mode).

Une information complémentaire intéressante est l'aptitude des végétaux horticoles à fleurir et fructifier, qui indique à la fois la réalisation de leur modèle biologique dans des conditions de milieu qui leur conviennent, le fait que ce modèle n'est pas excessivement contrarié par des pratiques intempestives (taille mal conduite ou excessive par exemple), et enfin que ces végétaux, même s'ils sont introduits, représentent un milieu de vie pour des populations aviennes, pouvant notamment se nourrir de leurs baies, ou pour les insectes qui butineront les fleurs, et participent donc d'un milieu biophysique fonctionnel.

Ce dispositif devrait être complété par le recensement des formes d'abandon ou de friche, avec la liste et la fréquence des espèces indigènes spontanées, mais aussi les marques du désintérêt des habitants : pots vides, végétaux malades ou morts, abondance des espèces adventices dans les plantations. Toutefois, ces marques d'abandon (ou de remontée biologique selon le point de vue !) peuvent coïncider avec des pratiques très actives de jardinage urbain, et n'auront dans ce cas pas la même signification que lorsqu'elles sont isolées. C'est rappeler bien entendu qu'une telle méthode de recensement de la végétation de proximité ne prend tout son sens que lorsqu'elle peut être éclairée par l'enquête.

---

16. Dans les parcs publics, l'identification a été réalisée en descendant jusqu'au niveau taxonomique de la variété, précision obtenue grâce à la collaboration d'Alain Girard.

17. Dans les immeubles collectifs, l'identification des végétaux en étage est limitée aux espèces reconnaissables à distance.

De tels résultats gagneraient à être intégrés dans un SIG, et confrontés à d'autres faits spatiaux urbains, notamment de nature socio-économique. Soulignons également l'intérêt que représenteraient les images satellite à haute résolution dans un tel SIG, en tant qu'outil d'aide à l'extrapolation et à la représentation spatiale. En effet, les résultats obtenus à partir de données Spot 4 à l'échelle de la ville de Paris ont déjà montré, malgré la résolution spatiale assez grossière (pixels de 20 m x 20 m), des dispositions spatiales de végétation de proximité, d'effets de *continuum* semi-végétalisés[18], de corridors le long des avenues plantées, s'opposant aux « îles » constituées par les parcs urbains isolés[19] (G. Arnan, 2001) (*figure 1, encadré 1*). L'utilisation des images à haute résolution spatiale, avec des pixels de 5 ou 2,5 m de côté par exemple, permettrait d'appliquer une telle analyse spatiale en lien avec un inventaire allégé sur le terrain. De plus, rappelons que de telles images (avec des mesures de réflectance des surfaces dans différentes fenêtres du spectre électromagnétique), permettent aussi de caractériser le milieu biophysique par sa biomasse ou sa teneur en eau, indiquant un certain niveau fonctionnel.

Une telle généralisation permettrait d'évaluer les potentialités de la végétation de proximité en termes d'écologie urbaine, en prenant en compte, outre les processus spontanés, la contribution des acteurs institutionnels et individuels : habitants et jardiniers de Ville.

Des propositions pour un indice de proximité de la pollution de l'air

Il nous est possible de proposer des représentations intelligibles et localisées de la pollution qui puissent faire l'objet d'une « appropriation » par les habitants. Cette proposition tient compte à la fois des représentations qu'en ont les citadins et des mesures très localisées que nous avons pu relever. Non qu'il n'existe rien. Depuis la loi sur la qualité de l'air de 1996, plusieurs grandes villes et agglomérations se sont dotées d'un réseau de mesures de la qualité de l'air. À Paris, ce réseau est animé par Airparif. L'organisme publie chaque jour l'indice Atmo qui rend compte des concentrations de l'air ambiant en polluants (SO_2, NO_2, O_3 et particules < 10 μ). Sa diffusion passe par les différents médias que sont la presse écrite, la télévision, la radio, les panneaux d'affichage municipaux et internet.

Cependant, le maillage des stations de mesure sur l'agglomération est peu dense. La localisation d'une grande partie de ces stations se trouve « en hauteur », pour mesurer la pollution dite de fond. Enfin, l'information est exprimée en fonction de normes en vigueur. Ainsi, les mesures actuellement fournies aux habitants restent très globales et ne donnent une image que de la pollution « potentielle » à l'échelle de l'agglomération qui plus est.

---

18. Voir dans la *figure 1,* le *continuum* semi-végétalisé allant du Jardin du Luxembourg au parc Montsouris, notamment du fait de nombreux hôpitaux à cours arborées (Ste Anne, Cochin, etc.) mais aussi des jardins intérieurs des congrégations religieuses.

19. Remarquer l'isolement du parc Monceau dans la trame urbaine haussmannienne de quartiers bourgeois (*figure 1*), à comparer avec la dissémination de la végétation dans le « village » montmartrois.

Les sources polluantes de proximité, ainsi que les effets locaux de diffusion qui peuvent entraîner des concentrations locales très importantes, ne sont pas prises en considération. La qualité « réelle » de l'air, tel qu'il est respiré par les citadins dans les rues, par exemple, l'air de l'habitant en somme, ne peut donc être qu'inférieure à celle qu'affiche l'indice ; ce dernier propose une vision synthétique et lissée d'une réalité très difficile à appréhender. Il est difficile, voir impossible de passer de l'échelle de l'agglomération à celle du quartier et de la perception individuelle.

Certes, Airparif mène des recherches pour prendre en compte la dimension locale de la pollution. Pour cela, des mesures de proximité sont associées à une modélisation qui prend essentiellement en compte le trafic automobile, principale source de pollution au cœur de l'agglomération. Ces recherches mettent en évidence une forte variabilité spatiale et temporelle de la pollution, liée à de nombreux facteurs (*supra*). Mais les résultats obtenus, encore parcellaires, complexes et à interpréter avec précaution, ne font pas l'objet d'une diffusion au public pour le moment.

À partir d'une observation plus fine, à l'échelle de nos sites d'étude, en utilisant des stations de mesure fixes mais aussi mobiles, à « hauteur d'homme », nous proposons une estimation du phénomène de pollution au niveau de l'individu. La forte variabilité spatio-temporelle du gaz carbonique, pris comme marqueur de la pollution urbaine, peut être mise en relation avec l'intensité du trafic, la proximité au trafic, la morphologie du quartier (*figure 3*) et les données climatiques (type de temps).

Le facteur capital que constitue la circulation automobile nécessite de comprendre la place du quartier par rapport à son voisinage immédiat, mais aussi par rapport au fonctionnement circulatoire de la ville tout entière. En outre des informations telles que la nature des voies de circulation, leurs fréquentations suivant le jour et l'heure, les activités économiques du quartier (bureaux, commerce, industries, loisirs…) doivent être prises en compte pour connaître les dynamiques du trafic. La densité de circulation peut être estimée à partir des informations diffusées en temps quasi réel par la Direction départementale de l'équipement (système « Sytadin »).

Pour comprendre l'impact de l'environnement urbain sur les niveaux de pollution d'origine automobile, une bonne connaissance de la morphologie urbaine est nécessaire. Elle mobilise des données sur les rues (largueur) et les bâtiments (hauteur) qui permettent de caractériser le canyon urbain, pour différencier les secteurs abrités des secteurs ouverts et afin de cartographier les lieux où la pollution est susceptible de se concentrer ou d'être dispersée.

Le type de temps, enfin, et notamment le vent, doivent être pris en compte pour estimer les capacités de brassage et d'évacuation de la masse d'air à l'intérieur de la canopée urbaine. Pour mettre en évidence cette influence sur les concentrations de polluants, les conditions météorologiques peuvent être relevées auprès de Météo-France (échelle régionale) et être issues de mesures à échelle fine (quartier, rue). L'ensemble de ces données pourrait aisément être introduit dans une base de données sur le trafic à l'échelle locale.

Le traitement des données de pollution, trafic et type de temps, disponibles en temps réel au niveau de chacun des organismes (Airparif, Sytadin, Météo-France), permettent d'envisager la production d'un indice de proximité. L'utilisation d'un système d'information géographique est adaptée à la combinaison de ces données avec une analyse aux échelles fines pour aboutir à une information plus précise sur la pollution de proximité d'origine automobile au niveau de la rue et des espaces publics. En outre, il peut aboutir à l'édition d'une cartographie de la pollution d'origine automobile en tenant compte des paramètres locaux (trafic, morphologie, type de temps)[20].

À partir de notre expérience de terrain, il semble utile, sans être hors de portée, de travailler au développement d'un réseau secondaire basé sur une technologie peu onéreuse et suffisamment fiable pour fournir une information valable en situation de proximité (capteur électrochimique). La méthodologie que nous avons présentée, reposant sur des mesures fixes et itinérantes, pourrait être adoptée pour choisir l'emplacement de sites de mesures significatifs (*figure 3*). Un second polluant (NOx), détecté avec la même technologie, peut être utilisée pour affiner l'information sur la pollution d'origine automobile.

Déjà, Airparif collabore avec la DDE (Direction départementale de l'équipement) et Météofrance pour produire une nouvelle forme de modélisation de la pollution à échelle fine en suivant le protocole du programme « Heaven » (Healthier Environment through Abatement of Vehicle Emissions and Noise). Cependant, les premiers résultats concernent des concentrations moyennes annuelles par brin du réseau routier, ce qui est encore loin d'être exploitable pour informer les personnes à l'échelle individuelle. Il sera aussi nécessaire d'intégrer une mesure sur le terrain plus dense et mieux adaptée pour valider les entrées et les sorties de ce modèle.

L'intérêt suscité par nos résultats lors des réunions de restitution auprès des habitants montre bien que de telles recherches correspondent à une véritable demande sociale.

CONCLUSION

Nos mesures très localisées et leur confrontation avec les modes d'habiter, menée à une échelle micro, ont permis d'analyser les rapports citadins-milieu. Elles ont montré l'existence de contradictions entre la nature réelle et la nature rêvée, mais aussi le rôle beaucoup plus actif qu'attendu que jouent les urbains dans la participation à leur écosystème urbain. Ces résultats nous ont assez naturellement conduits à proposer des méthodes d'action pour que les citadins participent à la production de l'espace urbain (matérielle mais aussi suivie d'un investissement affectif et symbolique). Il s'agit bien là de pistes de participation et de démocratie locales, deux idées développées dans le cadre de la ville durable (et mise en application ici ou là). Plus

---

20. Le ministère de l'écologie vient de créer un site donnant sur toute la France le registre des émissions polluantes : http://www.pollutionsindustrielles.ecologie.gouv.fr/IREP/index.php.

globalement, nos travaux participent de la nécessité de relier action politique et vie ordinaire et d'abonder tant l'espace politique que l'espace habitant en prenant en compte représentations, pratiques de la nature ainsi que la dimension matérielle de la ville souvent éludée.

Prendre en compte ce potentiel-habitant, tout en étant conscient de ses limites (ex. les « citadins » sont bien ambigus…), c'est se donner une opportunité de rééquilibrer l'empreinte écologique du parisien[21], par sa participation à la biodiversité, même si un rééquilibrage des pratiques jardinières en direction des espèces indigènes ou d'espèces horticoles à « potentiel biologique » serait souhaitable[22]. C'est aussi élargir la notion de participation citoyenne. Celle-ci ne se rattache pas forcément au modèle anglo-saxon de type communautaire. Elle peut prendre différentes formes : depuis celles cantonnées au logement individuel, en passant par les pratiques dans l'espace privatif extérieur (balcons, bords de fenêtres, visibles de tous, et accessibles à la faune sauvage), jusqu'à des actions individuelles dans l'espace collectif, tolérées ou encouragées par le voisinage.

Du côté de la pollution, l'indice de proximité que nous proposons permettrait de mieux informer et sensibiliser la population, ce qui lui permettrait de se protéger, mais aussi de réfléchir à l'impact de ses pratiques individuelles. L'accès à cette information éclairerait les habitants et leur permettrait d'en tirer les conséquences en termes de participation citoyenne. Ainsi, l'Association des Peupliers a compris que les « abris » contre la pollution sont bien souvent des leurres ; elle s'oriente vers une revendication de réduction de la circulation et de la vitesse dans un périmètre très largement dessiné autour du quartier et englobant notamment les pénétrantes[23]. « Lagrange Air Pur » s'est constituée à la suite de la parution d'un article de *l'Express*, classant cette rue parmi les plus polluées de Paris et a décidé d'engager une action juridique contre l'État (dont nous ne connaissons pas l'aboutissement).

Nos résultats, obtenus à l'échelle locale, gagnent à être rapprochés de ceux obtenus à l'échelle régionale ou nationale et qui leur font écho. Notre analyse, au

---

21. L'empreinte écologique est une notion dérivée de celle de « capacité de charge » ; elle est définie par ses auteurs, W. Rees et M. Wackernagel (1994), comme la superficie de sol (et d'eau) « qui serait requise pour soutenir indéfiniment une population humaine et des niveaux de vie donnés ». Le WWF a calculé que l'empreinte écologique d'un parisien est de 6 ha, alors que sa capacité biologique est de 0,02 ha (à titre indicatif, ces chiffres s'élèvent pour la France à 5,2 et 2,9 ha, voir site internet wwf.fr).

22. Ainsi, le recours systématique à certaines plantes horticoles, tels les géraniums (*Pelargonium zonale, P. peltatum*), s'il est justifié par le faible prix, l'accessibilité et l'adaptation au milieu urbain (supporte la vie en pot, les effets de masque, le vent…) va généralement de pair avec un renouvellement annuel des plantations et avec l'utilisation d'une batterie d'intrants, générateurs certes de profits pour les industries horticole et chimique, mais aussi de coûts écologiques assez élevés. De plus, le *Pelargonium* repousse les insectes et est peu apprécié des oiseaux, il ne contribue donc guère à la biodiversité animale. D'autres plantes horticoles sont en revanche plus proches des plantes indigènes, il en est ainsi des différentes variétés de lierre, des troènes horticoles (*Ligustrum ovalifolium* par ex.), dont nous avons pu remarquer la longévité dans le square des Peupliers. D'autres plantes horticoles présentent en outre l'avantage d'attirer les oiseaux et les insectes (à condition de fleurir et de fructifier).

23. Le quartier se situe à l'ouest d'une grande pénétrante, l'avenue d'Italie, et constitue un itinéraire secondaire très utilisé par les camions (rue du Moulin des Prés).

plan du contexte politique national, a montré que la « durabilité » ne faisait pas encore partie des qualités attribuées à la ville (J. Morand-Deviller, 1994). Cela nous a conduit à formuler une critique des aspects « non durables » de la ville d'aujourd'hui et, surtout, de la gestion des problèmes qu'ils posent en ville.

Ainsi, la pollution, que la loi française de 1996 sur la qualité de l'air cherche à endiguer, sinon à diminuer, ne fait l'objet que d'une communication peu suivie d'encouragements ou d'effets coercitifs et insuffisamment liée au citadin à notre sens. Les mesures de pollution (indice Atmo) ne permettent pas de rendre compte pleinement des problèmes de santé des habitants.

Sur un autre plan, la politique du verdissement (ou le plan vert) montre un souci de mise en scène des éléments végétaux ou relevant de la « nature », tel le fleuve. Le fonctionnement biophysique du milieu est pour ainsi dire gommé par les « opérationnels » (aménageurs, paysagistes, élus et techniciens locaux), plus soucieux de dompter et d'arranger les lieux dans un souci de verdissement, cherchant à « faire beau ». Cette conception du végétal va généralement de pair avec une gestion que nous avons appelée jardin-kleenex, consistant à remplacer et jeter les végétaux dès que leur apparence ne satisfait plus les canons de cette esthétique. Ce perpétuel remplacement ne contribue guère au fonctionnement biophysique de la ville, et on peut se demander dans quelle mesure il participe d'une difficulté d'appropriation de son milieu par le citadin, dont témoigne *a contrario* son attachement pour les arbres[24].

Au contraire, notre travail à l'échelle locale a permis de réintégrer la conscience de la matérialité dans la vision et la construction de la ville, auprès de tous les acteurs / agents citadins. Il a ainsi montré que des actions de gestion collective à une échelle locale étaient possibles, permettant l'appropriation physique et symbolique du milieu urbain. De ce point de vue, nos résultats montrent l'intérêt à développer des travaux de recherche interdisciplinaires concernant le lien entre dimension concrète – telle que l'appréhendent les sciences de la vie et de la matière – et dimension symbolique et pratique de la ville.

RÉFÉRENCES BIBLIOGRAPHIQUES

AIRPARIF, 2000, *Surveillance de la qualité de l'air*, Rapport d'activité, 128 p.

ARNAN G., 2001, *La végétation de proximité dans la ville, apports de différents outils d'analyse pour une étude objective des paysages végétaux dans la ville de Paris*, maîtrise de géographie physique et d'environnement, Paris VII, 125 p.

BLANC N., 1996, *La nature dans la cité*, Thèse de doctorat en géographie, Paris 1-Sorbonne.

BLANC, N., 2000, *Les animaux et la ville*, Paris, Éd. Odile Jacob, 232 p.

---

24. L'association des Peupliers a été initialement créée pour s'opposer à l'abattage du dernier peuplier du quartier (autrefois baigné par la Bièvre). Dans le même esprit, certaines opérations d'aménagement urbain deviennent plus acceptables socialement lorsqu'elles préservent la « verdure » des lieux (M. Lussault, 1997, p. 97).

BLANC N., COHEN M., 2004, « Pour une évaluation multidisciplinaire des paysages », *in* PUECH D., RIVIERE-HONEGGER A. (dir.), *L'évaluation du paysage, une utopie nécessaire ? À la recherche d'indicateurs/marqueurs pluridisciplinaires*, Montpellier, Presses de l'Université Paul Valery, p. 291-302.

BLANC N., COHEN M., 2005, « Les Parisiens et la nature », *in* MICHELIN N. (dir.), *Nouveaux Paris. La ville et ses possibles*, Paris, Éd. Pavillon de l'Arsenal/Picard, p. 58-65.

BLONDEL J., 1995 [1979], *Biogéographie*, Paris, Masson, Coll. Écologie, 297 p.

CASTEX J., COHEN J.-L., DEPAULE J.-C., 1995, *Histoire urbaine, Anthropologie de l'espace*, Paris, Cahiers du Pir Villes, Cnrs, 136 p.

CHAN L. Y., LIU Y. M., LEE S. C., CHAN C. Y., 2002, « Carbon monoxide levels measured in major commuting corridors covering different landuse and roadway microenvironments in Hong Kong », *Atmospheric Environment*, 36, p. 255-264.

COHEN M. (dir.), 2003, *La Brousse et le Berger. Une approche interdisciplinaire de l'embroussaillement des parcours sur le Causse Méjan*, Paris, Éd. du CNRS, Coll. Espace et Milieux, 317 p.

COHEN M., DUQUE G., 2001, *Les deux visages du Sertão. Stratégies paysannes face aux sécheresses*, Paris, IRD, Coll. À travers champs, 388 p.

COMMISSION EUROPÉENNE, 1996, *European Sustainable Cities*, Report by the Expert Group on the Urban Environment, Brussels, 300 p.

ÉMELIANOFF C., THEYS J., 2001, « Les contradictions de la ville durable », *Le Débat* 113, p. 122-135.

GARNIER C., LEGRAND P., 1997, « Le cadastre vert. Méthodologie, bilan d'un expérience et perspectives de recherches », *Jatba*, vol. XXXIX (2), p. 373-395.

GLATRON S., 1997, *L'évaluation des risques technologiques majeurs en milieu urbain : approche géographique. Le cas de la distribution des carburants dans la région Île-de-France*, Thèse de doctorat en géographie, Paris 1-Sorbonne.

GODELIER M., 1984, *L'Idéel et le Matériel : pensée, économie, sociétés*, Paris, Fayard.

HAEGEL F., LEVY J., 1997, *Urbanités. Identité spatiale et représentation de la société, Figures de l'urbain. Des villes, des banlieues et de leurs représentations*, Tours, MSV, p. 35-65

HOYDYSH W. G. and W. F. DABBERDT, 1988, « Kinematics and dispersion characteristics of flows in asymmetric street canyons », *Atmospheric Environment*, 22, p. 2677-2689.

HUCY W., MATHIEU N., 1999, « How to describe nature in town? The example of a GIS in Rouen », *Cybergeo*.

JOLLIVET M., PAVÉ A., 1992, « L'environnement : questions et perspectives pour la recherche », *Natures Sciences Sociétés*, n°6, p. 5-29.

JOLLIVET M. (dir.), 2001, *Le développement durable, de l'utopie au concept. De nouveaux chantiers pour la recherche*, Paris, Elsevier - NSS, Coll. Environnement, 288 p.

JOLLIVET M., 1992, *Sciences de la nature, sciences de la société. Les passeurs de frontières*, Paris, CNRS, 589 p.

KALTHOFF N., CORSMEIER U., SCHMIDT K., KOTTMEIER CH., FIEDLER F., HABRAM M., SLEMR F., 2002, « Emissions of the city of Augsburg determined using the mass balance method » *Atmospheric Environment*, 36, p. 19-31.

LIZET B. (dir.), 1997, « Sauvages dans la ville », *Jatba,* vol. XXXIX (2), 606 p.

LUSSAULT M. , 1997, *Figures de l'urbain. Des villes, des banlieues et de leurs représentations,* Tours, MSV.

MATHIEU N., 1996, « Rural et urbain : unité et diversité dans les évolutions des modes d'habiter » *in* JOLLIVET M., EIZNER N. dir., *L'Europe et ses campagnes*, Paris, Presses FNSP, p. 187-216.

MATHIEU N., RIVAULT C., CLOAREC A. BLANC N. 1997, « Le dialogue interdisciplinaire mis à l'épreuve : réflexions à partir d'une recherche sur les blattes urbaines », *Natures Sciences Sociétés*, Vol. 5, n°1, p. 18-30.

MATHIEU N., MOREL-BROCHET A., BLANC N., GAJEWSKI P., GRESILLON L., HEBERT F., HUCY W., RAYMOND R., 2004, « Habiter le dedans et le dehors : la maison ou l'Eden rêvé et recréé », *Strates, matériaux pour la recherche en sciences sociales*, 11, p. 267-288

MORAND-DEVILLER J., 1994, « Environnement et paysage », *L'actualité juridique, droit administratif,* 20 septembre, p. 588-595.

PETERSEN W. B., ALLEN R., 1982, « Carbon monoxide exposures to Los Angeles area commuters » *Journal of the Air Pollution Control Association*, 32, p. 826–833.

REES W., WACKERNAGEL M., 1994, « Ecological Footprints and Appropriated Carrying Capacity » *in* A. M. JANNSON *et al.* (Eds.), *Investing in Natural Capital*, Washington: Island Press, 1994. En français : *Notre Empreinte écologique*, Montréal, éditions Ecosociété, 207 p., 1999.

ROBIC M.-C., MATHIEU N., 2001, « Géographie et durabilité : redéployer une expérience et mobiliser de nouveaux savoir-faire » *in* JOLLIVET M. (dir.), *Le développement durable, de l'utopie au concept,* Paris, Elsevier.

TORRES E., 2001, « La ville durable : quelques enjeux théoriques et pratiques », communication aux journées NSS : *De l'écologie urbaine à la ville durable.*

WÅHLIN P., PALMGREN F., VAN DINGENEN R., 2001, « Experimental studies of ultrafine particles in streets and the relationship to traffic », *Atmospheric Environment*, 35, p. 63-69.

Les auteurs

Bernard BARRAQUÉ, *Socio-économie urbaine*
LATTS (laboratoire techniques, territoires
et sociétés) - ENPC (École nationale des ponts
et chaussés)
Cité Descartes
77455 - Marne la Vallée Cedex 2
bernard.barraque@enpc.fr

Nathalie BLANC, *Géographie*
Laboratoire Dynamiques sociales
et recomposition des espaces (Ladyss), CNRS
2 rue Valette
75005 - Paris
nathali.blanc@wanadoo.fr

Sébastien BRIDIER, *Climatologue*
Université de Provence, UFR des sciences
géographiques et de l'aménagement
29 avenue Robert Schuman
13621 - Aix-en-Provence
sbridier@up.univ-aix.fr

Sandrine BRISSET, *Géographie de la santé*
Université de Rouen, Laboratoire d'études
des régions arides (Lera), CNRS
Domicile : 13 rue des Marmottes
76290 - Fontenay
sandrinebrisset@aol.com

Philippe CLERGEAU, *Écologie*
Équipe « Gestion des Populations Invasives »,
Inra Scribe
Campus de Beaulieu
35042 - Rennes Cedex
philippe.clergeau@rennes.inra.fr

Marianne COHEN, *Biogéographie,*
Laboratoire Dynamiques sociales
et recomposition des espaces (Ladyss)
CNRS, université Paris 7
2 rue Valette
75005 - Paris
cohen@paris7.jussieu.fr

Dominique COURET, *Géographie urbaine*
et analyse spatiale
UR029 Environnement urbain
Centre IRD de l'Île-de-France
32 rue Henri Varagnat
93143 - Bondy Cedex
couretdo@bondy.ird.fr

Emmanuel ELIOT, *Géographie*
Université du Havre
25 rue P. Lebon
76086 - Le Havre Cedex
emmanuel.eliot@univ-lehavre.fr

Cyria EMELIANOFF, *Géographie*
Groupe de recherche en géographie sociale
Université du Maine - UMR ESO, CNRS
Avenue Olivier Messiaen
72085 - Le Mans Cedex 9
cyria.emelianoff@univ-lemans.fr

Guillaume FABUREL, *Géographie - Urbanisme*
Centre de recherche sur l'espace, les transports,
l'environnement et les institutions locales
Institut d'Urbanisme de Paris
Université Paris 12
80, avenue du Général De Gaulle
94009 - Créteil Cedex
faburel@univ-paris12.fr

Mario GAUTHIER, *Urbanisme, Études urbaines*
Institut d'urbanisme, Faculté de l'aménagement
Université de Montréal
C.P. 6128, succursale Centre-Ville
Montréal (Québec) Canada, H3C 3J7
mario.gauthier@umontreal.ca

Sandrine GLATRON, *Géographie, urbanisme*
Laboratoire Image et ville
UMR 7011 - CNRS - ULP
3, rue de l'Argonne
67083 - Strasbourg
sandrine.glatron@lorraine.u-strasbg.fr

Lucile GRÉSILLON, *Géographie - Urbanisme*
Laboratoire Dynamiques sociales
et recomposition des espaces (Ladyss), CNRS
2 rue Valette
75005 - Paris
lucile.gresillon@libertysurf.fr

Yves GUERMOND, *Géographie*
Identité et différenciation des espaces,
de l'environnement et des sociétés (Idees)
Université de Rouen - UFR Sciences
et Techniques - UMR 6063
76821 - Mont-Saint-Aignan Cedex
yves.guermond@univ-rouen.fr

Wandrille HUCY, *Géographie*
Laboratoires Ladyss et Idees
Laboratoire Dynamiques sociales
et recomposition des espaces (Ladyss), CNRS
2 rue Valette
75005 - Paris
wandrille.hucy@free.fr

Bohdan JALOWIECKI, *Sociologie urbaine*
Chaire UNESCO du Developpement Durable,
Universite de Varsovie
Krakowskie Przedmiescie 26/28
00-927 - Varsovie, Pologne
École Superieure de Psychologie Sociale
Krakowskie Przedmiescie 30,
00-950 Varsovie, Pologne
jalowiecki@post.pl

Jean-Marie LEGAY, *Biométrie*
Laboratoire Biométrie et biologie évolutive
(LBBE)
UCB - Lyon 1 - bat. G. Mendel
69622 - Villeurbanne Cedex
misou@biomserv.univ-lyon1.fr

Laurent LEPAGE, *Sociologie et analyse
des politiques publiques*
Institut des sciences de l'environnement,
Université du Québec
Case postale 8888, succursale Centre-Ville
Montréal (Québec) Canada
H3C 3P8
lepage.laurent@uqam.ca

Pascale LOGET
Vice-présidente du conseil régional de Bretagne
Conseillère municipale de Rennes
Conseil régional
283 avenue du Général Patton - CS 21101
35711 - Rennes Cedex 7
p.loget@region-bretagne.fr

Nicole MATHIEU, *Géographie*
Laboratoire Dynamiques sociales et
recomposition des espaces (Ladyss), CNRS
2 rue Valette
75005 - Paris
mathieu@univ-paris1.fr

Thierry MAZELLIER, *Architecture*
Cabinet d'architectes « Drôles de trames »
20 rue Voltaire
93100 - Montreuil
droles-de-trames@wanadoo.fr

Anne MÉVELLEC, *Science politique*
Centre de recherches sur l'action politique
en Europe (Crape), IEP Rennes
104 boulevard de la duchesse Anne
35007 - Rennes Cedex
annemevellec@hotmail.com

Anne OUALLET, *Géographie*
Université Rennes 2
UMR 6590-RESO, IRD - UR Environnement
Urbain, Campus Villejean
place du Recteur Henri Le Moal CS 24 307
35043 - Rennes Cedex
anne.ouallet@uhb.fr

Stéphanie PINCETL, *Geography*
Urban Center for People and the Environment
Institute of the Environment, University of
California
1309 Hershey Hall, Box 951496
Los Angeles, Ca 90095-1496
pincetl@rcf.usc.edu

Claire POITRAS, *Études urbaines*
INRS-Urbanisation, Culture et Société,
Université du Québec
3465, rue Durocher
Montréal (Québec)
H2X 2C6 - Canada
claire_poitras@ucs.inrs.ca

Henri RAYNAUD, *Architecture*
Cabinet d'architectes « Drôles de trames »
20 rue Voltaire
93100 - Montreuil
droles-de-trames@wanadoo.fr

Stefan REYBURN, *Géographie urbaine*
INRS-Urbanisation, culture et société,
Université du Québec
3465 rue Durocher
Montréal, Québec, H2X 2C6
stefan_reyburn@ucs.inrs.ca

André SAUVAGE, *Sociologie*
Laboratoire de recherche en sciences humaines
et sociales (Lares)
Université de Haute Bretagne
3 allée Adolphe Bobierre
35000 - Rennes
andre.sauvage@uhb.fr

Gilles SÉNÉCAL, *Études urbaines*
INRS-Urbanisation, culture et société,
Université du Québec
3465 rue Durocher
Montréal (Québec)
H2X 2C6 - Canada
gilles_senecal@ucs.inrs.ca

Bezunesh TAMRU, *Géographie*
IRD-UR029 environnement urbain
32 avenue Henri Varagnat
93143 - Bondy Cedex
tamru@univ-lyon2.fr

Richard TOMASSONE, *Biométrie*
Inra, Département de mathématique appliquée
8 rue de l'Eglise
45210 - Chevry-sous-Le-Bignon
rr.tomassone@wanadoo.fr

Emmanuel TORRÈS (†), *Économie*
Université de Lille 1

Alain VAGUET, *Géographie*
Université de Rouen, Faculté des lettres
et sciences humaines
1 rue Thomas Becket
76821 - Mont-Saint-Aignan Cedex
alain.vaguet@univ-rouen.fr